海滨锦葵逆境特性的初步研究

HAIBINJINKUI NIJING TEXING DE
CHUBU YANJIU

周 建 著

中国农业出版社
北 京

图书在版编目（CIP）数据

海滨锦葵逆境特性的初步研究 / 周建著 . —北京：
中国农业出版社，2021.7
ISBN 978-7-109-28460-9

Ⅰ. ①海… Ⅱ. ①周… Ⅲ. ①锦葵科－宿根花卉－研
究 Ⅳ. ①S682.1

中国版本图书馆 CIP 数据核字（2021）第 131033 号

中国农业出版社出版

地址：北京市朝阳区麦子店街 18 号楼
邮编：100125
责任编辑：王玉英
版式设计：王　晨　责任校对：吴丽婷
印刷：北京印刷一厂
版次：2021 年 7 月第 1 版
印次：2021 年 7 月北京第 1 次印刷
发行：新华书店北京发行所
开本：720mm×960mm　1/16
印张：16
字数：285 千字
定价：50.00 元

前 言 FOREWORD //////////////

海滨锦葵 [*Kosteletzkya virginica* (L.) Presl.] 为锦葵科海滨锦葵属多年生草本耐盐植物，主要分布于北美洲含盐沼泽地带。海滨锦葵是多用途的耐盐经济植物，适合于沿海滩涂种植，尤其作为食物（饲料）、油料和保健品的开发潜力巨大。1992 年，南京大学钦佩教授从美国特拉华大学将其引入中国，进行沿海滩涂的开发利用。在引种过程中，海滨锦葵具有较好的生态安全性，同时表现出了极高的抗盐性与耐涝性。基于此，作者进行了海滨锦葵的逆境特性研究，探索其逆境耐受机理，并通过外源技术进一步提高其逆境耐受能力，以期为扩大海滨锦葵在沿海滩涂与北方盐碱地的应用范围奠定基础，进而显著改良盐土质量与生态系统功能，同时也能提高当地农民收入，发展区域经济，进一步完善当地产业结构。

此书由作者在博士期间研究课题与新乡市科技攻关项目"经济植物海滨锦葵在黄河滩盐碱土中的应用及其关键技术研究（CXGG17010）"的内容整合而成。本书分为海滨锦葵耐涝机制与盐碱胁迫耐受特性等两部分，耐涝机制部分共 7 章，主要从海滨锦葵耐涝生物学特性、根系发育、抗氧化酶系统、超微结构、细胞钙离子分布及呼吸途径展开研究；盐碱胁迫耐受特性部分共 6 章，主要研究内容为海滨锦葵盐碱耐受程度分析、生物学特性、AM 菌调控、抗坏血酸外源调控、其他外源物质调控及海滨锦葵盐碱土栽培技术优化等。

作者攻读博士学位期间，从选题、试验到完成，始终是在导师钦佩教授的指导下完成的。导师在此期间对作者的生活、学习和科研倾注了大量心血，教授的言传身教，作者将永远铭记于心，一生奉效于行。在试验实施过程中，始终得到了南京大学赵福庚副教授、南京财经大学万树文博士及实验室各位兄弟姐妹的帮助。博士毕业后，新乡市科技局及时给予作者科研资助，使作者有机会继续从事海滨锦葵研究。在项目执行期间，河南科技学院园艺园林学院的领导及同事都给予作者极大的支持和帮助，保证了项目顺利完成。在此书成稿之际，作者一并予以最诚挚的谢意！

由于时间仓促，加之笔者水平有限，不妥之处在所难免，敬请大家批评指正。

作　者

2021 年 4 月

目 录 CONTENTS /////////

第二篇　海滨锦葵盐碱胁迫耐受性的研究

第一篇 | DIYIPIAN

海滨锦葵耐涝机制的研究

第一章

绪 论

1.1 选题依据与研究意义

水是植物生长发育的一个重要生境因子，只有在一定水分含量的土壤条件下，植物的正常生命活动才能顺利进行。土壤水分过多或过少，同样对植物生长都是不利的。土壤水分如果过少，满足不了植物的需求，即发生水分亏缺现象，产生旱害，抑制植物生长；土壤水分过多，即造成根际缺氧，产生涝害，植物生长不好，甚至烂根死苗。植物生长需要大量的水分，若土壤水分过多，反而会破坏植物体的水分平衡，严重影响植物的生长发育，直接影响产量和产品质量。水涝的主要原因是台风暴雨，江河泛滥；长期阴雨，土壤排水不良，特别是接近水源、地下水位高的洼地，最容易发生涝害。

海滨锦葵 [*Kosteletzkya virginica* （L.）Presl.] 为锦葵科（Malvaceae）锦葵亚科（Subfamily Malvoideae）木槿族（Tribe Hibisceae）海滨锦葵属多年生草本耐盐经济植物（Gallagher，1985），该属有 15～30 个种。海滨锦葵主要分布于美国（南起 17°41′N、北至 30°54′N、西起 99°10′W、东至 110°36′W）和加拿大的亚热带、温带和寒温带的含盐沼泽地带，意大利的坎帕尼亚、拉齐奥、托斯卡拉和威尼托，以及非洲的 Sub - Saharan 和马达加斯加岛。其天然分布区含盐量在 0.3%～2.5%。

海滨锦葵集油料、饲料、医药和观赏价值于一身。海滨锦葵种子蛋白质和脂肪酸含量丰富，其含油率 17% 以上，粗蛋白 25.48% 左右（尹金来等，2000）。海滨锦葵种子 K、Ca 含量很高，仅略低于大豆，却远大于一些常见农作物（如大米、小麦和大麦）；而 Na 含量很低，与这些农作物同处于一个很低的水平（Gallagher，1985；徐国万等，1996；尹金来等，2000），在美国原产地仅为 12～15mg/100g。海滨锦葵这种营养结构符合人体的需要，且膳食中摄取低钠高钾的食物还有利于对高血压的控制。此外，海滨锦葵的地下块根特别发达，美国东部印第安土著有用其治疗上呼吸道炎症的习惯，因此可以用来开发保健食品和药品。另外，海滨锦葵的花形美，花大而多，是绿化美化海滨的重要物种。因此，海滨锦葵是多用途的优良耐盐经济植物，特别是作为食物（饲料）、油料和保健品开发的潜力很大，适合在沿海滩涂种植，可以进行大面积示范推广。

江苏省具有 965.33 万 hm² 滩涂，其中仅有少部分开发利用，大约有 70％亟待合理开发利用。盐城是江苏省滩涂的主要分布地区，约占滩头总面积的 69.6％（约 45 万 hm²），其地处北亚热带和暖温带过渡区，气候温和湿润，全年日照时数 2 199～2 363h，年均温度 14.7℃，无霜期 220d 左右，年降水量 980～1 000mm，光、热、水、土资源丰富。在滩头开发利用中，高含量盐碱是一个很重要的制约因素。为了进一步合理地开发利用沿海滩头，海滨锦葵作为开发利用盐碱滩涂的候选物种之一，由南京大学钦佩教授于 1992 年从美国特拉华大学引入中国。随后对其进行了引种生态和营养测试等一系列研究。十几年来的研究结果表明，海滨锦葵能在中国江苏盐城大丰、山东黄河口滩涂、大连滩涂以及其他海岸带生长结实正常，具有较好的生态安全性（Ruan 等，2008）。

在引种过程中，海滨锦葵表现出了很高的抗逆性，如抗盐性、耐涝性。沿海滩头区域由于地势低洼，降雨量丰富，极易形成涝害，造成大量作物死亡。在 2007 年夏季，引种区之一的盐城东台金海农场就经历了大约 40 天的水涝灾害，绝大部分的植物种类死亡，包括栽培的侧柏、柽柳等，而海滨锦葵却在此次自然灾害中存活下来。但是，在随后的跟踪观测中发现，水淹后的海滨锦葵植株特性相对于正常植株有所变化，如产量等。因此，本课题研究目的就是通过对海滨锦葵植株进行水涝模拟试验，准确测定处理植株的各种生长特性变化，探究其损伤与耐受机理，以便根据海滨锦葵受损的机理，对其进行定向性的遗传改造，培育出耐涝性更强、性状更优异的品种。同时，通过转基因手段或杂交方法对其他栽培作物进行改造，有助于培育新的耐淹抗涝作物品种，为滩涂资源、盐碱地的开发利用提供优异种质资源，对沿海土地资源的合理开发利用、发展滩涂区经济等具有重大意义。

1.2　研究内容

（1）海滨锦葵生长特性及物候期的观察　在水涝处理下，观测海滨锦葵幼苗的高、直径、干物质的生长情况（绝对生长率与相对生长率）；胁迫结束后，观测处理植株的恢复生长，以及以后的萌芽、开花、结果、种子质量情况。从而分析水涝胁迫对海滨锦葵植株生长特性及物候期的影响。

（2）海滨锦葵特殊适应性及光合生理的测定 在水涝处理下，观测海滨锦葵植株的特殊适应性，如不定根、根系孔隙度及气孔特征。在测定上述指标的同时，测定植株的光合生理指标（光合速率、原初光量子捕获效率、最大光量子产量、光化学猝灭系数）。然后，对光合速率与不定根、根系孔隙度及气孔指标进行多元回归分析，分析出各适应特征对胁迫下植株存活的影响程度。

（3）海滨锦葵抗氧化体系的研究 测定水涝条件下海滨锦葵植株的活性氧，如丙二醛、过氧化氢、超氧阴离子；活性氧去除剂，如超氧化物歧化酶、过氧化物酶、过氧化氢酶。通过对处理植株生长速率与相应活性氧、活性氧去除剂等指标的多元回归分析，分析上述活性氧对植株的破坏程度及活性氧去除剂的保护程度，从而找出水涝条件下海滨锦葵最大的破坏因子及保护因子。

（4）海滨锦葵叶片细胞超微结构的观测 通过透射电子显微镜，观测海滨锦葵叶片细胞内细胞器的特征变化，如叶绿体及其细胞亚器、线粒体、细胞核、内囊体等。根据细胞器的变化特征，推导水涝胁迫对植株的伤害机理，以及细胞器对胁迫的适应途径。

（5）海滨锦葵根尖细胞钙信号的观测 在水涝胁迫下及随后的恢复中，观测海滨锦葵幼苗根尖细胞内 Ca^{2+} 在各细胞器的分布特征，分析其在水涝过程中的变化规律。

（6）海滨锦葵根系呼吸系统的变化特征 在水涝条件下，测定海滨锦葵根系细胞线粒体呼吸活性的变化，以及三羧酸循环途径（丙酮酸脱氢酶、异柠檬酸脱氢酶、酮戊二酸脱氢酶、琥珀酸脱氢酶、苹果酸脱氢酶、细胞色素 C 氧化酶）、乙醇发酵（丙酮酸脱羧酶、乙醇脱氢酶）、乳酸发酵途径（乳酸脱氢酶）酶活性的变化。根据酶活性的变化特征，分析各条途径在总的呼吸作用与有机物质降解方面所占的比例，从而推导有氧呼吸和无氧呼吸，以及无氧呼吸中乙醇发酵和乳酸发酵在胁迫植株存活中潜在的贡献率。

1.3 国内外研究形式及发展趋势

1.3.1 海滨锦葵研究现状

随着海滨锦葵的应用价值逐步进入人们的视野，一系列的引种生态学、生理学、分子生物学研究随之展开。

1.3.1.1 海滨锦葵种子特性

（1）种子萌发 美国学者早期发现，海滨锦葵可作为驯化的农作物候选物

(Gallagher，1985)。为充分开发利用海滨锦葵，Poljakoff-mayber 等（1992）对其种子的萌发特性进行了研究。经过试验发现，新收获的种子萌发率非常低（<10%），种子的萌发率与其储藏时间呈正相关，贮存时间达 3～4 年（5℃）时，萌发率达到 80% 以上，其中划破种子的萌发率 100%。除了种子萌发，种皮的渗水性随贮存时间的延长而增加，贮存 6 年的种子吸水增重比贮存 3 年的种子快。在试验中，贮存 2 年的种子不吸水的比例超过 50%，而贮存 6 年的种子却有 90% 吸水萌发。此外，通过温度对比试验，海滨锦葵种子最适宜的萌发温度为 28～30℃。

Poljakoff-mayber 等（1994）对不同浓度 NaCl 胁迫下海滨锦葵种子萌发进行了试验。在 48h 内，NaCl 浓度处理对种子吸水无明显影响；但随着胁迫时间延长，高盐浓度处理能明显抑制种子。此外，对种皮处理措施也能影响到种子的萌芽率。经试验，发现划破种子在水处理 30h 就可萌发 90%，而未划破种子则需要 6d。在盐处理中，未划破种子的萌发率与盐浓度呈负线性相关，而划破种子则与盐浓度无相关性。这种非相关性可能与盐对种胚的直接伤害有关，由于种皮破坏而造成对种胚的保护作用下降。在本次试验中，海滨锦葵在 200mmol/L NaCl 浓度下仍能保持一定的萌芽率，但在较高温度下（26～30℃）有利于种子萌发。

盐胁迫影响种子萌发，脯氨酸和甜菜碱在一定程度上可缓解盐对种子萌发造成的伤害（Poljakoff-mayber 等，1994）。在盐胁迫条件下，添加 10mmol/L 脯氨酸未能缓解盐对根生长的抑制，但影响下胚轴的生长。在 200mmol/L NaCl 处理下，添加脯氨酸的下胚轴长度超过未添加脯氨酸的 30%。NaCl 胁迫下，Na^+ 种子的平均值随盐浓度的增加而增大，但萌发率与 Na^+ 含量间无明显的相关性。NaCl 浓度为 100 和 200mmol/L 时（种子可萌发），种子吸水的第 4 天，Na^+ 种子值才开始出现增加现象。而在 300 和 400mmol/L NaCl 胁迫下，无萌发情况发生，且 Na^+ 种子值随处理时间的延长而升高（Poljakoff-mayber 等，1994）。

随着海滨锦葵引入中国，分别在南京和盐城大丰进行了引种生态学试验。引种地试验表明，淡水处理种子萌发率高达 83.3%；在 5‰盐分浓度下，种子萌发率大于 70%；在 20‰盐分浓度下，只有 3.3% 的种子萌发。

（2）种子营养成分 通过对原产地种子营养成分分析，其粗蛋白含量为 32%，粗脂肪含量为 22%，不饱和脂肪酸含量极其丰富。此外，种子 Na 含量较低，Ca 和 K 含量较高（Islam 等，1982）。而在引种地，海滨锦葵种子理化成分及含量与原产地接近，证明其在中国引种成功。经检测，引种区域种子含油脂 17% 以上；含蛋白质在 27.4%～29.6% 之间，比大豆低 10% 左右；籽粒中 Na、K 和 Ca 含量分别为 0.015％、1.248％和 0.205％。

　　2001—2003 年，Ruan 等（2008）在引种地之一的金海滩头区经过连续 3 年的跟踪试验，测定海滨锦葵种子产量为 603～658kg/hm² ，而经过杂交选育的品系产量达到 957kg/hm² ；普通种子含油量为 17.62％～18.76％，而经过杂交选育的种子含油率达到 20.64％，其中不饱和脂肪酸平均达到 70.13％，具体成分及含量见表 1-1。

表 1-1　海滨锦葵种子含油量及脂肪酸的相对含量（％）

成分	YC	TT1	TT2	NJ1	NJ2	平均值
含油量	18.600	18.860	17.620	16.160	16.440	17.536
肉豆蔻酸	0.188	0.122	0.144	0.187	0.079	0.144
棕榈酸	24.603	27.588	25.572	27.313	29.019	26.819
棕榈油酸	0.435	0.306	0.360	0.467	0.199	0.353
硬脂酸	2.015	0.899	1.780	2.514	0.916	1.625
油酸	16.279	15.045	14.423	23.621	20.637	18.001
亚油酸	48.953	52.493	50.874	37.531	41.210	46.412
亚麻酸	4.413	2.543	3.531	5.537	5.003	4.205
花生酸	1.637	0.547	2.018	1.484	1.565	1.450
花生四烯酸	1.478	0.456	1.297	1.346	1.372	1.190
饱和脂肪酸	28.422	28.316	29.515	31.498	31.579	29.866
不饱和脂肪酸	71.558	71.684	70.485	68.502	68.421	70.134

　　注：YC-2002 年收获于盐城工学院试验田；TT1、TT2-2001、2002 年收获于盐城大丰金海农场；NJ1、NJ2-2002 年收获于南京大学试验田与温室。

　　除了粗蛋白、脂肪酸外，矿质元素也是评价海滨锦葵应用价值的另一个重要方面。2002 年，Ruan 等（2005b）对海滨锦葵进行了大量元素和微量元素的测定。海滨锦葵种子的 K、Na、Al 含量分别为 0.87％、0.3％、0.01％，这种高 K、低 Na 与低 Al 的营养结构意味着海滨锦葵是一种极富潜力的食物或饲料来源。

1.3.1.2　海滨锦葵生长发育

　　海滨锦葵的生长物候期与种植的环境条件有关，维度越高，物候期越延后。在浙江省，海滨锦葵于 3 月下旬播种，4 月至 6 月末进行营养生长，7 月至 9 月末为花期，10 月上中旬为果实成熟期。在江苏省，4 月中旬开始播种，至 7 月中旬为营养生长期，7 月下旬至 9 月末为花期，10 月初进入果实成熟期。此外，海滨锦葵在浙江省和江苏省可以宿根的形式越冬，其宿根萌发期与种子播种期相当。而在偏北的山东和辽宁，其块根无法越冬，只能以种子的形式越冬。其种子在两地的播种期为 4 月下旬，分别在 7 月下旬和 8 月上旬结束营养生长期。至 9 月下旬，海滨锦葵结束开花期，然后从 9 月中旬至 10 月上旬种子开始成熟（Ruan 等，2008）。

海滨锦葵在生长过程中，在江苏省 5 月中旬开始分枝，6 月上旬主茎叶腋处现蕾，然后长出分枝，分枝叶腋处再现蕾，长出次级分枝，表现出无限生长花序的特征。7 月下旬始花，花瓣 5。9 月中下旬果实逐步成熟，每个果 5 粒种子，10 月可分期收获。海滨锦葵进入成熟期后，其高与茎粗停止生长，其株高为 130～140cm，地茎约 1.4cm（He 等，2003）。

海滨锦葵是耐盐植物，在甜土或低盐土中能正常生长。在高盐条件下，植株即使能存活，其生长却受到显著抑制。如扬州大学试验中，1.2％含盐量处理条件下，高生长仅为对照的 49.67％（周桂生等，2009）。Blits 和 Gallagher（1990b、1990c）利用不同 NaCl 浓度（0、85、170 和 250mmol/L）对海滨锦葵苗进行了处理，结果表明，85mmol/L NaCl 促进了海滨锦葵的生长，而另外两个高盐浓度下，苗生长明显减弱。高盐造成的生长停止主要是来自叶生产和叶面积的降低，而不是来自叶死亡的加剧。盐伤害不仅抑制植株生长，而且还延缓海滨锦葵的植株发育。周桂生等（2009）通过试验观察发现，在高盐度（1.2％）处理下，现蕾期、现花期、盛花期和果实成熟期分别比对照延缓 19、22、22 与 25d，而含盐量越低，物候延缓期就越短。

海滨锦葵在进化过程中，形成了独特的花粉发育生物学特征。Ruan 等（2005a）在国内外首次发现除有昆虫传粉外，还具有由花柱运动完成的滞后自交自花传粉方式。花开后，若无虫媒传粉，花柱开始向后下方弯曲。在运动过程中，如果柱头一直未接受到外源花粉，弯曲一直持续到与自花花粉接触；一旦柱头接受到外来花粉，花柱运动立即停止，在柱头内形成花粉管，1～1.5h 花粉管伸长到子房（季宏波等，2007），形成花粉受精。花柱的每个分枝的弯曲运动是独自调节的。滞后自交的产生方式与花柱伸出雄蕊管的长度呈正相关，并且由花柱运动与花冠闭合相结合完成的滞后自交展示了花冠闭合除影响传粉者之外的另一功能（Ruan 等，2005a）。

滩涂试验地生长的海滨锦葵自然群体中，气候条件明显影响着滞后自交的发生。多云或雨天的滞后自交率 23.72％，晴天为 5.57％，两者间存在显著差异（Ruan 等，2009a）。并且试验数据显示，花粉与柱头的结合方式对海滨锦葵的坐果率无明显影响（温室内自然自交，99.58％；人工杂交，99.53％；人工自交，99.58％），揭示了海滨锦葵是自交亲和的；但对单果种子数存在显著的影响，其值分别为 4.24、4.96 和 4.95（Ruan 等，2009a）。

海滨锦葵花不仅在结构上首先选择了适于异交的特征（柱头探出式雌雄异位和不完全雌蕊先熟），而且在传粉者受限制的情况下，巧妙地利用主动的花柱运动、花冠闭合和晚期的花药开裂成功实现自花传粉（Ruan 等，2009b）。这种巧妙的机制增添了有花植物传粉策略的多样性，完美地展示了有花植物的进化成功。

1.3.1.3　海滨锦葵组织培养

植物的组织培养和植株再生在细胞克隆和农作物品种选育方面有较广用途。除种苗实生繁殖外，很多研究人员对海滨锦葵组织培养进行大量研究，并取得很大进展。Cook 等（1989）制定了利用种胚或茎外植体培养海滨锦葵再生植株的程序。从种子中剪下成熟胚放在 IM 培养基（表 1-2）上培养 40d 后，然后切下胚外植体，将其转接在 2IP 培养基上培养 40d。随后，从外植体切下愈伤组织依次转接在 GNK 与 SNK 培养基上培养 70d，或转接回 2IP 培养基上维持愈伤。胚愈伤随后被转接在 RMS 或 RSK 培养基上培养 30d。而茎外植体直接从 2IP 培养基上转接到 RMS 或 RSK 上，略去 GNK 和 SNK 培养基的培养步骤（图 1-1）。最后，胚愈伤和茎外植体愈伤被转接在 RSSI 培养基上，以进行植株再生和发育。

表 1-2　海滨锦葵培养和再生所用培养基成分（mg/L）（Cook 等，1989）

代码	盐	碳水化合物	激素	细胞分裂素
IM	MS	30 000 Glucose	2.0 IAA	1.0 Kinetin
2IP	MS	30 000	1.0 NAA	10.0 2IP
GNK	MS	30 000	2.0 NAA	1.0 Kinetin
SNK	MS	30 000 Sucrose	2.0 NAA	1.0 Kinetin
RMS	1/2 MS	30 000	—	—
RSK	MS	15 000	—	1.0 Kinetin
RSSI	1/2 MS	15 000	0.2 IAA	—

注：所有培养基都含有 0.8% Agar 或 0.2% Gel-Gro。

Hasson 和 Poljakoff-Mayber（1995）进行了海滨锦葵种胚下轴愈伤组织耐盐性试验。试验结果表明，经过逐次诱导培养的胚下轴愈伤组织具有较强的耐盐性，能在 240mmol/L NaCl 环境中生长，但其生长受到抑制，且胁迫时间越长，抑制程度越明显（50d，仅为对照的 25.32%）。但是，通过添加一定量的脱落酸（ABA）（0.5μmol/L），可以缓解 NaCl 对愈伤组织的伤害。在 180mmol/L NaCl 环境下，添加 ABA 的愈伤组织重量超过未添加 ABA 的组织

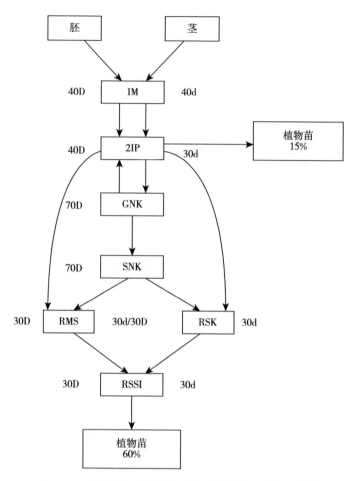

图 1-1　利用成熟胚或茎外植体的海滨锦葵植株再生图

D. 胚组织的培养天数　　d. 茎外植体培育天数

重量的 37.5%（Hasson 和 Poljakoff-Mayber，1995）。

　　Ruan 等（2009c）对海滨锦葵胚轴愈伤组织诱导配方进行优化选择。试验发现，最优的愈伤组织配方为 MS+1.0mg/L 吲哚乙酸（IAA）+0.3mg/L 激动素（KT）+30g/L 蔗糖+8g/L 琼脂，其诱导形成率 93.94%；不定芽诱导的最优配方是 1/2MS+0.1mg/L IAA+0.5mg/L 玉米素（ZT）+30g/L 蔗糖+8g/L 琼脂，不定芽诱导率 65.83%；不定根诱导最优配方为 MS+30g/L 蔗糖+8g/L 琼脂，其诱导率 96.67%（Ruan 等，2009c）。

　　刘野等（2010）进一步以茎尖为繁殖材料，进行再生体系的优化研究。茎尖在 MS+0.3mg/L IAA+0.3mg/L ZT 条件下萌发率最高，达到 91.11%；

继代增殖最适培养基为 MS＋IAA 0.1mg/L＋KT 0.5mg/L，增殖系数为 4.67；培养条件为 MS（蔗糖 30g/L、琼脂 6g/L、pH 5.8），为最佳生根培养基，生根率 90％。郭予琦等（2007）对培养基配方进一步摸索，以 MS＋1.5mg/L KT＋IAA 2.0 或 MS＋4.0mg/L 6－BA＋0.2mg/L IBA 为愈伤组织诱导培养基，对茎段进行诱导培养。通过在培养基中加入 50mg/L 肌醇，获得了比较好的效果，10d 就能看到明显的愈伤组织。然后，以 MS＋5.0mg/L 2IP＋0.5mg/L NAA 为愈伤组织诱导不定芽培养基，MS＋0.4mg/L KT＋1.0mg/L IAA 为腋芽分化不定芽培养，1/2MS＋1.0mg/L IBA 生根培养基，获得了较好的效果，其中芽尖和腋芽的丛芽繁殖系数分别达到 4.5 和 4.1，生根率达到 95％（郭予琦等，2007）。

1.3.1.4　细胞悬浮培养

细胞悬浮培养是鉴定细胞对植物耐盐贡献的经典方法。因此，Blits 等（1993）细胞悬浮培养分析了海滨锦葵的耐盐性。结果表明，在 255mmol/L NaCl 条件下，悬浮细胞的培养生长受到明显抑制；而在低盐浓度下，悬浮细胞的生长与对照相差不大。悬浮细胞对盐胁迫的响应非常迅速，在对数生长早期，培养物就获得了最大生物量，且其正常生长周期未受盐胁迫的影响。当细胞生长介质中盐浓度较低时，悬浮细胞内 Na^+ 含量变化不大，而对 K^+ 表现出强选择性吸收；当 NaCl 浓度足够抑制生长时，细胞内 Na^+ 含量不断上升。从它们的积累方式来看，悬浮细胞中 Na^+ 和 K^+ 均作为渗透调节离子，以此来适应 NaCl 胁迫（Blits 等，1993）。此外，海滨锦葵质膜构成中固醇含量丰富，且能维持较高的固醇/磷脂比。在盐胁迫条件下，悬浮细胞中总固醇和磷脂含量显著增加，且两者比值逐步上升（Blits 和 Gallagher，1990a）。

1.3.1.5　海滨锦葵生理学特性

与其他植物相似，海滨锦葵叶片与根系可积累大量无机离子，尤其是 Na^+ 和 K^+。在 NaCl 胁迫处理下，两者的 Na^+ 和 K^+ 变化规律相似。随着处理盐浓度上升，组织中 Na^+ 浓度逐步递增。在同一处理中，Na^+ 浓度不随时间的增加而升高，而保持相对一致，甚至有下降的趋势。盐处理植株在不同发育期叶中 Na^+ 含量变化起伏，且表现出 K^+ 强选择吸收特性，处理植株组中的 K^+ 含量比未处理植株高。结果表明，海滨锦葵对 Na^+ 和 K^+ 具有选择性吸收特性。盐胁迫条件下，海滨锦葵体内 Na^+ 和 K^+ 以相反方向吸收和转移建立了有利的 K^+－Na^+ 关系（Blits 和 Gallagher，1990b，c）。

盐处理海滨锦葵中 Cl^- 含量上升，其值是 Na^+ 的 2 倍，显示根系存在 Na^+ 排斥吸收机理。随 NaCl 浓度的增加，根磷脂、固醇及主要膜组分维持稳定或略升高，但游离固醇/磷脂值一直保持上升。结果显示，盐胁迫下的海滨锦葵细胞膜结构与功能比较稳定。在盐处理下，根系 Ca^{2+} 含量较稳定，而 K^+ 含量较高，进一步表明盐诱导的根系膜脂组分变化应该可以阻止 K^+ 渗漏（Blits 和 Gallagher，1990b）。

在环境胁迫下，植株会产生大量的活性氧而形成生物毒害。因此，活性氧去除能力是植物抗逆能力的一个重要方面。张艳等（2007）测定了盐胁迫下海滨锦葵活性氧去除体系的活力。数据表明，经过 15d 盐胁迫处理，超氧化物歧化酶（SOD）、抗坏血酸过氧化物酶（APX）的酶活性明显上升，谷胱甘肽（GSH）、抗坏血酸（AsA）含量均显著增加，仅过氧化氢酶（CAT）酶活性变化不明显，略有增加。这一切显示了盐胁迫下的海滨锦葵显著上升的活性氧去除能力，也证实了海滨锦葵很强的耐盐性。若施加外源措施改造，可以进一步增强海滨锦葵的耐盐性。Guo 等（2009a）给盐胁迫中海滨锦葵施加外源 NO，发现外源 NO 能够增加胁迫植株的抗氧化酶系统（CAT、SOD、POD）活性，促进脯氨酸积累，降低丙二醛的积累。结果说明，外源 NO 能明显增强植株体系抵抗活性氧生物毒害的能力。此外，NO 还降低在根和叶片中的 Na^+ 含量，且增加 K^+ 在根和叶片中的含量，降低 Na^+/K^+ 比率，从而提高海滨锦葵的耐盐能力（Guo 等，2009a）。类似地，向海滨锦葵叶面喷施 Ca^{2+}，可以降低高温条件下幼苗的萎蔫程度，提高根系活力，显著增强 Ca^{2+} - ATPase 活性，从而提高海滨锦葵对高温的适应能力（王光等，2006）。

除活性氧去除能力外，胁迫植株的光合特性也是逆境生理学的一个研究重点。林莺等（2006）发现，NaCl 胁迫处理下，海滨锦葵的光合速率随着盐处理浓度的上升而降低；同一处理水平的光合速率随着 NaCl 胁迫时间延长而呈现倒"N"形。在处理初期使光合降低的主要因素是气孔限制因素，而后期非气孔限制因素逐渐开始起作用，导致光合作用下降。在自然环境中存在多种胁迫方式，但各种胁迫对植物的损害方式与损害程度是不同的。党瑞红等（2007）对海滨锦葵幼苗分别设置了盐胁迫与渗透胁迫。通过收获干物质与测定幼苗光合作用，他们发现 NaCl 和等渗 PEG 均引起生长与光合速率下降，但等渗 PEG 引起的下降程度大于 NaCl，说明海滨锦葵对盐胁迫的适应能力较强，而对渗透胁迫的适应能力较差。

1.3.1.6 海滨锦葵分子生物学特性

植物生理特性可以从功能层次体现出植株的抗逆能力，但植株抗逆性本质上由遗传基因决定。只有通过植物分子水平的研究，才能发现植物本质的抗逆性机理机制。植物抗盐性一直是逆境生物学的一个研究重点，也是难点。一般认为，不是有单个基因控制，而应该是多个基因控制，而形成多效基因。早期处理（2h）中，根系中基因差异表达主要是上调表达和重新诱导表达，而下调表达或抑制性表达的仅少部分，分别占总数的 9.4%、12.5%，且质表达差异（诱导和抑制）比例超过了量表达差异（上调和下调）（郭予琦等，2009）。然而，在其他部位其他处理时间，海滨锦葵幼苗基因差异表达主要是量表达差异，但各表达方式的比例呈现动态变化，无固定变化规律。此外，在盐胁迫早期，基因表达的差异剧烈，而后随处理时段延长而渐趋稳（郭予琦等，2008）。对盐胁迫植株的差异表达片段进行回收、测序，结果表明，苗期海滨锦葵在盐胁迫下应答基因至少涉及 3 类：①离子平衡重建或减少盐胁迫损伤相关基因（特别是运转蛋白类）；②恢复盐胁迫下植物生长和发育相关基因（如参与能量合成和激素调节途径相关基因等）；③信号转导相关基因及功能未确定的新基因。Guo 等（2009b）对其中的氧化物酶体膜蛋白基因、鸟氨酸转移酶基因、转运蛋白基因等 8 个差异表达基因的转录水平进行实时 RT - PCR 相对定量分析，测定结果与 cDNA - AFLP 标记的结果基本一致。既验证了实验结果的准确性，同时也进一步佐证了盐胁迫应答基因体系差异表达的复杂性。

海滨锦葵既能进行异花授粉，也能进行自花授粉。在进行海滨锦葵杂交育种，培养形状优良新品系中，判别杂交后代是否为真杂种就显得比较困难。随着分子生物学技术的发展，利用分子标记判断杂种的真伪就显得比较快速与精确。阮成江等（2005）为了获得高产与高含油量的优良品系，采用自交纯系进行杂交育种。高产杂交组合获得 8 个 F_1，高油杂交系获得 28 个 F_1 代。阮成江等（2006）采用 RAPD 技术对海滨锦葵 F_1 幼苗杂交真伪判别。根据父本特征带，第一个杂交组合的 8 个 F_1 代全部为真杂交种；另一个组合的 28 个 F_1 代有 24 个为真杂交种，4 个为假杂交种。由于高假阳性与弱重复性，使得 RAPD 标记技术应用受到一定的限制。随着 AFLP 标记的出现，其具有低假阳性和可重复性强，使得该技术在杂交真伪判别上得到了广泛应用。阮成江等（2005）又对上述 F_1 代幼苗叶片基因组 DNA 进行 AFLP 标记，高产组合 F_1 代全部扩增出父本带；28 个高油组合杂交 F_1 代有 26 个扩增出父本代，另外两个为假杂交种。2 次的标记结果证明了分子标记在判别杂交种真伪方面的精确性与快速性。

对于海滨锦葵分子生物学研究主要集中在对自身耐盐基因方面，而外源基因的转入研究较少。仅见 Li 和 Gallagher（1996）用基因枪轰炸法成功地将外源基因 GUS 导入了海滨锦葵。研究结果表明，GUS 基因的表达效果与细胞培养条件、基因枪技术参数及启动子有关，如 ABA 响应启动子可诱导 GUS 基因的表达。当使用 CaMV35S 启动子时，在低盐培养条件下，基因转入率较高，随着盐浓度升高，基因转入率则明显降低。此外，通过调节基因枪轰炸压力及枪头与细胞间距离，可显著提高 GUS 基因的表达效果。GUS 基因成功转入后，利用含潮霉素的介质可成功地将含有稳定 GUS 基因的细胞系从悬浮细胞中分离出。

1.3.2 植物水涝胁迫的研究进展

水分过多对植物的生长、发育和繁殖造成伤害。根据程度有所不同，可以分为湿害和涝害，其中涝害（waterlogging）是指水分在地面汇集，根系生长在沼泽化的土壤中。作物遭受涝害时，植株形态会发生很大的变化，并非单单因为水分过多而引起的直接效应，而是由淹水诱导的次生胁迫引起的。由于氧气在水中的扩散速度只有空气中的万分之一，淹水后植物根系生长的土壤环境中的氧气逐步被消耗，而使根际的氧气供应状况由有氧转变成低氧，再到缺氧，从而形成次生胁迫。

1.3.2.1 水涝胁迫对植物生长影响

（1）植物外部形态 在淹水胁迫下，不同的植物由于其耐淹程度不同，因此其形态特征的变化也不尽相同。海边铺地黍（*Panicum repens*）与水翁（*Cleistocalyx operculatus*）在水淹环境下，植株直立生长，叶宽而呈长条状。有的植物在水涝条件下，茎基部变粗，皮孔增大，形成不定根，叶片发黄脱落（靖元孝等，2001）。淹水条件下，植物肥大，皮孔和溶生通气组织应该是由于缺氧，而不是水合效应，因为水中通氧可以阻止这种结构的形成。还有另外一种观点，植物体乙烯增加引起的纤维素酶活力增强而形成上述结构（Kawase，1981）。淹水还抑制叶的形成和叶及节间的扩展，并促使叶提前衰老、脱落（Kozlowksi，1997）。此外，由于水中呼吸氧的降低和植株体系中产生的有毒物质积累，从而抑制根的形成、促使根的衰烂（Mielke 等，2003）。

一般认为，水涝胁迫抑制不耐淹植物叶片面积生长，比叶重（leaf dry mass per area，LMA）显著增大（Poot 和 Lambesr，2003）。形成的原因之一就是所含糖或者淀粉含量的上升，上升的原因是源库不平衡造成的。淹水抑制根生长，使得有机物质库量减少，库量降低使得光合产物对光合速率的负反馈作用下调。但是也存在相反报道，耐淹水植物的 LMA 增大程度大于不耐淹水植物，并且认为 LMA 的增大有利于其对涝害的抗性（Schmull 和 Thomas，2000）。

（2）营养生长 淹水会导致植物相对生长量、个体生物量的降低，但对地下部分的影响大于地上部分，从而导致根茎比的显著下降。长期淹水会导致不耐淹植物的死亡。随着水涝胁迫时间的延长，木榄（*Bruguiera gymnorrhiza*）

相对生长率明显降低，相比较而言，耐淹的秋茄树（*Kandelia candel*）在水涝胁迫下相对生长率变化不明显。在淹水 8 周或者 12 周后，秋茄树茎/根生物量比值升高而木榄变化不大，说明水淹胁迫导致秋茄树的生物量更多比例分配到茎上（Nora 等，2003）。但是，也有报道水淹条件下茎/根比值变化不明显（Huole 和 Belleua，2000）。而有的植物在水涝条件下，引起生长速度上升，而被认为是对胁迫条件的应激反应或适应性。如深水水稻，随着水位升高，植物茎秆不断伸长，植株向上伸长的速度达到每天 20～25cm，最终可长到 7m 高。这种水稻茎秆的迅速伸长，有利于氧气输送，甲烷和硫化氢的排放，以及缺氧代谢最终产物的排出，这也是植物对水涝胁迫的一种适应性，玉米、小麦、向日葵在水涝中也会出现这种现象（赵可夫，2003）。李阳生等（2000）研究发现，水稻（湘中釉 3 号）在生育后期（孕穗期和乳熟期）进行没顶淹水胁迫处理后，水稻植株增高，第 Ⅳ 节间显著伸长。

（3）生殖生长 淹水通常严重影响涝敏感植物物候期，如萌芽、开花、结果，但影响的程度随物种、基因型、植株物候及其处理时间的不同而相异（Kozlowksi，1997）。Bhusal 等（2003）发现，在短期水涝胁迫下，柑橘树（*Citrus iyo* hort. Ex Tanaka）果实的生长、坐果率受到了严重抑制，且果实的大小、产量及糖度显著降低。吴林（1997）研究越橘在淹水条件下生殖学特征，发现水涝胁迫严重降低叶数量与叶面积，并延迟开花，明显降低坐果率与产量。水稻在涝渍条件下生长期延迟，结实率、千粒重及有效穗数降低，孕穗期淹水 7d，稻谷减产达 68.2%（李阳生，2000）。类似的物候期延长、产量降低现象在棉花、大豆、油菜等作物上也发生（朱建强，2000）。长期受淹水地区，果实生长非常少，可能原因是不能有效地授粉（Verhoeven，1979）。Warwick 和 Brock（2003）在研究湿地物种时发现，在夏季淹水试验中发芽和存活的大部分物种都能正常开花结实，但经过秋季淹水后能正常开花结实的植物种类却很少，且生物量明显降低。夏季和秋季淹水时，植物生长和繁殖的差异是受外界温度、日照长短和光质的差异所影响，并不是种子活力的不同所导致的，这是因为在湿地分布的这些物种大部分都有持久稳固的种子库（Leck 和 Brock，2000）。

1.3.2.2 水涝胁迫对植物生理特性的影响

（1）光合作用 水涝胁迫产生的缺氧环境会对植物产生一系列的反应，最早的就是气孔关闭。气孔关闭使叶片阻力增加（高鹏，2001），阻碍叶片对 CO_2 的吸收，导致胞间 CO_2 浓度的降低，光合酶的底物变少，从而导致光合速率的降低。因此，水涝胁迫都会使得植株叶片光合作用明显下降。Beckman 等（1992）研究发现，淹水后 2～3d 酸樱桃的净光合速率和气孔导度同时下降。其中气孔导度的降低可能是由于土壤和植物间的水力导度降低或者根系氧气缺乏所引起的，也可能是因为水分胁迫下的生理干旱导致叶片水势下降（Lopez 和 Kursar，1999）、根水力导度下降（Pezeshki，2001）、叶片脱落酸（ABA）含量的上升（Castonguay 等，1993）等。在水淹胁迫初期，光合速率下降应该是由气孔关闭引起的。当水涝胁迫去除后，耐淹种已经下降，光合和气孔导度在后期可以逐步恢复（Pezeshki，1993）。

水涝胁迫下，植物光合速率的降低也可能与光化学量子效率下降相关，而光化学量子效率下降主要是由光系统 II 中受损的光合化学元件引起的（Smith 等，1987）。最大光量子产量（Fv/Fm）反映了 PS II 潜在的量子效率，经常被用于反映植物光合特征的灵敏指标（Bjorkman 和 Demmig，1987）。淹水胁迫会引起最大光化学效率的下降，但耐淹物种会在水涝处理的中后期逐步恢复（Close 和 Dvaidson，2003）。但是，有的研究认为，水涝胁迫对耐涝植物光化学效率影响不明显（Mielke 等，2003）。Mielke 等（2003）研究了水涝胁迫下 *Genipa Americana* 幼苗，发现植物受淹 $14 \sim 63d$ 后，非光化学猝灭（qN）显著提高 187.5%，而各处理间可变荧光和初始荧光的比（Fv/F_O）、最大光量子产量（Fv/Fm）、光化学猝灭系数（qP）则没有差异，说明没有对光化学效率造成伤害。

在水涝胁迫下，植株的叶片容易出现水渍斑或发黄，进而脱落。这种现象与膜受损电介质外渗相关（Islam 和 Macdonald，2004），其叶绿素合成限制性因子-ALA（δ-氨基乙酸丙酯）受到抑制（Ushimsru，1992），从而导致植物叶绿素含量下降。但是，有些耐涝植物的叶绿素含量受水涝胁迫不明显，其叶绿素含量下降程度小于涝害敏感物种。根据有关植株叶绿素的研究，Chla 与 Chlb 在涝害中的下降程度不同，其差异反映出植物叶片光合反应中心与捕光蛋白色素复合物的损伤程度不同。因为 Chla 多结合在光系统反应中心，而 Chlb 主要结合在捕光蛋白复合物（Larcher，2003）。

（2）酶活性　在逆境生理学中，酶活性是反映植株功能的灵敏指标，也是抗逆特性中的研究重点，如超氧化物歧化酶（SOD）、过氧化氢酶（CAT）和过氧化物酶（POD）等。活性氧清除酶是酶促防御系统中最重要的保护酶，其活性变化与植株在淹水胁迫下受到的伤害有关。水涝胁迫下，耐淹植物的活性氧清除酶活性变化要高于涝敏感植物，但酶活性变化在植物体内因发育阶段、胁迫程度、胁迫时间不同而相异，无固定模式。目前，关于水涝条件下与抗逆相关酶活性的研究主要集中草本或农作物，而木本植物相对比较少。Zhang 等（2007）对两个大麦栽培品种进行涝害胁迫试验，发现 SOD 活性在水涝处理下上升，且水涝敏感品种的酶活性高于耐涝品种。在涝害早期，耐涝品种的 POD 与 CAT 活性显著上升，而敏感品种显著下降；但在处理的中后期，两个品种均表现出了上升趋势。烟草、油菜在淹水胁迫下其叶片光呼吸途径中的乙醇酸氧化酶（GO）、羟基丙酮酸还原酶（HPR）、过氧化氢酶（CAT）活性升高，且耐淹品种增加幅度大于涝害敏感品种；而 SOD 活性在涝害初期升高，后来随着处理时间延长，酶活性开始下降（钟雪花等，2002）。Yordanova 等（2004）对涝害胁迫中的大麦抗氧化酶体系开展研究，发现 CAT 含量显著增加，SOD 含量减少，推测其减少主要是叶绿体中含铁 SOD 活性逐渐降低。在淹水胁迫下，Lin 等（2004）对番茄与茄子的研究发现过氧化氢酶（CAT）、超氧化物歧化酶（SOD）和谷胱甘肽还原酶（GR）等不受水涝胁迫的影响。当淹水胁迫 8 周后，秋茄树（*Kandelia candel*）的 POD 和 SOD 的活性明显升高，而木榄（*Bruguiera gymonorrhiza*）仅有 POD 的活性显著升高，说明在淹水时秋茄树具有更强的抗氧化损坏能力（Nora 等，2003）。

（3）营养元素 土壤处于缺氧状况时，根系的生理代谢活动受到抑制，加上水对矿质营养元素的进一步稀释，植物吸收矿质的速度明显减慢。并且在水涝胁迫下，矿质元素的有效性发生很大的变化，S、Z、Cu 的有效性下降，可溶性钾和钙的总量也减少，但 P、Si、Fe、Mn 的有效性提高，对植物的养分吸收能力产生了很大的影响（张福锁，1993）。木本植物在淹水时，叶片 N、P、K、Ca、Mg、Zn 浓度一般降低，而 Fe、Mn 的浓度升高（Chen 等，2005）。与此相似，多次在禾本科植物上试验证明，地上部组织 K、N、P 的含量显著下降，而 Na、Mn、Fe、Cu 升高（张福锁，1993），其 Na 的升高与 K 的降低形成鲜明对比，即 Na^+/K^+ 比失调，说明水涝胁迫下容易次生的盐胁迫，导致营养结构紊乱。水涝胁迫下，植物上部的 K 浓度降低的原因除营养元素稀释外（Mckevlin 等，1995），还可能是由于根活性降低抑制了 K 的吸收（根系膜水解的加剧导致物质的外渗），甚至发现了无氧条件下木本和草本植物根中 K^+ 外流的现象（Escamilla 和 Comerford，1995）。但与常规相反，Rubio 等（1997）在研究大理草（*Paspalum dilatatum*）受淹水胁迫时，发现其 P 吸收水平提高。类似地，在温室盆栽淹水的水蓝果树（water tupelo）的养分利用效率也显著提高（Mckevlin 等，1995）。据推测，P 吸收水平提高可能与植物根系的改变有关，即根的形态变得更易吸收养分（细根）或吸收能力提高（Rubio 等，1997）。而叶中 Mn^{2+} 和 Fe^{2+} 的浓度升高，主要是由于淹水导致土壤处于还原状态所致（Marschner，1995）。

豆科植物营养状况对湿涝胁迫的反应与禾本科植物差异较大。例如，大豆受涝害影响，叶片中 N、K、Mg、Zn、Cu 大幅度降低，Ca、P 略有下降，而 Na 差异不明显，但特别富集 Mn、Fe。不同品种间比较，耐涝品种比涝敏感品种的 Zn 含量高得多，其次是 N、Mg、Mn、K 含量较高，P、Fe 差异较小，而 Cu、Ca 较低（Seong 等，1999）。豆科植物的氮素营养较之禾本科植物尤其具有特异性，即前者可依靠共生的根瘤菌固氮，营养效率较高。据研究，根瘤菌固氮活性与土壤含水量、氧气状况密切相关。降低土壤含水量，增加菜豆根际氧分压，4 个品种的根瘤菌固氮活性均增加（Serraj 等，2001）。

（4）细胞及细胞器结构 植物的根系与呼吸作用密切相关，在淹水时期其内部结构、细胞形态发生相应的变化。顿新鹏（2000）研究发现，耐湿性强的小麦通气组织是由单个细胞凹陷，内容物消失，细胞壁完全叠合，并彼此相连而形成，通气组织不易破裂；在不耐湿品种中，多个细胞融合形成，通气组织不规则，机械组织及表皮易脱落。朱云集（1994）等研究发现，淹水胁迫下，小麦根系皮层细胞较正常水分下皮层细胞大，而且根成熟区细胞质凝结成颗粒状，细胞核扭曲变形，大液泡把细胞器挤到一侧，线粒体内嵴模糊，部分细胞膜系统及内含物消失，只剩下细胞空腔。随着胁迫强度增加，抗涝性强的大豆品种，根系中柱鞘及形成层细胞分生能力强，产生大量的薄壁细胞；抗涝性弱的品种，根系增生不明显，形成层细胞分裂能力较弱，且皮层中薄壁细胞空瘪、坏死、脱落（李学湛，1999）。经过短期水涝后，苹果叶及栅栏组织变厚，上下表皮细胞变得更扁，纵/横径变小；下表皮则呈波浪状排列，以增加其表面积，提高蒸腾速率，适应不利的生长环境。随着胁迫时间进一步延长，苹果叶片和栅栏组织则都变薄，表皮细胞也解体，而新生根中柱变粗变扁，凯氏带越来越不明显，管胞比正常供水时发达（曲桂敏，1999）。

环境胁迫对植物体的伤害体现在多个方面，随电镜技术的出现，植物体内超微结构的变化也有不少报道。Palomäiki 等（1994）就分别研究了水涝胁迫下欧洲赤松（*Pinus sylvestis* L.）、挪威云杉［*Picea abies*（L.）Karst.］超微结构的变化特征。结构表明，欧洲赤松的超微结构变化更加明显，线粒体、叶绿体及其内囊体发生膨胀，挪威云杉仅内囊体膨胀，但两者都发生了淀粉粒数量上升，嗜锇粒发生半透明或半月现象。细胞膜或细胞器膜作为联系的中介质，它的组成、性质与所处的环境息息相关。细胞或细胞器在胁迫环境下受到的破坏，首先会在膜系统有所表现。玉米在水涝环境下，液泡膜逐步内陷，呈极度松弛状态，最终膜破裂；叶绿体被膜开始形成一个外突的单层膜泡状结构，然后被膜局部破裂，最终完全消失（魏和平，2000）。对于细胞器而言，在不同的胁迫程度下变化差异比较明显。玉米淹水 18h 后，其基质类囊体开始消化，线粒体、核膜开始明显遭到破坏；24～48h 后，叶绿体、线粒体、细胞核则逐渐解体，导致细胞死亡（魏和平，2000）。

在相同的胁迫环境中，植物超微结构的变化特征与其本身抗逆性呈显著相关性。例如，抗涝害较强的大豆品种水涝 10d，无异常现象出现，其叶绿体、线粒体清晰可见；淹水 20d，叶绿体、线粒体基本清晰，但线粒体肿胀，内嵴消失，形成小空泡。而抗性较差的大豆淹水 10d 后，发生质壁分离现象，线粒体肿胀变形，叶绿体淀粉粒增大；淹水 20d，栅栏组织细胞内叶绿体被大量的淀粉粒胀破，细胞核萎缩，最后线粒体消失（李学湛，1999）。此外，在不同的物种间，细胞器变化差异比较大，甚至相反。在水涝条件下，前述的挪威云杉、欧洲赤松、大豆细胞中的淀粉粒数量增多，体积变大，而水稻的研究结果却与此相反（李阳生，2000）。在正常条件下，水稻叶片、叶鞘内含有丰富的淀粉粒；处理 2d，细胞中的淀粉粒显著减少；淹水 4d，叶鞘薄壁细胞中只有零星的淀粉粒分布，而叶肉细胞内淀粉粒已经全部降解；淹水 6～8d，叶鞘内贮存的淀粉粒全部降解。

(5) 内源激素 淹水可引起许多植物体内激素的改变，包括乙烯、脱落酸（ABA）、赤霉素（GA）、细胞分裂素（CTK）和生长素等。徐锡增等（1999）对 3 种美洲黑杨无性系研究表明，在淹水情况下，叶片内脱落酸（ABA）含量比对照有显著的提高，而玉米素（ZR）的含量则下降，而有的农作物在涝渍胁迫下也有类似的生理反应（Asha 等，2001），小麦在开花后淹水时，叶片内的 ABA 含量上升，而 GA 含量则下降（王三根等，1996）。根据 Bacon 等（1998）观点，叶中 ABA 增加是根系淹水导致 ABA 重新区隔化的结果，而不是来自于根部的向上运输。但又有报道，淹水胁迫下植株伸长部分的 ABA 浓度显著降低（Azuma，1995）。可见，淹水后植物体内 ABA 的变化因测定部位而变。

Bradford 等（1982）报道，番茄在渍水胁迫 72h 后，体内的乙烯增至对照的 20 倍。研究表明，在水涝条件下，植株地上部乙烯含量增加，将抑制 IAA 由地上部运往根部，造成 IAA 在地上部累积；随着受损时间的延长，受损根组织很可能产生 IAA，从而使整个植株 IAA 含量增加（张福锁，1993）。但是，有的研究结果却与此矛盾，Rijnsers 等（1996）用生长素运输抑制剂 NPA 或切去叶片进行处理，结果是 *Rumex palustris* 叶柄延伸不受影响，而石龙芮受到严重抑制；Azuma 等（1990）在水稻节间延伸中也未检测到生长素的作用。

植物遭受水涝逆境时，植物根部赤霉素的合成受到直接抑制（张福锁，1993），降低 GA 在根中向上运送（Reid 等，1969）。与此相反，有的试验发现淹水时内源 GAs 水平上升（Rijnders 等，1997）。这可能与胁迫条件有关，如水涝深度、水涝时间及植株的发育阶段。GA 有利于叶柄的延伸生长，但不利于淹水忍耐。Setter 和 Laureles（1996）研究发现，外加 GA 可降低淹没下植株生存率；GA 缺乏突变体具有较强的抗水淹能力；外加 GA 合成抑制剂使水稻幼苗生存率提高 50 倍，但使延伸生长降为最低。

Sergeil 等（1996）报道，水稻沉水时，节间生长速度会提高，这是由乙烯、脱落酸和赤霉素相互作用的结果。低氧分压诱导乙烯合成，乙烯会引起 ABA 水平的下降，ABA 又是赤霉素的拮抗物。根据激素调节生长的特点，多种激素被应用于涝害后的植株，对植株所受的伤害进行缓解。叶面喷施 6‑BA（10mg/L）可缓解大麦和小麦的涝害症状，可能与增强 SOD 活性和降低细胞膜透性有关（王三根等，1996）。与之相类似，烟草叶面喷施多胺（0.5mmol/L）可以提高淹水植株的 POD 活性、抑制 MDA 积累、减少叶片电解质渗漏以及延缓叶绿素分解（汪邓民等，2000）。花生在湿涝处理后，叶面喷施浓度为 10～100mg/L 的 GA，所有产量因素得到改善（Bishnoi 等，1995）。在湿涝条件下，施用生长延缓剂 B‑9，可使花生根瘤数成倍增加，维持叶绿素含量稳定，地上干重减轻，开花数大幅度减少，但对根干重无影响；而生长延缓剂 CCC 和氯化磷的作用不明显（Krishnamoorthy 等，1992）。

1.3.2.3　植物对水涝胁迫适应性

（1）形成特殊的适应性结构　有的植物没有特定的气体运输结构，但是，在水涝胁迫下可以通过改变内部组织解剖结构，形成通气组织，促进氧气扩散进根部。其形成机制，目前公认是由于在水涝胁迫下乙烯在植物体内聚集的结果。淹水引起植物体内乙烯（C_2H_4）水平的显著提高，甚至可达 20 倍以上（Kende 等，1998）。大量合成的 C_2H_4 与生长素（IAA）之间的相互作用，诱导纤维素酶、木葡聚糖内转葡萄糖基酶，使其酶活力增强（李玉昌等，1998），使较弱的细胞质壁分离和降解，而 IAA 诱导细胞伸长，加速了通气组织的发展。例如，禾本科和莎草科植物根系皮层组织通过溶源转变（lysogenic conversion）形成通气组织——皮层细胞扩大生长后自溶死亡，形成从叶、茎到根系的连续通道。一些蓼科植物采用离生转变（shizogenic conversion）形式——皮层细胞相互分离，细胞间形成空隙，但不形成新的细胞，形成自上而下直到根系的通道（赵可夫，2003）。此外，水涝胁迫刺激不定根生成和皮孔增生。淹水条件下，水涝植物在茎基部形成新的不定根，并在不定根内形成纵向连续的充气空间，它与地上部分通气组织相通，形成氧从大气向内扩散的连续途径（Visser 等，1996），提高胁迫植株的存活率。

氧气从根内向外的释放，这样不利于植物在水涝条件下存活，将因可利用氧气浓度降低而死亡（Abad 等，2000）。大多数被子植物都具有带有凯氏带的栓质化外皮层（Peterson 等，1990），而湿生植物都有发育良好的外皮层及一层或多层厚壁细胞，构成了质外体障碍（Seago 等，2000）。水涝胁迫会诱导植物根系质外体障碍的形成和加强（Colmer，2003），极大地减少了根系径向氧损失，保证了植株的存活。这种障碍组织实质是外皮层凯氏带上木栓质和木质素的沉积，尤以木栓化作用为主，可有效阻止氧从通气组织向根外扩散，减小径向氧损失，有利于氧向根尖的长距离扩散，是一种适应性反应。

(2) 特异性生长 渍涝的危害是减少根系对氧的利用，任何一种趋向或有助于氧气利用的措施都有利于植物的存活。一些浅根湿生植物，在水涝胁迫条件下，其根系多分布在土壤表层，且根系变细，根毛增多。这种根系的生长方式既可以增加根系表面积，又减少氧气在细胞中扩散的阻力，有利于氧气在通气组中的运输及吸收。此外，在淹水条件下，植物根系生长表现出强烈的趋氧性。如有的木本植物受到淹水后，会长出许许多多细小根，这些根系漂在水中并伸向水面，有利于氧气的捕获。Porterfield 等（1998）水淹处理豌豆常规品种（*Pisum sativum* L. cv. Weibul's Apollo）和向地性突变体（cv. Ageotropum），发现二者根系在微重力条件下均表现出了趋氧性生长特性（oxytropism）。

还有一些植物，如深水水稻，随着水位升高，植物茎秆不断伸长，这种水稻茎秆的迅速伸长，有利于氧气输送，以及缺氧代谢最终产物的排出。这种伸长特性是植物对水涝胁迫的一种适应性，是由激素变化引起的，主要是 ABA 浓度的降低（Azuma，1995）。除茎秆伸长外，有的植物还表现出叶柄偏上生长特性。目前，关于植物激素对叶柄偏上生长的调控机制有一个粗略认识（Peeters 等，2002）：水涝条件下，植物体内 C_2H_4 及其受体蛋白感受到水涝信号，然后整个信号转导途径（C_2H_4、IAA、ABA 和 GA）被激活，导致叶柄细胞壁伸展性显著增加，延伸速率急剧加快，叶柄偏上生长，使其能够接触空气。Else 等（1995，1996）通过研究番茄等发现，植物对水涝的响应可能不是由水信号引起的，应该是化学信号在起重要作用，其中 ABA 和 C_2H_4 前体 ACC 可以作为正信号，而细胞分裂素作为负信号。

(3) 呼吸作用 在水淹条件下，水涝胁迫敏感植物无氧呼吸加强，有氧呼吸下降，线粒体结构则发生显著变化，内膜消失，内膜脊肿胀，形状不规则，根系快速腐烂死亡。耐水涝胁迫植物，其线粒体结构稳定，电子传递链复合体及三羧酸循环酶类仍然保持一定的功能（Buchanan 等，2000）。在厌氧条件下，植物能量代谢主要依赖于糖酵解产生 ATP，糖酵解过程中 3 - 磷酸甘油醛的脱氢反应需要辅酶 NAD，NAD 来源于无氧发酵。那么，水涝条件下植物主要依靠无氧呼吸生活，即发酵途径在植物低氧忍耐机制中具有重要作用。例如，耐淹植物中乙醇脱氢酶（ADH）缺乏型突变体对淹水很敏感（Freeling 和 Bennett，1985）。但是，不同的植物种类对于无氧呼吸的依赖程度有所差异，部分耐涝植物在水涝胁迫下就能直接利用有氧呼吸功能。例如，水淹后稻稗能部分利用三羧酸循环所产生 ATP（Buchanan 等，2000）。

在水涝胁迫下，植物无氧呼吸代谢则以乙醇发酵为主，但其产物乙醛和乙醇过量积累会对细胞产生毒性。于是，一些耐涝植物常用其他发酵途径，例如乳酸发酵、苹果酸发酵等，替代乙醇发酵，降低其产物的毒害作用（利容千等，2002）。曾经认为，缺氧条件下乙醇发酵和乳酸发酵的强弱取决于胞质 pH。乳酸发酵引起胞质 pH 下降，抑制乳酸脱氢酶而活化丙酮酸脱羧酶和乙醇脱氢酶，导致乙醇发酵增强。最近研究表明，乳酸发酵引起胞质 pH 下降的说法过于简单，因为其中还涉及质子泵的作用（Germain 等，1997）。对于植物的缺氧耐性，究竟发酵途径如何发生作用、作用大小及其相互关联方式，目前尚不清楚。

(4) 厌氧多肽与基因调节 水涝胁迫会使植物的基因表达发生很大的变化，有氧蛋白质合成受到抑制，同时诱导形成许多低氧条件下特有的蛋白质，称为厌氧多肽（ANPs）（Sachsm 和 David，1986）。其中，厌氧蛋白质就包括糖酵解与无氧发酵中的酶类。对于一些耐涝植物，淹水处理能明显促进有关糖酵解与无氧发酵的酶活性，而其三羧酸循环保持一定活性。而对于水涝敏感的植物，在低氧条件下，其厌氧多肽的合成与活性则变化不大。例如，玉米在水涝条件下，其初生根尖核糖体解体，有关糖酵解酶类的合成速度及数量远赶不上耐水涝植物（赵可夫，2003）。

在一系列的厌氧蛋白中，研究最多的就是乙醇脱氢酶（ADH），其基因转录水平受低氧和缺氧的诱导。根据植物不同，编码 ADH 的基因有 Adh1 和 Adh2（Preisaner 等，2001）。在水涝胁迫下，ADH 基因在植株不同的部位的表达量差异明显，如水稻，在缺氧条件下 Adh1 基因在叶和叶鞘中表达，Adh2 基因在根中表达，而两者却都在茎中表达，它们产生的两个多肽组成三组 ADH 同工酶（Toronto，1988）。而对于一些涝敏感植物，如番茄，其 ADH 基因在缺氧条件下，诱导表达速度和量较低，或整个基因家族表达不完全，其乙醇脱氢酶基因表达量不如耐涝植物（赵可夫，2003）。编码丙酮酸脱羧酶的基因也是个基因家族，共有 3 个基因：*Pdc*1、*Pdc*2 和 *Pdc*3。研究还表明，*Pdc* 基因的表达与涝害处理时间及含氧量相关，如水稻在短期淹水或淹水初期（1.5～12h），*Pdc*2 诱导表达；随着处理时间的延长（24～72h），

$Pdc1$ 逐步诱导表达，且其诱导表达的含氧量低于 $Pdc2$（Huq 等，1999）。Umeda 等（1994）在淹涝胁迫 24h 的水稻中发现了 2 种状态 mRNA 类型：Ⅰ型，如乙醇脱氢酶、磷酸葡糖异构酶等，其含量在淹水后显著增加，但在有氧情况下转录水平迅速降低；Ⅱ型，如醛缩酶、丙酮酸激酶，含量在淹水后 10h 达到最大值，在转入有氧条件下其转录水平下降不明显。这表明，淹水下基因在 mRNA 水平对糖酵解的调节机制是不同的，Ⅰ型 mRNA 的表达是淹水条件下的特异产物。在氧气缺乏的条件下，无氧呼吸是呼吸分解有机物，进行能量代谢的主要途径。因此，无氧呼吸酶类活性上升能够为胁迫植株提供更多的能量，保证其存活，是对涝害环境的一种适应性响应。

Dennis 等（2000）认为，植物对缺氧的响应分为三个阶段，第一阶段（0～4h）主要是快速诱导或激活信号传导物质，并激活第二阶段；第二阶段（4～24h）主要是代谢反应阶段，诱导糖酵解、乙醇发酵和乳酸发酵途径基因表达，以保障细胞所需的能量；第三阶段（24～48h）主要是根通气组织的形成，对于持续的缺氧状态下的植物生存尤其重要。在响应过程中，植物共有 46 种蛋白质的合成速率发生改变，其中最初 4h 内的蛋白质合成变化对随后调剂细胞 pH 环境及提高植物水涝环境下存活力至关重要（Chang 等，2000）。按照其生理生化功能，目前检测到的缺氧诱导的基因产物可以分为 4 组：代谢基因，包括已鉴定的厌氧多肽；信号转导因子，包括激酶和转录因子；有关防御蛋白；有关 DNA 结构和转录后调控的蛋白（Dennis 等，2000）。这些低氧环境下诱导形成的蛋白质（酶），有的参与厌氧信号的传递与表达调控，有的参与通气组织的形成，有的可通过直接调节碳代谢，以避免有毒物质形成或积累，并为植株存活提供一定的能量（Dennis 等，2000）。从前人的研究结果来看，低氧适应机制不是某一种基因表达的结果，也不是只有低氧诱导蛋白在起作用，而应该是由多种机制共同作用、相互协调而形成的（Chang 等，2000）。

1.4 展望

植物的抗涝性非常复杂，涉及许多方面。近年来取得了很大进展，但主要集中在代谢和形态解剖适应性及其调控机制上。然而，还有几个部分需要进一步展开研究。

（1）加强水涝胁迫下植物细胞水平机理机制的研究，如细胞质 pH 调节维持、缺氧信号传递与表达调控。

（2）淹水条件下，体内各抗氧化剂对植物的保护效应，及其相互合作或补偿的机制。

（3）在水涝胁迫下，植物有氧呼吸与无氧呼吸对能量提供的贡献率变化；无氧呼吸途径中各发酵途径如何发生作用、作用大小及其相互关联方式。

（4）分子机制方面的研究不够深入，随着生物技术的发展，有必要应用新技术，像分子标记、基因图谱等进行深入研究。

（5）加强作物耐涝育种，提高一些涝害敏感作物的抗性，培养出新耐涝的品种。除采用常规杂交育种外，尽可能地利用转基因技术进行分子育种，使育种过程更具有目标性和快速性。

第二章

水涝胁迫对海滨锦葵植株生长特性、物候期及种子农艺性状的影响

2.1 引言

　　土壤水分是植物生长与分布的限制性关键因子。由于过量降水或排水较差，世界上许多地区都经常发生水涝灾害。在水涝条件下，由于根部缺氧，植物的生长与生理学特性受到严重的制约，同时水涝植株极易形成多种水涝胁迫反应（Jackson 和 Armstrong，1999）。前人进行了有关水涝胁迫反应的试验研究，主要是生长、矿质营养元素吸收及根茎比变化等特性的降低（Vignolio 等，1999），然而有的物种却表现出上升的趋势（Rubio 等，1997）。

　　淹水会导致植物相对生长量、个体生物量的降低，但对地下部分的影响大于地上部分，从而导致根茎比的显著下降。长期淹水会导致不耐淹植物的死亡。随着水涝胁迫时间的延长，木榄（*Bruguiera gymnorrhiza*）相对生长率明显降低，相比较而言，耐淹的秋茄树（*Kandelia candel*）在水涝胁迫下相对生长率变化不明显。在淹水 8 周或者 12 周后，秋茄树茎/根生物量比值升高，而木榄变化不大，说明在水淹胁迫导致秋茄树的生物量更多比例分配到茎上（Nora 等，2003）。但是，也有报道，水淹条件下茎/根比值变化不明显（Huole 和 Belleua，2000）。而有的植物在水涝条件下，引起生长速度上升，而被认为是对胁迫条件的应激反应或适应性。如深水水稻，随着水位升高，植物茎秆不断伸长，植株向上伸长的速度达到每天 20～25cm，最终可长到 7m 高。这种水稻茎秆的迅速伸长，有利于氧气输送、甲烷和硫化氢的排放，以及缺氧代谢最终产物的排出，这也是植物对水涝胁迫的一种适应性，玉米、小麦、向日葵在水涝中也会出现这种现象（赵可夫，2003）。李阳生等（2000）

研究发现，水稻（湘中釉 3 号）在生育后期（孕穗期和乳熟期）进行没顶淹水胁迫处理后，水稻植株增高，第 W 节间显著伸长。

淹水通常严重影响植株物候期，如萌芽、开花、结果，但影响的程度随物种、基因型、植株物候及其处理时间的不同而异（Kozlowksi，1997）。Bhusal 等（2003）发现，在短期水涝胁迫下，柑橘果实的生长、坐果率受到了严重抑制，且果实的大小、产量及糖度显著降低。吴林（1997）研究越橘在淹水条件下生殖学特征，发现水涝胁迫严重降低叶数量与叶面积，并延迟开花，明显降低坐果率与产量。水稻在涝渍条件下生长期延迟，结实率、千粒重及有效穗数降低，孕穗期淹水 7d，稻谷减产达 68.2%（李阳生，2000）。类似的物候期延长、产量降低现象在棉花、大豆、油菜等作物上也发生（朱建强，2000）。长期受淹水地区，果实生长非常少，可能原因是不能有效地授粉（Verhoeven，1979）。Warwick 和 Brock（2003）在研究湿地物种时发现，在夏季淹水试验中能发芽和存活的物种大部分都能正常开花结实，但秋季淹水后能正常开花结实的植物种类却很少，且生物量明显降低。夏季和秋季的水涝试验时，植物生长和繁殖的差异应该是受外界环境条件的差异所影响，如温度、日照长短与光质（Leck 和 Brock，2000）。

对于植物种类而言，特别是栽培作物，水涝胁迫后其恢复能力也是非常关键的。所以，理想的耐涝植物种类不仅要求在淹水条件下保持较高的存活率，而且还要涝后有快速地恢复能力。据报道，前述研究中的植物在恢复期间的形态特征与生理学特性表现差异比较大。水涝胁迫去除后，有些植物无论是形态还是生理特性均能快速地恢复到对照水平，而有些植物的相关特性无法恢复或恢复比较缓慢，明显低于对照水平（Poot 和 Lambers，2003；Smethurst 等，2005）。

2.2 试验材料与方法

2.2.1 试验材料与设计

试验用种子与栽培土壤均来自于海滨锦葵的苏北引种地——金海农场。经过挑选的饱满的种子在浓度 95% H_2SO_4 中浸蚀 30min，这样可以浸蚀掉海滨锦葵种子的坚硬种皮，便于种子吸水，促进种子萌芽。浸蚀后的种子在清水中漂洗干净，在水中浸泡 24h。然后，选择露白的种子播种在单个塑料杯（长 8cm、宽 8cm、深 8cm），播种基质为盐土，每杯中 5 粒种子。种子出苗后，选择 2 棵壮苗定苗，去除其他萌发苗，然后每 7 天用 1/4 Hogland 营养液浇灌 1 次，2 次施肥中间补水 1 次。出苗 2 月后，对所有幼苗进行选择，择取长势比较一致的作为试验材料，然后移到白色的盒子（即长 36cm、宽 26.5cm、深 12cm）中，每盒 12 杯。在本次试验中共有 7 盒，84 杯海滨锦葵幼苗。在试验开始的时候，10 株幼苗作为样品被随机挑选出来测定株高、植株地茎。然后，采收其中 3 株幼苗，测定植株的地上部分与地下部分的干重。在测定干物质前，把幼苗的地上部分、地下部分放入培养皿，移入烘箱，在 105℃ 干燥 30min，然后 80℃ 干燥 48h，直至衡重。第一次采收结束后，取 3 盒幼苗被设计成 3 次重复，然后塑料盒灌满水，进行水涝处理，水面没土壤表面大约 5cm。另取 3 盒幼苗设置成对照，3 次重复。在水涝处理 7、14、21、28、35d 时，依照前面方法测定幼苗的株高、地茎、植株上下部分的干重。紧接着，在处理中选取 10 株（5 杯）幼苗，从水中移出，连同宿土（不伤根系）移栽到大盆中，进行物候期观察。而在对照中，在第 7 天时，选取 10 株幼苗连带宿土移栽到大盆中，作为处理植株物候期观察的对照。35d 水涝结束后，抽干塑料盒中的水，进行植株恢复观察。在恢复 7、14d 时，测定植株的株高、地茎、植株上下部分的干重。

大盆中的移栽幼苗在培育过程中，采用 1/2Hogland 液态营养追肥，每 10 天 1 次，每盆施加 500mL 营养液。浇水原则以土壤湿润为主，一旦土壤干燥就随时补水。在整个培育过程中，共追加了两次精致饼肥，分别在 7 月份开花前和 8 月底盛花期，每盆施加量为 50g。进入萌芽期后，每 3 天记录一次物候期情况，包括萌芽期、始花期、开花数、结果数、落果数、果实成熟期等。到果实成熟期，测量对照与各处理植株的高度、地茎，并选择有代表性 3 棵植株，测定其地上与地下部分的干物质量。

2.2.2　相对生长量的测定

根据高度、地茎及生物量干重的绝对值，采用 Venus and Causton（1979）方法计算其相对生长率。相对生长率的计算公式如下：

$$RGR = \frac{(W_i - W_j)}{W_j \times (i-j)}$$

式中，W_i、W_j 为形态指标，如株高、地茎及干物质重，在水涝胁迫开始第 i、j 天的绝对值；i、j 为涝害胁迫开始后的处理时间，单位是"天"，并且，j 早于 i。因此，株高、地茎及干物质重的相对生长率分别用 cm/（cm·d）、mm/（mm·d）及 g/（g·d）来表示。

2.2.3　统计分析

在本次试验中，植株高度、地茎、物候期及种子性状测定是 10 次重复，而干物质重为 3 次重复。在本书中利用 SPSS 13.0 进行一维方差分析：当 $p <$ 0.05、0.01 时，方差分析差异显著或极显著；当 $p > 0.05$，差异不显著。

2.3 结果

2.3.1 水涝处理及短期恢复中的海滨锦葵植株生长特性

根据形态特征分析，在整个试验期间，海滨锦葵对株高的影响比对地茎、干物质的影响显著。在水涝胁迫期间，处理植株的高度低于对照，且随着胁迫时间延长，两者间的差异越来越明显（图 2-1A）。这一点也在相对生长量上体现出来了，处理植株的高度相对生长量在整个胁迫期间都极显著低于对照值。在胁迫 35d 时，两者差异最大，降幅达到 33.62%（表 2-1）。当涝害去除后，两者差异逐渐减小，处理植株的胁迫逐渐缓解。在恢复 7d 后，水涝植株的高相对生长量低于对照组，但两者差异不显著。经过 14d 的恢复，处理植株的株高相对生长量得到进一步缓解，显著高于对照值 7.51%（$p > 0.05$）。

表 2-1 在水涝胁迫 7、14、21、28 和 35d 及涝后恢复 7、14d 时，
水涝胁迫对海滨锦葵幼苗茎高相对生长率的影响

时间（d）	对照 mm/(cm·d)	水涝处理 mm/(cm·d)	水涝处理变化（%）	F-ratio	p
7	0.121±0.037	0.082±0.022	−32.10	9.214	**
14	0.110±0.029	0.078±0.011	−29.03	8.780	**
21	0.104±0.012	0.071±0.005	−31.43	36.504	**
28	0.102±0.015	0.076±0.013	−25.46	10.902	**
35	0.094±0.008	0.063±0.004	−33.62	36.634	**
42	0.066±0.013	0.059±0.009	−10.75	1.112	NS
49	0.071±0.011	0.076±0.011	7.51	0.570	NS

注：表中结果表示平均值±标准差。在方差分析中，** 表示在 $\alpha = 0.01$ 水平下差异显著，* 表示在 $\alpha = 0.05$ 水平下差异显著，NS 表示在 $\alpha = 0.05$ 水平下差异不显著，$n = 10$。

表 2-2 在水涝胁迫 7、14、21、28 和 35d 及涝后恢复 7、14d 时，
水涝胁迫对海滨锦葵幼苗茎粗相对生长率的影响

时间（d）	对照 mm/(cm·d)	水涝处理 mm/(cm·d)	水涝处理变化（%）	F-ratio	p
7	2.93±1.24	1.74±0.90	−40.66	6.532	*
14	2.17±0.69	2.47±0.49	14.18	1.262	NS
21	2.23±0.39	1.86±0.48	−16.27	2.915	NS

（续）

时间（d）	对照 mm/(cm·d)	水涝处理 mm/(cm·d)	水涝处理变化（%）	F-ratio	p
28	2.15±0.25	1.70±0.28	−21.02	8.902	*
35	2.52±0.42	1.88±0.25	−25.23	9.960	*
42	2.14±0.59	1.74±0.53	−18.59	1.509	NS
49	2.57±0.19	2.27±0.35	−11.61	1.243	NS

注：表中结果表示为平均值±标准差。在方差分析中，＊＊表示在 $\alpha=0.01$ 水平下差异显著，＊表示在 $\alpha=0.05$ 水平下差异显著，NS 表示在 $\alpha=0.05$ 水平下差异不显著，$n=10$。

　　除了水涝 14d 外，处理植株地茎的绝对值在整个试验期间小于对照组（图 2-1A）。类似地，在相对生长量上，除了水涝 14d 外，整个胁迫期间，处理组都小于对照组，且大部分差异显著。在处理 7d 时，处理组与对照组的差异最大，达到了 40.66%；而在处理 35d 时，水涝植株的地茎相对生长率比对照降低了 25.23%（表 2-2），差异显著（$p<0.05$）。水涝去除后，处理植株的地茎相对生长量逐步恢复，两者差异越来越小。在恢复期第 7、14 天，处理植株的地茎相对生长率分别比对照低 18.59%、11.61%，但均差异不明显（$p>0.05$）。

　　与株高变化相似，处理植株的干物质量在水涝胁迫期间低于对照，且随着胁迫时间延长，两者间的差异越来越明显（图 2-1C）。这个变化趋势也体现在干物质重的相对增长率。在胁迫过程中，生物量的生长随着胁迫时间的延长而抑制越严重。在水涝的早期（7、14d），处理植株干物质相对生长率低于对照 17.07%、14.14%，但是两者差异不显著（$p>0.05$）；在水涝的中、晚期，处理组显著（$p<0.05$）或极显著（$p<0.01$）低于对照值，差异越来越大。在水涝 35d 时，处理植株的干物质相对增长率比对照组低 58.58%（表 2-3）。去除水涝后，处理植株的相对增长率逐步恢复，与对照组差异也越来越小，但是依然低于对照植株的相对增长率。经过 14d 的恢复后，处理组比对照组低7.59%（表 2-3），但是差异不显著（$p>0.05$）。

表 2-3　在水涝胁迫 7、14、21、28 和 35d 及涝后恢复 7、14d 时，
水涝胁迫对海滨锦葵幼苗干物质相对生长率的影响

时间（d）	对照 mm/(cm·d)	水涝处理 mm/(cm·d)	水涝处理变化（%）	F-ratio	p
		全株			
7	0.078±0.006	0.065±0.025	−17.07	1.134	NS
14	0.130±0.022	0.112±0.019	−14.14	1.346	NS
21	0.117±0.027	0.079±0.021	−32.90	8.136	*

（续）

时间（d）	对照 mm/（cm·d）	水涝处理 mm/（cm·d）	水涝处理变化（%）	F-ratio	p
28	0.169±0.020	0.068±0.015	−59.41	62.249	**
35	0.171±0.038	0.071±0.014	−58.58	18.611	**
42	0.105±0.017	0.076±0.008	−27.67	7.284	*
49	0.101±0.029	0.093±0.009	−7.56	0.19	NS
植株地上部分					
7	0.156±0.059	0.132±0.008	−14.75	0.433	NS
14	0.180±0.034	0.133±0.018	−26.03	4.574	*
21	0.091±0.012	0.071±0.022	−22.71	2.573	NS
28	0.180±0.044	0.102±0.024	−56.47	6.139	*
35	0.172±0.053	0.074±0.009	−56.66	9.776	**
42	0.111±0.029	0.081±0.017	−27.21	4.477	*
49	0.113±0.039	0.097±0.039	−14.65	0.438	NS
植株地下部分					
7	0.065±0.016	0.053±0.011	−17.54	1.123	NS
14	0.098±0.014	0.086±0.014	−12.46	1.268	NS
21	0.152±0.022	0.067±0.025	−55.85	22.480	**
28	0.133±0.034	0.060±0.021	−54.76	13.165	**
35	0.148±0.023	0.069±0.016	−53.59	25.238	**
42	0.066±0.009	0.053±0.019	−19.47	1.661	NS
49	0.072±0.033	0.089±0.010	23.18	0.700	NS

注：表中结果表示平均值±标准差。在方差分析中，＊＊表示在 $\alpha = 0.01$ 水平下差异显著，＊表示在 $\alpha = 0.05$ 水平下差异显著，NS 表示在 $\alpha = 0.05$ 水平下差异不显著，$n = 3$。

对于整个植株而言，其上下部分功能不同，必然受胁迫影响程度不同。在本试验中，海滨锦葵地上部分受水涝影响程度相对比较小。在水涝胁迫第 7、14 天，处理植株的茎、根部分的干物质相对增长率低于相应对照值，但是差异不明显（$p > 0.05$）。在水涝中、晚期，茎、根的相对增长率均显著（$p < 0.05$）低于对照组，两者差异相对水涝早期来说更大。水涝胁迫 21、28d 时，处理植株地上部分的相对增长分别低于对照组 22.71%、56.47%，其差异分别为不显著（$p > 0.05$）和显著（$p < 0.05$）；而处理植株的根部分别低于对照值 55.85%、54.76%，其差异都为极显著差异（$p < 0.01$）。水涝去除后，处理植株的地上、地下部分的相对增长率都得到了恢复，根部在去除涝害的第 7 天就恢复到了对照值的 80.53%，差异不显著（$p > 0.05$），而地上部分则显著（$p<0.05$）低于相应对照值；经过 14d 的恢复，地下部分的相对生长率高于对照 23.18%，而地下部分低于对照值 14.65%（表 2-3）。从上述变化来看，水涝胁迫对海滨锦葵地下部分影响大于地上部分。

在水涝胁迫下，植株地上部分与地下部分生物量的形成受到抑制。所以，其茎/根比例必然受到涝害胁迫。在本试验中，涝害植株的茎/根比例低于非涝害植株（图 2-1D），但是差异不显著（$p>0.05$）。但经过 14d 的恢复，处理的海滨锦葵植株的茎/根比例逐步上升到对照水平。

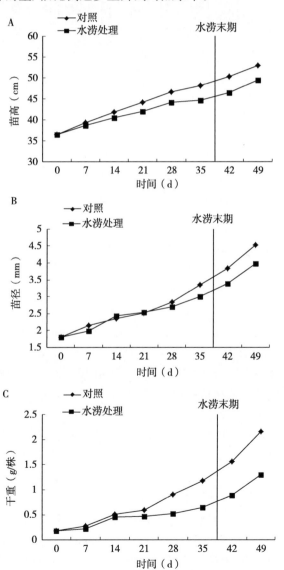

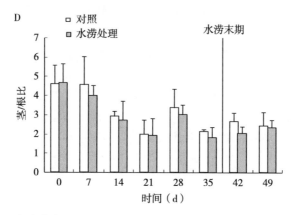

图 2-1 在水涝胁迫 7、14、21、28 和 35d 及涝后恢复 7、14d 时，海滨锦葵幼苗苗高（A，$n=10$）、茎粗（B，$n=10$）、干重（C，$n=3$）及地上/地下部分比例（D，$n=3$）的变化特征。

（表中结果表示平均值±标准差。在图 2-1D 的方差分析中，＊＊表示在 $\alpha=0.01$ 水平下差异显著，＊表示在 $\alpha=0.05$ 水平下差异显著，空白表示在 $\alpha=0.05$ 水平下差异不显著，$n=3$。）

2.3.2 水涝后海滨锦葵植株生长特性

从移植到大盆后，在生育期，水涝海滨锦葵植株进行恢复生长，其中植株地茎的恢复程度要小于株高与干物质重量。直至种子成熟，处理的海滨锦葵株高恢复到对照水平，其绝对高度达到或略高于对照组株高，但是差异不显著（$p>0.05$）。水涝时间越长，其恢复程度越高。在水涝处理 28、35d 的植株中，其最终高度超过对照水平 2.90%、7.74%（图 2-2A）。这一点也在相对生长量上体现出来了。在整个生长期，所有水涝植株的高度相对生长量都高于对照组，且水涝时间越长，其差异就越大。水涝 7、14d 的植株的高度相对生长率与对照值差异不明显（$p>0.05$）；当水涝时间大于 21d，则处理植株的相对生长量均显著高于对照植株（$p<0.05$），在 35d 时，其差异最大，达到 26.31%（表 2-4）。

经过生活期，所有处理植株的地茎绝对量均略低于未水涝植株（图 2-2B），但差异不显著（$p<0.05$），表明了水涝植株地茎获得了很好的恢复。与绝对生长相类似，除了水涝 7d 的植株外，其他处理植株地茎的相对生长量均小于对照组。水涝 14d 的处理中，植株地茎相对生长率低于对照值 11.18%；在整个物候期，处理 21d 的植株，其地茎相对生长率比对照降低了 21.38%（表 2-5），差异最大，达到极显著水平（$p<0.01$）。然后，随着水涝时间的延长，处理植株的地茎相对生长量与对照组的差异越来越小，如水涝 35d 的海

滨锦葵植株，其地茎相对生长率仅比正常植株低 4.76％，差异不明显（$p>$ 0.05）。

表 2-4　水涝胁迫后，海滨锦葵处理幼苗的茎高度
相对生长率在生长期间的变化

时间（d）	对照 mm/(cm·d)	水涝处理 mm/(cm·d)	水涝处理变化（％）	F-ratio	p
7	0.145±0.012	0.152±0.023	4.83	0.516	NS
14	0.141±0.013	0.146±0.012	3.54	0.561	NS
21	0.126±0.015	0.146±0.032	15.87	2.360	*
28	0.131±0.013	0.150±0.011	14.50	9.546	**
35	0.133±0.014	0.168±0.014	26.31	26.177	**

注：表中结果表示平均值±标准差。在方差分析中，＊＊表示在 $\alpha=0.01$ 水平下差异显著，＊表示在 $\alpha=0.05$ 水平下差异显著，NS 表示在 $\alpha=0.05$ 水平下差异不显著，$n=10$。

表 2-5　水涝胁迫后，海滨锦葵处理幼苗的茎粗度
相对生长率在生长期间的变化

时间（d）	对照 mm/(cm·d)	水涝处理 mm/(cm·d)	水涝处理变化（％）	F-ratio	p
7	1.76±0.17	1.95±0.36	10.78	1.687	NS
14	1.61±0.10	1.43±0.29	−11.18	2.716	NS
21	1.45±0.16	1.17±0.13	−21.38	17.380	**
28	1.40±0.27	1.14±0.11	−18.57	9.400	*
35	1.26±0.19	1.20±0.20	−4.76	0.668	NS

注：表中结果表示平均值±标准差。在方差分析中，＊＊表示在 $\alpha=0.01$ 水平下差异显著，＊表示在 $\alpha=0.05$ 水平下差异显著，NS 表示在 $\alpha=0.05$ 水平下差异不显著，$n=10$。

经过生活期，各处理植株的干重与对照植株相比，或略高或略低，变化无规律，但均与对照植株差异不显著（$p>0.05$）（图 2-2C）。表明，经过生活期，水涝植株的干重已经逐步恢复到对照水平。经过整个生活期恢复，除水淹 7d 的植株外，各处理植株的干重相对生长率均高于对照组。在本次试验中，随着水涝时间的延长，处理植株相对生长率的恢复程度越大。在水淹 7d 的处理中，植株的干重相对增长率低于对照值 14.02％；而对于水涝14、21d 的海滨锦葵植株，其相对增长率分别高于正常植株的 7.06％、13.29％（表 2-6），但是差异不显著（$p>0.05$）；水涝处理 28、35d 后，其植株干物质的恢复程度较高，比对照值高 48.64％、96.41％，均呈现极

显著水平（$p<0.01$）。

表 2-6　水涝胁迫后，海滨锦葵处理幼苗的干物质相对生长率在生长期间的变化

时间（d）	对照 mm/(cm·d)	水涝处理 mm/(cm·d)	水涝处理变化（%）	F-ratio	p
		全株			
7	0.635±0.099	0.546±0.114	−14.02	1.360	NS
14	0.340±0.058	0.364±0.086	7.06	0.219	NS
21	0.316±0.052	0.358±0.057	13.29	1.318	NS
28	0.220±0.046	0.327±0.040	48.64	14.067	**
35	0.195±0.080	0.383±0.096	96.41	19.074	**
		植株地上部分			
7	0.275±0.095	0.311±0.121	13.09	0.184	NS
14	0.161±0.050	0.239±0.014	48.45	8.875	*
21	0.207±0.040	0.255±0.034	23.19	3.752	*
28	0.143±0.022	0.199±0.029	39.16	7.325	*
35	0.103±0.036	0.270±0.029	162.14	53.293	**
		植株地下部分			
7	1.740±0.291	1.333±0.136	−23.39	9.467	*
14	0.676±0.091	0.580±0.155	−14.20	1.37	NS
21	0.486±0.117	0.536±0.060	10.29	0.731	NS
28	0.367±0.055	0.675±0.108	83.92	34.281	**
35	0.335±0.085	0.526±0.068	57.01	15.041	**

　　注：表中结果表示平均值±标准差。在方差分析中，**表示在 $\alpha=0.01$ 水平下差异显著，*表示在 $\alpha=0.05$ 水平下差异显著，NS 表示在 $\alpha=0.05$ 水平下差异不显著，$n=3$。

　　与植株相似，随着水涝时间延长，植株的茎、根部相对增长率的恢复程度逐步增加。其中水涝 35d 的植株根部与茎部的恢复程度最大，分别比对照值高 57.01%、162.14%，达到极显著水平（$p<0.01$）。在水涝 7、14d 的处理中，植株的茎部的干物质相对增长率均高于对照值，而根部相对增长率低于对照组；处理 21、35d 植株，其茎部相对生长率分别恢复到对照组值的 123.19%、262.12%，而根部恢复到对照值的 110.29%、157.01%；对于水涝 28d 的植株，其地上部分的干物质相对增长率高于对照 39.16%，而根部的相对生长率

经过生长期恢复，高于对照值 83.92%，且两者与对照组差异均为极显著（$p <$ 0.01）。从分析情况来看，经过整个生活期，茎、根部的干物质相对增长率都得到了较好的回复，且茎部相对增长率的恢复程度大于根部。

经过生活期，植株地上、地下部分的干物质生长都得到了较快的恢复，其茎/根比例必然发生变化。在本试验中，各处理植株的茎/根比例高于非涝害植株（图 2-2D），差异显著（$p < 0.05$）。在各个处理间，水涝植株茎/根比例非常接近，差异不显著（$p > 0.05$），表明各处理植株的地上、地下部分生物量的变化规律相似。

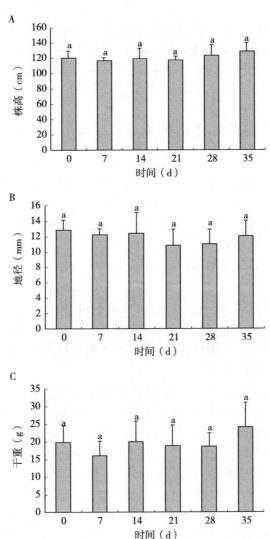

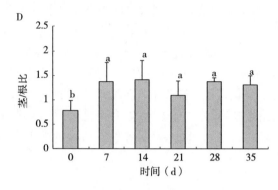

图 2-2 水涝胁迫后，海滨锦葵处理幼苗的苗高（A，$n=10$）、茎粗（B，$n=$ 10）、干重（C，$n=3$）及茎/根比（D，$n=3$）在生长期间的变化。

（图中值表示平均值±标准差。在不同处理内，所标示字母不同，表示为 $\alpha=0.05$ 水平下差异显著；若字母相同，则是 $\alpha=0.05$ 水平下差异不显著。）

2.3.3 水涝后海滨锦葵物候期及种子农艺性状特性

从表 2-7 可以看出，海滨锦葵在南京地区 4 月初播种，生育期为 124～155d，平均 142d。现蕾日期一般在 6 月初至 7 月初，现花日期一般在 7 月上旬至 9 月中旬，盛花期一般出现在 7 月下旬至 8 月下旬，果实成熟期一般开始出现在 8 月下旬至 10 月上旬。按照田间调查结果并参照棉花生育期划分，可以把海滨锦葵的整个生育进程分为五个时期：

（1）播种出苗期：从播种到两片子叶展平，持续 10～20d。

（2）苗期：从子叶展平到现蕾，经过 40～60d 的时间。

（3）蕾期：从现蕾到开花，经过 30～36d 的时间。

（4）开花期：从开花到籽粒开始成熟，大约经过 30d 的时间。

（5）籽粒成熟期，一般籽粒从 8 月下旬开始成熟，一直持续到 9 月下旬和 10 月中旬，持续时间 50～60d。

在本试验中，数据显示，水涝胁迫推迟海滨锦葵植株的生育期。随着水涝胁迫时间延长，各生育期推迟的时间越长。水涝胁迫处理 7、14、21、28 和 35d 时，相对于对照而言，水涝植株的现蕾期分别推迟 20、20、22、21 和 26d，开花期分别推迟 25、22、25、28 和 29d，盛花期分别推迟 15、22、22、26 和 31d，成熟期分别推迟 19、16、19、16 和 34d。此外，各处理植株的生育期分别延长 19、15、18、16 和 33d，均显著（$p<0.05$）高于对照植株。在各处理中，水涝 35d 的植株的生育期显著（$P<0.05$）高于其他处理植株，而其他处理植株的生育期之间差异不显著（$p>0.05$）（表 2-7）。

表 2-7　水涝胁迫后，处理水海滨锦葵幼苗物候期的变化规律

时间（d）	播种期	现蕾期	始花期	盛花期	成熟期	生长周期
0	4.05	6.25	7.24	8.09	8.27	142.3 ± 18.9^c
7	4.05	7.15	8.19	8.24	9.16	161.3 ± 7.8^b
14	4.05	7.15	8.16	9.01	9.13	157.8 ± 9.1^b
21	4.05	7.17	8.19	9.01	9.16	160.5 ± 7.0^b
28	4.05	7.16	8.22	9.05	9.13	158.4 ± 7.7^b
35	4.05	7.21	8.23	9.10	10.1	175.7 ± 15.9^a

注：表中结果表示平均值±标准差。在不同处理水平间，所标示字母不同，表示为 $\alpha = 0.05$ 水平下差异显著；若字母相同，则是 $\alpha = 0.05$ 水平下差异不显著，$n = 10$。

在海滨锦葵植株培育过程中，时常发生落果现象。本试验中，随着水涝胁迫时间延长，海滨锦葵的坐果率逐步下降，所有处理植株的坐果率均显著低于对照组（$p < 0.05$）。其中水涝胁迫 28、35d 的海滨锦葵植株的坐果率最低，分别是 68.61%、70.68%，占对照植株的 78.08%、80.44%，显著（$p < 0.05$）低于水涝 7、14d 的植株。此外，水涝胁迫对海滨锦葵的种子产量产生了明显的影响。在本试验中，正常植株的种子产量为 3.75g/株，显著（$p < 0.05$）高于所有水涝植株。在所有处理中，水涝 35d 的植株产量最低，仅为 2.18g/株，显著（$p < 0.05$）低于其他水涝植株，而其他 4 个处理的种子产量相差比较小，彼此间差异不显著（$p > 0.05$）。除了种子产量，种子千粒重也受到了水涝胁迫的严重影响。在本试验中，对照组的种子千粒重最小，为 16.84g，显著（$p < 0.05$）低于各水涝植株。在所有处理中，水涝 35d 的植株的种子千粒重最大，为 18.4g，高于对照 9.27%；水涝 21d 的植株的种子千粒重为 17.32g，在所有处理中质量最小；其他 3 个处理的种子千粒重非常接近，彼此间差异不显著（$p > 0.05$）。

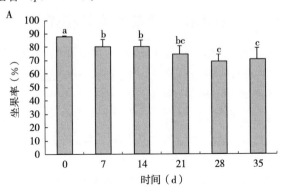

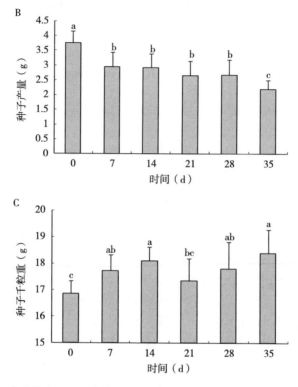

图 2-3　水涝胁迫后，海滨锦葵处理植株的坐果率（A，$n=10$）、种子产量
（B，$n=10$）及种子千粒重（C，$n=10$）的变化

（图中值表示平均值±标准差。在不同处理水平间，所标示字母不同，表示为 $\alpha=$
0.05 水平下差异显著；若字母相同，则是 $\alpha=0.05$ 水平下差异不显著。）

2.4　讨论

2.4.1　水涝胁迫下海滨锦葵幼苗的生长模式

在绝大多数植物中，水涝胁迫对植物根系影响最为明显（Vignolio 等，
1999），并且根系生长及生物量在地上、地下部分的分配方式是水涝胁迫下植
物生长响应的最关键因子（Schmull 和 Thomas，2000）。在本试验中，水涝胁
迫显著地抑制了海滨锦葵株高、地茎和干物质的生长。但在水涝 14d 时，植株
地茎相对生长率高于对照值。这种异常的生长状态可能是由于当时的高温引起
的。高温不断消耗土壤与植物组织中的水分，造成植株缺水，而水涝植株可以
通过水环境来补充组织中的水消耗，减轻高温对海滨锦葵的损害。因而，对照

植株中地茎生长率产生抑制的原因应该是高温造成的土壤水消耗。此外，在水涝环境下，处理植株的茎/根比例小于对照植株，这也意味着生物量的分配方式偏向于根部，与水涝胁迫下番泻树的研究结果一致（Parolin，2001）。这种生物量的分配方式可能与矿质元素及碳的利用机理有关。随着水涝胁迫的延续，植株用于自身生存所消耗的有机物越来越少，使得大量的有机物存储在根部（Schmull 和 Thomas，2000）。除了生活所需外，根部所存储的有机碳源能进一步诱发不定根，增强植株的抗涝能力（Poot 和 Lambers，2003），并且根部存储的有机物可以作为产物参与无氧代谢，为植株提供能量（Castonguay 等，1993），从而有利于其存活。所以，可以认为此种生长方式是海滨锦葵对水涝胁迫的一种适应性。然后，经过 14d 的恢复生长，株高、地茎、生物量的相对生长率与对照组差异不显著（$p>0.05$），说明海滨锦葵植株经过短期去水涝，其生长特性就能获得较好的恢复，并且地上部分干物质生长速率的恢复程度小于地下部分。这表明，经过短期的恢复，海滨锦葵的生长模式并没有发生改变，生物量分配依然偏向于地下根系。

2.4.2 生活期间生长模式的改变

随着水涝胁迫的去除，经过整个生活期的恢复，处理植株最终的株高、地茎、干生物量达到对照组水平，与之差异不明显，且绝大部分治理植株的株高、地茎、干物质相对生长率高于对照。这表明，海滨锦葵在水涝后具有很强的恢复能力，是一种理想的耐涝物种。此外，海滨锦葵的恢复能力表现出了典型的"弹簧效应"，水涝时间越长，海滨锦葵植株营养生长的恢复程度越大，从另一方面体现出了海滨锦葵极强的抗涝害能力。在生活期间，地上部分与地下部分的恢复程度各不相同。除水涝 28d 的植株外，其他处理植株的地上部分的恢复程度大于地下部分，表明处理植株中的有机物质分配偏向茎部，与水涝胁迫期间有机物质的分配方式相反。此变化表明，海滨锦葵在长期的恢复过程中，其生长模式发生了改变，也是生物期间处理植株地上部分/地下部分比例高于对照组的主要原因。

2.4.3 延迟的物候期与种子特性

在本次试验中，水涝海滨锦葵的物候期均被明显延迟，且延迟的时间与水涝程度相关。造成物候期延迟的原因应该与有机碳积累相关。在水涝期间，胁迫导致海滨锦葵光合作用下降（见第三章），影响有机物的积累。胁迫时间越长，植株有机物质积累就越少，对植物营养生长的影响程度越大。然而，植物必须要积累有机物质，达到一定的 C/N 比例，才能花芽分化，开始生殖生长。

因而，海滨锦葵水涝植株必须延长营养生长期，加强有机碳的积累；水涝时间越长，植株要求更多的有机物质弥补损失，营养生长期就越长。因而，在水涝条件下，海滨锦葵的物候期延迟，且胁迫越严重，物候期越推后，导致水涝植株的生育期延长。

在水涝条件下，植株的生理功能遭受到了严重破坏，如光合作用，必然对后期的生殖生长产生影响。例如，花芽分化、内源激素等。水涝去除后，光合作用还是没有完全恢复（第三章），用于生殖生长的有机物质减少，花芽分化程度降低，因而导致海滨锦葵水涝植株的种子产量降低。此外，试验数据显示，水涝植株的种子千粒重高于对照植株，此情形可能是与种子数量有关。尽管海滨锦葵水涝植株的有机物质积累低于对照组，但是其种子数量也少于对照。因此，处理植株中的种子就可能发育成良好的、饱满的种子，拥有比对照还高的千粒重。

第三章

水涝胁迫下海滨锦葵幼苗不定根的
萌发特征及其相应生理响应

3.1 引言

土壤水分是影响植物生长与分布性关键因子。若水分缺乏，植物根系吸水量不足，导致植株萎焉死亡。而在水涝条件下，根系环境中氧气含量急剧降低，显著影响植物的生长与生理学特性，同时导致植株形成多种水涝适应性（Jackson 和 Armstrong，1999）。基于前人的试验研究，众所周知，绝大多数植物种类对水涝胁迫非常敏感，而仅有少数指数显示出较高的适应性。例如，不定根与同期组织（Vignolio 等，1999）。但这种适应能力是与植物种类相关的（Poot 和 Lambers，2003）。此外，叶片对水涝胁迫表现出极强的敏感性。在水涝条件下，叶片呼吸作用、光合作用及叶绿素荧光特性变化程度非常显著（Parolin，2000），尤其是叶绿素荧光特性，受水涝胁迫影响最为明显。据报道，水涝胁迫开始后，几种植物的光合系统 II 最大光量子产量（Fv/Fm）均表现出下降趋势（Smethurst 和 Shabala，2003；Smethurst 等，2005）。Fv/Fm下降可能是由于多种因素诱导而成，如降低的气孔导度（Lawlor 和 Cornic，2002）、不断变化的激素状态（Salisbury 和 Ross，1992）以及混乱的矿质元素吸收（Castonguay 等，1993）。并且上述因素也影响着水涝植株的叶绿素荧光特性指数，例如，电子传递效率（ETR）、光化学猝灭系数（qP）与非光化学猝灭系数（NpQ）（Smethurst 等，2005）。

另外，胁迫后的恢复能力对于植物种类，尤其是作物栽培品种，显得极其重要。一个理想的耐涝品种不仅能在水涝中生存，而且要求在胁迫后能有较快的恢复速度。通过比较那些经过水涝试验的植物种类，它们在涝后的恢复能力差异比较大。一些植物种类在涝害后很快就能恢复到对照水平，而有的恢复速度则非常缓慢（Poot 和 Lambers，2003；Smethurst 等，2005）。但是，以前的研究主要局限于植物生长特性或生理学特征，仅有极少数文章涉及植物对水涝胁迫的特殊适应性，如根系孔隙度等（Poot 和 Lambers，2003），并且以前的研究材料绝大部分都是木本植物，很少有关水涝条件下草本植物的研究。

作为开发沿海滩头的候选物种引进的海滨锦葵，在引种地近 40d 的水涝胁迫中形成了明显的适应性特征，如不定根漂浮在水面，表现出明显趋氧性，以及淹没茎秆部位形成不定芽、萌发生成不定根等，表现出了很强的耐涝性能。因此，本书的主要目的：①测定水涝条件下海滨锦葵幼苗的适应机理特征，如不定根、根系通气组织等；②研究水涝胁迫下海滨锦葵幼苗特殊适应机制与生存能力的关系；③评估水涝胁迫去除后海滨锦葵幼苗的恢复能力。

3.2　试验材料与方法

3.2.1　试验材料与试验设计

试验材料、试验设计与栽培条件与前同。

试验开始前，重复取样 5 次，测定叶片中的光合作用及叶绿素荧光特性。然后，取 3 株幼苗，测定不定根的数量、长度及干生物量。然后，对所取植株的根系，重复 24 次，采用微天平法测定其孔隙度。另重复 3 次取样，测定植株叶片叶绿素浓度，并观测叶片气孔与茎基部不定芽特征。试验开始后，在水涝第 7、14、21、28、35 天及水涝去除后的第 7、14 天（即试验开始的第 42、49 天），同样方法测定相同指标。此外，由于对照植株不形成不定根，其侧根孔隙度当作处理植株不定根孔隙度的对照值，且不定根的数量、长度及生物量等指标的对照值均设定为 0。

3.2.2　根系孔隙度的测定

根系孔隙度采用微量天秤法进行测定（Visser 和 Bögemann，2003）。用刀片把根系切成小段，然后用过柔软纸张包裹 2s，以去除根系表面水分。然后，把小根段转移到微型离心管中（W_0），并密封，防止水分蒸腾而导致根系质量降低。接着，用微量天秤对装载根段的离心管进行称重（W_1）。称重完毕后，把小根段从离心管转移到盛有蒸馏水的玻璃试管里，在真空条件下浸泡 10min。渗透后的小根段再用柔软纸包裹，去除表面水，然后转移到相同离心管中密封，称重（W_2）。根系孔隙度按照下列公式进行计算：

$$POROSITY（\%，V/V）=100*\frac{(W_2-W_1)}{(W_2-W_0)}*SW$$

式中，W_0 为微型离心管重量；W_1 为渗透前根段与离心管总重量；W_2 为渗透后植物根段与离心管总重量；SW 为水渗根系的密度，大约为 1.036（g/mL）。在测试过程中，测定样品不能低于 24 次，每次样品重量不能超过 30mg。

3.2.3　不定芽的观测

用刀片从海滨锦葵的水淹茎秆表皮切下小薄片（大约 3mm×2mm），置于载玻片上。然后，滴一滴蒸馏水在载玻片上，用盖玻片轻轻覆盖在切片上，并要求在载玻片与盖玻片之间无气泡。这样，把表皮薄片快速制成临时切片。然后，用 Nikon ECLIPSE 80i 光学显微镜（尼康公司，日本）对临时切片进行观察，并拍照。根据显微照片，对茎基部的不定芽进行分析。

3.2.4　气孔特征观测

用同样方法，叶片的小切片（大约 2mm×2mm）快速制成临时切片。然后，用光学显微镜观察，测量叶片气孔，并拍照。在观测过程中，气孔长度、宽度采用 NIS-Elements BR 2.30 软件进行测量。最后，叶片气孔面积采用以下公式计算：

$$SA(\mu m^2)=\frac{\pi ab}{4}$$

式中，SA 为叶片气孔面积；a 为叶片气孔长度；b 为叶片气孔宽度。

3.2.5　气孔导度与光合效率测定

光合效率与气孔导度采用 Li-6400 便携式光合系统测定（Li-COR 公司，美国）。在测定前，每个处理包含 5 个植株，取顶部第 5 片叶为测定样。采用内置光源提供光能，利用光响应曲线测定植物的光合效率与气孔导度。在本试验中，选择 1 200μmol/(m^2·s) 光量子密度下的光合效率与气孔导度为测定值。在光响应曲线的一系列光密度中，海滨锦葵幼苗在 1 200μmol/(m^2·s)条件下光合效率最高。因此，本试验选择此光密度为标准测定值。

3.2.6　叶绿素浓度测定

采用丙酮抽提法测定叶绿素浓度（Kirk，1968），但有稍微修改。在本试验中，取 0.2g 叶片，将其剪成碎片，然后放入 10mL 丙酮与乙醇混合物（1∶1，V/V）中浸泡，在黑暗环境中抽提 12h。当抽提碎片完全白化后，分别测定抽提液在 663nm 和 645nm 下的吸光值。最后，按照以下公式计算叶绿素浓度：

$$C_{a+b} = 8.02OD_{663} + 20.21OD_{645}$$

式中，C_{a+b} 为抽提液叶绿素 a、b 总浓度；OD_{663}、OD_{645} 为抽提液在 663nm 和 645nm 的吸光值。

3.2.7　叶绿素荧光指标测定

叶绿素荧光特性采用叶绿素荧光仪 MIN-PAM（WALZ 有限公司，德国）进行测定。测定前，每个处理包含 5 个植株，取顶部第 5 片叶为测定样。测定叶样用特定叶片夹夹取，暗化 30min。然后，采用饱和脉冲方法，利用光诱导曲线测定叶绿素荧光指标，如 F_v/F_m、Yield 和 NpQ。具体操作按照 MIN-PAM 手册上描述的方法进行。

3.2.8　统计分析

在本试验中，利用 SPSS 13.0 进行方差分析、多元线性回归和相关分析。当 $p < 0.05$、0.01 时，方差分析为差异显著与极显著，相关分析则为显著相关与极显著相关。当 $p > 0.05$ 时，方差分析差异不显著，相关分析为不显著相关。

3.3　结果

3.3.1　不定根长度、数量及生物量

在水涝过程中，海滨锦葵不定根系统的形成是海滨锦葵最突出的胁迫响应，同样也是其在胁迫环境中生存的关键性调节因子。在本试验中，与未经水涝的对照植株相比，水涝幼苗的不定根长度在水涝初期、中期显著上升。在水涝第 7、14 和 21 天时，不定根平均长度分别达到 3.7、6.9、12.5cm。随后，根系平均长度增加不明显。在处理第 28 天和 35 天时，根系平均长度为 13.7、14.3cm。此外，在胁迫过程中，最长根系的变化趋势与根系的平均长度变化相似（图 3-1a）。

与对照植株缺乏不定根相比，处理植株的不定根数量随着水涝时间延长而显著增加。在水涝 7d 时，处理植株形成平均 5 条不定根；而在水涝 35d 的植株中，不定根密度达到最大值，每棵植株形成 11.5 条不定根（图 3-1b）。与此相似，与对照相比，处理植株不定根的干生物量在水涝过程中也是显著增加。水涝 7d 的海滨锦葵幼苗，其不定根干重平均为 0.04g。在水涝第 35 天，处理植株

不定根干重达到峰值，每棵幼苗不定根干重平均达到 0.17g（图 3 - 1c）。

3.3.2　茎基部不定芽及根系气孔导度

作为水涝胁迫的特殊响应，处理植株淹没的茎秆上逐步形成不定芽，并发育成茎上不定根（与根部不定根不同）(图 3 - 2)。在本试验中，不定芽在水涝第 14 天开始形成，并随着胁迫时间延长数量逐步增加。此外，茎部不定芽外形类似于白色小突起。在显微镜下观察，不定芽是个环形，中间由许多细胞组成（图 3 - 3）。

与对照值相比，处理植株不定根孔隙度在水涝初期明显上升。在水涝第 7、14 天，不定根孔隙度比对照值高 11.6%、23.0%；在处理第 21 天，不定根孔隙度达到最大值，为 43.3%，显著高于对照值。随后直至恢复期，不定根孔隙度比较稳定，变化较小，但与对照值依旧差异显著（图 3 - 4a）。

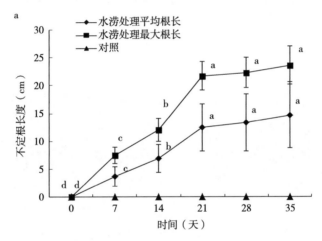

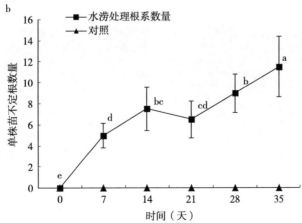

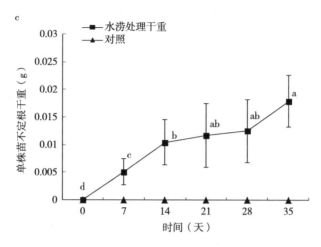

图 3-1　在水涝胁迫 0、7、14、21、28 和 35 d 时，海滨锦葵幼苗不定根特征的变化

（图中值表示平均值±标准差。在不同处理水平间，所标示字母不同，表示为 $\alpha = 0.05$ 水平下差异显著；若字母相同，则是 $\alpha = 0.05$ 水平下差异不显著，$n = 3$。）

图 3-2　水涝胁迫下，海滨锦葵淹没茎部由不定芽发育而成的不定根（a、b）

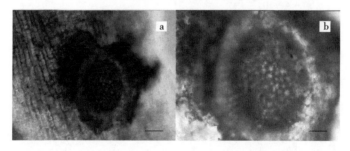

图 3-3　水涝条件下，水涝海滨锦葵淹水茎部形成的不定芽

a. 不定芽（bar=100μm）　b. 不定芽（bar=50μm）

　　与不定根孔隙度变化相似，在整个试验期间，主根孔隙度均表现为上升趋势。在水涝 7d 时，处理植株主根孔隙度高于对照值 6.5%，但与对照值差异不显著。在水涝第 14 天时，其值达到最大值，为 27.5%，是对照值的 1.54 倍。随后，水涝海滨锦葵幼苗的主根孔隙度上下变化幅度较小，相对比较稳定，但依然显著高于对照值。在水涝 35d 及涝后恢复 14d 时，处理植株主根孔隙度高于对照值 43.9%、17.4%。

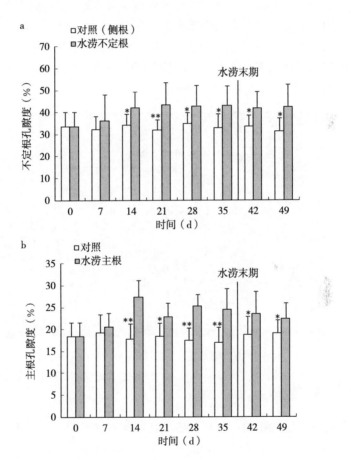

图 3-4　在水涝胁迫 0、7、14、21、28 和 35d 及涝后恢复 7、14d 时，
　　　　海滨锦葵幼苗根部孔隙度的变化

（图中值表示平均值±标准差。在方差分析中，＊＊表示在 $\alpha=0.01$ 水平下差异显著，＊表示在 $\alpha=0.05$ 水平下差异显著，空白表示在 $\alpha=0.05$ 水平下差异不显著，$n=24$。）

3.3.3　叶片气孔特征

作为气体交换的关键结构，气孔受水涝胁迫影响极其明显（图 3-5）。在本试验中，除了处理第 14 与 28 天，水涝植株气孔长度小于对照值。在水涝第 35 天及涝后恢复第 14 天时，处理植株气孔长度分别占对照值的 86.6%、96.5%（图 3-6a）。对于气孔宽度而言，在水涝第 7 天时，处理值显著降低（$p < 0.05$），仅占对照组的 34.0%；在处理第 14 天，水涝幼苗气孔宽度达到最大值，为 12.1μm，达到对照值的 83.1%。随后，随着水涝时间延长，气孔宽度表现出连续降低的趋势，在第 35 天，处理值低于对照值 34.9%。当水涝胁迫去除后，气孔宽度显著上升，在恢复期第 7 与 14 天时，气孔宽度恢复到对照水平的 75.1%、89.9%（图 3-6b）。

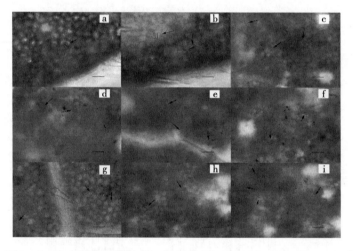

图 3-5　在水涝胁迫第 0（a，b）、7（c）、14（d）、21（e）、28（f）和 35（g）天及涝后恢复 7（h）、14（i）天时，海滨锦葵幼苗叶片气孔形态的变化。黑箭头指向气孔（bar＝100μm）。

与气孔宽度变化相似，处理植株气孔面积在水涝第 7 天时显著下降（$p < 0.05$），低于对照值 37.7%。当植株水涝处理时间达到 14d 时，气孔面积达到峰值，面积为 494.4μm^2。随后直到水涝末期，气孔面积持续下降，在第 35 天时，其值最小，仅为 301.9μm^2，低于对照组 38.8%。当水涝胁迫去除后，叶片气孔面积逐步增大，经过 7d 与 14d 恢复，其值高于水涝末期处理值 34.5%、37.5%，两者之间均差异显著（$p < 0.05$）。但是，恢复期的气孔面积均低于各自对照组，在第 14 天恢复对照水平的 88.5%，差异不显著（$p > 0.05$）（图 3-6c）。

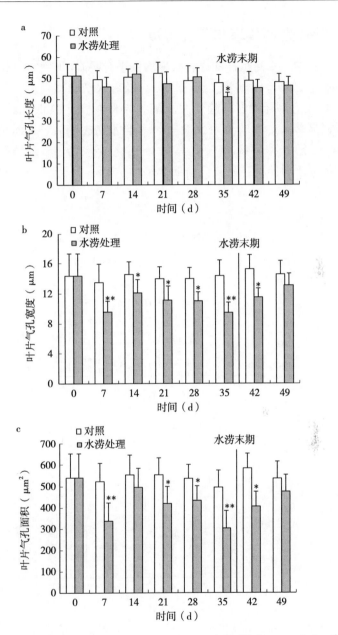

图 3-6 在水涝胁迫 0、7、14、21、28 和 35d 及涝后恢复 7、14d 时,海滨锦葵
幼苗叶片气孔长度(a)、叶片气孔宽度(b)与叶片气孔面积(c)的变化

(图中值表示平均值±标准差。在方差分析中,＊＊表示在 $\alpha = 0.01$ 水平下差异显著,＊表示在 $\alpha = 0.05$ 水平下差异显著,空白表示在 $\alpha = 0.05$ 水平下差异不显著,$n=8$。)

3.3.4 叶片光合效率与气孔导度

在本试验中，水涝植株的光合效率均低于对照值，除水涝 14d 外，其他处理组与对照组之间差异显著（$p<0.05$）。随着水涝时间延长，处理植株的光合效率与对照值差异程度日趋变大，在水涝第 35 天，其低于对照值 42.5%，两者差异极显著（$p<0.05$）（图 3-7a）。当水涝去除后，水涝植株光合效率逐步增强，经过 7、14d 恢复，其值分别高于水涝 35 天处理值 15.2%、12.4%，但低于对照值，恢复到对照水平的 73.1% 与 75.2%，两者之间差异显著（$p<0.05$）。

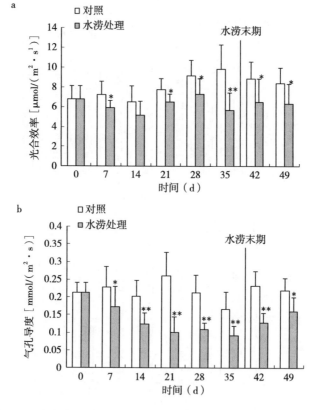

图 3-7　在水涝胁迫 0、7、14、21、28 和 35d 及涝后恢复 7、14 天时，海滨锦葵幼苗叶片光合效率（a）与气孔导度（b）的变化

（图中值表示平均值±标准差。在方差分析中，＊＊表示在 $\alpha=0.01$ 水平下差异显著，＊表示在 $\alpha=0.05$ 水平下差异显著，空白表示在 $\alpha=0.05$ 水平下差异不显著，$n=5$。）

对于气孔导度而言，水涝植株的值均显著低于各自对照值（$p<0.05$）（图 3-7b），在水涝末期，仅占对照值 53.9%。然而，经过 14d 的恢复，处理植株的气孔导度逐渐上升，恢复到对照水平的 72.6%，但两者之间的差异依然显著（$p<0.05$）。对气孔导度与气孔面积进行相关分析，得到以下模型：$y=0.000\ 3x-0.004\ 8\ R^2=0.422>0.396_{(0.001,64)}$，$y$ 为气孔导度；x 为气孔面积。从上述相关系数可以看出，气孔导度与气孔面积之间呈现极显著相关（$p<0.001$），气孔面积能够表现出气孔的气体交换能力。

3.3.5　叶绿素浓度及其荧光特征

在水涝胁迫试验中，处理植株叶绿素受到明显损害。除水涝第 21 天外，水涝植株叶绿素含量均显著低于对照植株（图 3-8）。并且随着水涝胁迫的延长，处理植株叶绿素含量逐步降低，在水涝第 35 天时，其达到最小值，为 1.41mg/g。此外，在水涝胁迫末期，叶绿素浓度在处理与对照之间的差异程度达到最大，其中处理植株叶绿素含量低于对照组 33.2%。水涝胁迫去除后，处理植株叶绿素浓度逐步上升。经过 7d 与 14d 恢复，恢复植株叶绿素含量分别比水涝 35d 的处理值高 17.7%、39.7%，但均低于各自对照组，仅在恢复末期与对照差异不显著（$p>0.05$）。

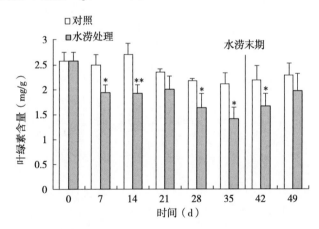

图 3-8　在水涝胁迫 0、7、14、21、28 和 35d 及涝后恢复 7、14d 时，海滨锦葵幼苗叶片叶绿素含量的变化

（图中值表示平均值±标准差。在方差分析中，＊＊表示在 $\alpha=0.01$ 水平下差异显著，＊表示在 $\alpha=0.05$ 水平下差异显著，空白表示在 $\alpha=0.05$ 水平下差异不显著，$n=3$。）

对于光合系统Ⅱ最大光量子产量（Fv/Fm）与初始光量子捕获效率（Yield）而言，两者在水涝胁迫过程中表现出连续下降。在水涝 35d 时，处理植株的

Fv/Fm 与 Yield 达到最小值，分别为 0.407、0.214，显著低于对照值（$p<$0.05）（图 3-9a、b）。与前二者相反，处理植株的非光化学猝灭系数（NpQ）随着水涝时间的延长而逐步增加，在处理末期达到峰值，其值为 1.042，显著高于对照植株（$p<0.05$），是对照值的 2.35 倍（图 3-9c）。当水涝胁迫去除后，处理植株的 Fv/Fm 和 Yield 逐步上升，经过 14d 的恢复，分别高于水涝末期相应处理值的 33.4%、45.8%，但依然显著低于对照水平（$p<0.05$）。然而，处理植株 NpQ 在恢复阶段逐步降低，经过 7、14d 恢复，分别占对照值 162.0%、139.1%，但两者之间差异依然显著（$p<0.05$）。

3.4 讨论

3.4.1 水涝胁迫下海滨锦葵幼苗的不定根结构

Poot 和 Lambers（2003）发现，在水深 1cm 的冬天沼泽环境下，经过 63d 水涝处理，两种哈克木属植物（*Hakea old fieldii* B. 和 *Hakea tuberculata* R. Br）

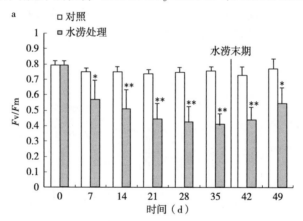

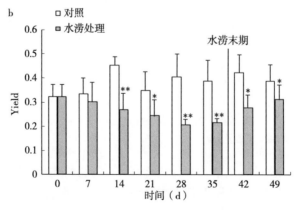

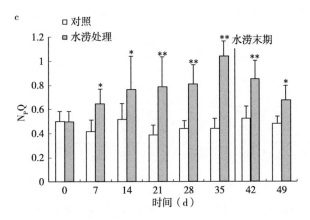

图 3-9 在水涝胁迫 7、14、21、28 和 35d 及涝后恢复 7、14d 时，海滨锦葵幼苗叶片叶绿素荧光特性的变化

（图中值表示平均值±标准差。在方差分析中，＊＊表示在 $\alpha=0.01$ 水平下差异显著，＊表示在 $\alpha=0.05$ 水平下差异显著，空白表示在 $\alpha=0.05$ 水平下差异不显著，$n=5$。）

都形成了不定根，其单株不定根数量分别为 7.4 和 9.0 条，其中最长不定根为 6.4cm。在本试验中，水涝处理 35d 后，海滨锦葵幼苗形成的单株不定根数平均为 11.5 条，最长不定根达到 23.6cm（表 3-1）。因此，水涝早期不定根的形成是一个重要的胁迫响应，海滨锦葵幼苗生成不定根幼苗的能力比较强，能保证植株在水涝胁迫中存活。与哈克木属植物一样，海滨锦葵不定根仅局限于培育基质表层，根尖漂浮在水中，表现出明显的趋氧性（Poot 和 Lambers，2003）。据推测，这种分布模式有利于水涝植株通风吸养。因此，不定根对于水涝海滨锦葵幼苗的生存至关重要。

由于水涝条件下氧气缺乏，因此存贮、运输氧气的通气组织对于水涝植株度过水涝胁迫起着关键性作用。原生通气组织随着不定根的生长而形成，而次生通气组织来源于细胞死亡，当损伤组织细胞死亡后，内部空间连通而构成次生通气组织（Kawase，1981）。例如，*H. oldfieldii*B. 在深 1cm 的水中，经过 63d 涝害，其主根与不定根的孔隙度达到 4.3％和 9.8％（Poot 和 Lambers，2003）。对于 *Lotus tenuis* 而言，经过 28d 缺氧营养液水培，其主根与不定根的孔隙度上升至 30％左右（Teakle 等，2006）。在试验中，水涝 35d 后，海滨锦葵的主根与不定根孔隙度分别达到 24.4％和 42.9％（表 3-1）。经过数据对比，表明海滨锦葵具有很强的通气组织形成能力，以便于水涝植株吸收、存储氧气，保证其存活。同时也说明，根系孔隙度上升是海滨锦葵在水涝胁迫下的应激反应，为关键性适应机制。

表 3-1　水涝胁迫下，4 种植物幼苗的根系特征（涝害时间）

	H. oldfieldii B. *	*H. tuberculata* R. Br*	*L. tenuis* (Chajia)**	*K. virginica*
不定根数（株）	7.4	9.0	—	11.5
最长不定根（cm）	6.4	6.4	—	23.6
不定根孔隙度（%）	9.8	8.1	大约 30	42.9
主根孔隙度（%）	4.3	3.1	大约 30	24.4

　　注：*H. oldfieldii* B.（63d）；*H. tuberculata* R. Br（63d）；*L. tenuis*（Chajia）(28d) 和 *K. virginica*（35d）。

3.4.2　在短期水涝胁迫下，海滨锦葵气孔特征的应激反应

　　在本试验中，经过 7d 水涝胁迫，气孔面积降低到对照的 64.4%，且同一时间的叶片气孔导度显著下降。此时的气孔关闭与 *Larix kaempferi* 幼苗在水涝 3d 后的气孔变化相似（Terazawa 等，1992），可能是由脱落酸（ABA）或乙醇诱导产生的应激反应（Blanke 和 Cooke，2004）。在水涝 14d 时，气孔面积上升到对照水平的 89.2%。这种气孔重开的现象在水涝条件下的 *Gmelina arborea* 幼苗、*Tectona grandis* 幼苗（Osonubi 和 Osundina，1987）、*Eucalyptus camaldulensis* 幼苗（Van Der Moezel 等，1989）及日本松幼苗中报道过。据推测，气孔重开现象可能与不定根的形成与生长有关（Terazawa 等，1992）。随后，海滨锦葵气孔面积随着水涝时间延长而逐步降低，表明植株光合作用逐渐下降，水涝胁迫对植株光合系统产生了危害，且损害程度日趋严重。光合效率及光合叶绿素荧光特性变化证实此推论，如在水涝末期光合效率下降了 42.5%，而 NpQ 上升了 134.7%。经过 14d 的恢复，气孔面积达到对照值的 88.5%，表明水涝植株的气体交换能力逐步上升，可由气孔导度变化值得到进一步证实。但是，也显示气孔保卫细胞受到了严重的损失，与对照水平有一定的差异。

3.4.3　水涝胁迫去除后，海滨锦葵叶绿素重新合成

　　在本试验中，作为一个损伤症状，水涝植株叶片在处理末期出现黄化或水渍斑，表明植株叶绿素合成或叶绿体已经受到了水涝胁迫的损伤。水涝植株叶绿素含量的变化趋势证实了上述推论。然而，经过 14d 的恢复，处理植株的叶绿素含量逐步上升，达到对照水平的 86.40%，说明经过一段时间的恢复，海滨锦葵幼苗的叶片开始重新绿化，叶绿体功能恢复，叶绿素合成能力逐渐增强。

此外，光合作用与水涝胁迫呈现负相关。Ahmed 等（2003）发现，在 2cm 深的水中胁迫 8d，绿豆（*Vigna radiate*）营养生长阶段的光合作用降低 58.0%～82.0%。对于日本松幼苗而言，在水面覆盖土壤条件下，经过 8d 的胁迫处理，其光合效率下降 60.0%（Terazawa 等，1992）。在本试验中，海滨锦葵经过 7d 与 35d 的水涝处理，其光合效率分别下降 18.4%、42.5%（表 3 - 2）。光合效率数据显示，海滨锦葵对水涝植株有很强的耐受能力。

水涝胁迫去除后，植株的恢复能力也是极其重要的。Terazawa 等（1992）研究发现，水涝胁迫去除后的 11d，处理的日本松光合作用恢复到对照水平的 46.0%。对于海滨锦葵而言，经过 7d、14d 的恢复，处理植株光合速率达到对照水平的 73.1%、75.3%，而 Yield 恢复到对照值的 65.4% 和 80.2%（表 3 - 2）。试验数据显示，水涝胁迫解除后，海滨锦葵具有很强的恢复能力，其恢复速度较快，但在 14d 内还不能完全恢复到对照水平。而且叶片重新绿化也能体现出海滨锦葵涝后强大的恢复能力。

表 3 - 2　3 种植物（*V. radiate*，*L. kaempferi and K. virginica*）**在水涝胁迫及涝后恢复期的光合速率**（Pr）**的特性**（占对照水平的百分比例）

（单位：d）

	V. radiate[*]	*L. kaempferi*[**]	*K. virginica*
水涝条件下植株 Pr	18.0～42.0（8）	40.0（8）	81.6（7）；57.5（35）
水涝条件下植株 Pr 降低幅度	58.0～82.0（8）	60.0（8）	18.4（7）；42.5（35）
恢复期植株 Pr	—	46.0（11）	73.1（7）；75.2（14）
恢复期植株 Pr 降低幅度	—	54.0（11）	26.9（7）；24.8（14）

注：*数据来源于 Ahmed 等（2003）论文；**数据来源于 Terazawa 等（1992）论文。

3.4.4　海滨锦葵对水涝胁迫的综合耐性机制

在叶绿素浓度、Pr、气孔面积、主根孔隙度及不定根孔隙度、数量、长度之间进行相关分析。从表 3 - 3 可以看出，光合速率和叶绿素浓度与除根系孔隙度以外的绝大部分指标显著相关（$p < 0.05$）。而根系孔隙度与二者的相关性不显著，可能与根系孔隙度在水涝的中后期及涝后恢复期表现稳定、变化较小有关。此外，气孔面积仅与不定根数量显著相关，但各根系特征指数之间彼此显著相关。根据相关分析看出，大部分测定指标都是显著相关的。通过光合速率体现出了海滨锦葵对涝害的强耐涝性，这种强耐性应该与各种调节机制密切相关，如不定根、通气组织及气孔关闭等。

表3-3 水涝条件下，海滨锦葵 Pr、叶绿素浓度、气孔面积及
根系特征指数之间的皮尔逊指数

	Pr	STA	MRP	ARP	ARA	ARB	ARL
Yield	1	—	—	—	—	—	—
STA	0.579**	1	—	—	—	—	—
MRP	−0.038	0.189	1	—	—	—	—
ARP	0.017	0.148	0.866**	1	—	—	—
ARA	−0.603**	−0.505*	0.629**	0.617**	1	—	—
ARB	−0.337	−0.245	0.757**	0.819**	0.890**	1	—
ARL	−0.720**	−0.448	0.511*	0.576**	0.875**	0.838**	1

	CHC	STA	MRP	ARP	ARA	ARB	ARL
CHC	1	—	—	—	—	—	—
STA	0.804**	1	—	—	—	—	—
MRP	−0.124	0.189	1	—	—	—	—
ARP	−0.002	0.148	0.866**	1	—	—	—
ARA	−0.757**	−0.505*	0.629**	0.617**	1	—	—
ARB	−0.461*	−0.245	0.757**	0.819**	0.890**	1	—
ARL	−0.697**	−0.448	0.511*	0.576**	0.875**	0.838**	1

注：* 与 ** 分别表示显著相关（$\alpha=0.05$）、极显著相关（$\alpha=0.01$）。此表中，CHC 为叶绿素浓度；STA 为气孔面积；MRP 为主根孔隙度；ARP 为不定根孔隙度；ARA 为不定根数量；ARB 为不定根干生物量；ARL 为不定根长度。

叶绿素是光合作用的基础，Pr 能直接反映出植株现实的光合能力。因此，两者能体现出水涝植株的生存状况。并且 Pr 与叶绿素受气孔面积、主根孔隙度、不定根孔隙度、数量、干生物量及长度等因素的影响。为了评估各调节机制对水涝条件下海滨锦葵生存状态的影响程度，就对 Pr、叶绿素浓度与上述6 个指标分别进行多元回归分析。然后，根据各指标标准回归系数的绝对值来比较其对水涝植株的影响程度。基于表3-4可以发现，不定根特征指数的系数绝对值大于主根孔隙度，而气孔面积的系数绝对值在 6 个指标中最小。因此，不定根对于水涝海滨锦葵植株生存状态的影响程度最大，主根形成的通气组织的影响程度次之，而叶片气孔对水涝植株的影响能力最小。于是，可以得出以下结论：形成的不定根吸取水面氧气是海滨锦葵最重要的调节机制；不断上升的主根通气组织可以存贮、运输氧气，成为水涝胁迫下海滨锦葵存活的次

要调节机理；气孔关闭能够保持植株水势，降低气孔氧气的释放量，而对水涝海滨锦葵影响最低。

表 3-4　水涝胁迫下，海滨锦葵幼苗光合速率、叶绿素浓度与根系和上述 6 个特征指标之间的多元回归分析

回归模型	F 值	Sig.	标准回归系数					
			b_1	b_2	b_3	b_4	b_5	b_6
$Y_1 = 0.265 - 7.13E - 05x_1 - 0.03x_2 + 0.343x_3 - 0.011x_4 + 7.295x_5 - 0.012x_6$ $R^2 = 0.874$	12.664	0.000	-0.127	-0.230	0.430	-0.715	0.862	-1.108
$Y_2 = 1.178 + 0.001x_1 - 2.565x_2 + 3.799x_3 - 0.83x_4 + 13.725x_5 - 0.026x_6$ $R^2 = 0.969$	56.847	0.000	0.269	0.293	0.698	-0.760	0.230	-0.357

注：表中 Y_1 - Pr，Y_2 -叶绿素浓度；x_1、x_2、x_3、x_4、x_5 和 x_6 分别代表 STA、MRP、ARP、ARA、ARB、ARL；b_1、b_2、b_3、b_4、b_5、b_6 是 x_1、x_2、x_3、x_4、x_5、x_6 的标准回归系数。

第四章

水涝胁迫对海滨锦葵幼苗
抗氧化酶系统活性的影响

4.1 引言

　　缺氧是水涝胁迫对植物的关键性伤害因子，因为氧气在水中的扩散速度是空气中的 1/10 000。在能量生成过程中，细胞中氧气是关键，其缺失与否直接关系到代谢活性与能量生产。水涝形成的缺氧使得细胞气孔关闭，叶片中 CO_2 浓度降低及光合作用瓦解，而降低的 CO_2 浓度及断裂的光合电子传导途径将会大大增加活性氧（ROS）数量，进而产生氧化胁迫（Sgherri 等，1993）。

　　在植物细胞中，氧化胁迫反应是由一些有毒自由基，如超氧阴离子自由基（O_2^- ·）、单线态氧（·O）、羟自由基（·OH）、过氧化氢（H_2O_2）。这些自由基能氧化细胞生物分子，如 DNA、蛋白质和酯类，使得其功能异常，甚至结构瓦解（Richter 和 Schweizer，1997）。因此，在通常情况下，植物对环境胁迫，包括淹水危害敏感与否和其本身的抗氧化能力有关（Foyer 等，1994）。然而，植物在进化过程中，形成了独特的抗氧化保护体系。在保护体系中，清除活性氧的抗氧化酶是植物细胞最重要的保护手段。其中超氧化物歧化酶（SOD）是 O_2^- ·的主要清除剂，能歧化 O_2^- ·而形成 H_2O_2 与 O_2。而 H_2O_2 则依靠过氧化氢酶（CAT）与过氧化物酶（POD）来清除。CAT 能催化 H_2O_2 而形成 H_2O 与 O_2。而 POD 则是与其他的氧化底物，如石炭酸或其他抗氧化剂，共同作用来降解 H_2O_2（Meloni 等，2003）。

　　众所周知，保持较高比例的还原型坏血酸和谷胱甘肽有利于去除细胞中活性氧，而保持此高比例主要依赖于谷胱甘肽还原酶（GR）（Noctor 和 Foyer，1998）。并且活性氧去除酶类之间的平衡对于维护超氧自由基与过氧化氢的稳定至关重要（Bowler 等，1991），且能有效阻止高毒害羟自由基的形成（Asada，1987）。类似地，不同抗氧化剂之间必须保持相互平衡，因此要严格控制。如叶绿体中谷胱甘肽合成上升，对细胞不仅没产生保护作用，反而形成氧化危害，可能与叶绿体整体氧化还原状态的改变有关（Creissen 等，1999）。

目前，关于水涝条件下与抗逆相关酶活性的研究主要集中草本或农作物，而木本植物相对比较少。Yordanova 等（2004）对涝害胁迫中的大麦抗氧化酶体系展开研究，发现 CAT 含量显著增加，SOD 含量减少，推测其减少主要是叶绿体中含铁 SOD 活性的逐渐降低。烟草、油菜在淹水胁迫下其叶片光呼吸途径中的乙醇酸氧化酶（GO）、羟基丙酮酸还原酶（HPR）、过氧化氢酶（CAT）活性升高，且耐淹品种增加幅度大于涝害敏感品种；而植株体内 SOD 活性在涝害初期升高，后来随着处理时间延长，酶活性开始下降（钟雪花等，2002）。Zhang 等（2007）对两个大麦栽培品种进行涝害胁迫试验，发现 SOD 活性在水涝处理下上升，且水涝敏感品种的酶活性高于耐涝品种；在涝害早期，耐涝品种的 POD 活性显著上升，而敏感品种显著下降，但在处理的中后期，两个品种均表现出了上升趋势。而 Lin 等（2004）发现，水涝胁迫下的番茄与茄子的过氧化氢酶（CAT）、超氧化歧化酶（SOD）和谷胱甘肽还原酶（GR）等却不受淹水的影响。当淹水胁迫 8 周后，秋茄树（*Kandelia candel*）的 POD 和 SOD 的活性明显升高，而木榄（*Bruguiera gymonorrhiza*）仅有 POD 的活性显著升高，说明在淹水时秋茄树具有更强的抗氧化损坏能力（Nora 等，2003）。

一般情况下，水涝胁迫下，耐淹植物的活性氧清除酶活性变化要高于涝敏感植物，但酶活性变化在植物体内因发育阶段、胁迫处理程度、胁迫处理时间不同而相异，无固定模式。因此，本书的目的：①测定水涝条件下海滨锦葵抗氧化酶活性变化规律；②通过多元回归分析，判定各氧化酶在植株保护中的贡献率与重要程度。

4.2　试验材料与方法

4.2.1　试验材料与设计

试验材料、试验设计和栽培条件与前同。

试验开始前，重复取样 3 次，测定叶片中 O_2^-·生产速率、H_2O_2 与丙二醛（MDA）浓度，以及 SOD、CAT、POD、GR 酶活性。试验开始后，在水涝第 7、14、21、28、35 天及水涝去除后的第 7、14 天（即试验开始的第 42、49 天），同样方法测定相同指标。

4.2.2 $O_2^- \cdot$ 生产速率测定

$O_2^- \cdot$ 的生产速率采用羟氨法（郝建军等，2007）测定。

(1) NO_2^- 标准曲线的制作 取 7 支试管，按照表 4-1 所列用量加入各种试剂，加完试剂摇匀，10min 后在 530nm 下测定吸光值。根据浓度和吸光值制定标准曲线。

表 4-1 配制 NO_2^- 工作曲线的试剂及用量

试管号	1	2	3	4	5	6	7
亚硝酸钠（mL）	0	0.1	0.2	0.4	0.6	0.8	1.0
磷酸缓冲液（mL）	2	1.9	1.8	1.6	1.4	1.2	1.0
对氨基苯磺酸（mL）	1	1	1	1	1	1	1
α-奈胺（mL）	1	1	1	1	1	1	1
NO_2^-（nmol/mL）	0	2.5	5	10	15	20	25
模型			$y=29.077x-0.2728\ R^2=0.9994$				

(2) 样品测定 取样品 0.5g，放入 10mL 试管中并加入 5mL 10mmol/L 盐酸羟氨，真空渗入后，将试管放置 30℃ 温箱温育 40min，使得样品体内的 $O_2^- \cdot$ 与盐酸羟氨充分反应。温育结束后，从试管样品中吸取 2mL 溶液，与 1mL 17mmol/L 对氨基苯磺酸和 1mL 7mmol/L α-奈胺充分混合，显色 10min，然后在 2 500r/min 条件下离心 10min，取上清液在 530nm 条件下测定吸光。其中以 50mmol/L 磷酸缓冲液（pH 7.8）2mL，对氨基苯磺酸 1mL，α-奈胺 1mL 混合后调零。

根据吸光值，在标准曲线上查找相应的 NO_2^- 浓度，然后根据以下公式计算 $O_2^- \cdot$ 生产速率。

$$O_2^- \cdot 生产速率\ [nmol/(min/g)] = \frac{O_2^- \cdot 生产量}{NH_2OH\ 温育时间\ (min) \times 样品鲜重\ (g)}$$

$$= \frac{[NO_2^-] \times 2 \times 4 \times V_t}{温育时间\ (min) \times 样品鲜重\ (g) \times V_1}$$

式中，$[NO_2^-]$ 为查得 NO_2^- 浓度；4 为反应体系（mL）；V_t 为样品提取总量（mL）；V_1 为测定样品提取液量（mL）。

4.2.3 H_2O_2 含量测定

H_2O_2 含量采用硫酸钛方法（Brennan，1977）测定，并有一定的改动。

(1) 标准曲线测定 取 10mL 离心管 7 支，按顺序标号，并按照表 4-2

所列加入试剂。然后 3 000r/min 离心 10min，弃去上清夜，留沉淀。每个离心管中加入 2mol/L 硫酸 5.0mL，待沉淀完全溶解后，将其小心转入 10mL 容量瓶中，并用蒸馏水少量多次冲洗离心管，将洗涤液合并后定容至 10mL 刻度，415nm 波长下比色。根据浓度和吸光值制定标准曲线。

表 4-2　配制 H_2O_2 工作曲线的试剂及用量

试管号	1	2	3	4	5	6	7
10mmol/L H_2O_2（mL）	0	0.1	0.2	0.4	0.6	0.8	1.0
4℃预冷丙酮（mL）	1.0	0.9	0.8	0.6	0.4	0.2	0
5%硫酸钛（mL）	0.1	0.1	0.1	0.1	0.1	0.1	0.1
浓氨水（mL）	0.2	0.2	0.2	0.2	0.2	0.2	0.2
模型			$y=27.146\,1x+0.352\,8\ R^2=0.995\,4$				

（2）样品提取和测定　称取新鲜植物组织 0.2～0.4g，加入 6mL 4℃温度下预冷的丙酮和少许石英砂研磨成匀浆后，转入离心管 3 000r/min 离心 10min，弃去残渣，上清液即为样品提取液。用移液管吸取样品提取液 1mL，按表 4-2 加入 5%硫酸钛和浓氨水，待沉淀形成后 3 000r/min 离心 10min，弃去上清液。沉淀用丙酮反复洗涤 3～5 次，直到去除植物色素。向洗涤后的沉淀中加入 2mol 硫酸 5mL，待完全溶解后，与标准曲线同样的方法定容并比色。

$$H_2O_2\ \text{浓度}\ (\mu mol/g)=\frac{V_1\times C\times V_t}{Fw}$$

式中，C 为标准曲线上查得样品中 H_2O_2 浓度（μmol）；V_t 为样品提取液总体积（mL）；V_1 为测定时用样品提取液体积（mL）；Fw 为植物组织鲜重（g）。

4.2.4　MDA 含量测定

MDA 含量根据赵世杰（1994）方法测定。称取剪碎的试材 1.0g，加入 2mL 10%TCA 和少量石英砂，研磨至匀浆，再加 8mL TCA 进一步研磨，4 000r/min 匀浆离心 10min，上清液为样品提取液。吸取离心的上清液 2mL（对照加 2mL 蒸馏水），加入 2mL 0.6%TBA 溶液，混匀物于沸水浴上反应 15min，迅速冷却后再离心。取上清液测定 532nm、600nm 和 450nm 波长下的吸光度。

$$C(\mu mol/g)=\frac{(6.45\times OD_{532}-0.56\times OD_{450})\times V}{W}$$

式中，OD_{450}、OD_{532} 分别代表 450nm 和 532nm 波长下的吸光值；V 为提取液总体积（mL）；W 为植物组织鲜重（g）。

4.2.5 POD 酶活性测定

POD 酶活性根据张志良（2003）方法测定。取 1.0g 植物叶片剪碎，加入预冷的 20mmol/L KH$_2$PO$_4$ 5mL 进行冰浴研磨。匀浆液 4 000r/min 低温离心 15min，上清液为酶粗提液。取光程为 1cm 的玻璃比色杯 2 只，一只加入 3mL 反应液 [100mmol/L PBS（pH 6.0）50mL，加入愈创木酚 28μL，搅拌溶解，待溶液冷却后加入 30% 的 H$_2$O$_2$ 19μL]，20mmol/L KH$_2$PO$_4$ 1mL 作为调零管。另一只加入反应液 3mL，提取的酶液 1mL，立即开始计时，在 470nm 波长下进行比色，开始记录数据，然后每隔 1min 记录一次吸光度值，共测 3min。以每分钟 A$_{470}$的变化值 0.01 为一个相对酶活单位。

$$POD\ 活性\ [U/(g \cdot min)] = \frac{\Delta OD_{470} \times V_t}{W \times t \times 0.01 \times V_1}$$

式中，ΔOD_{470t}分别代表在 470nm 条件下吸光值变化；V_1 为参与反应的提取液体积（mL）；V_t 为样品提取液体积（mL）；W 为植物组织鲜重（g）；t 为反应时间。

4.2.6 CAT 酶活性测定

CAT 酶活性根据 Chance 和 Maehly（1955）方法测定。取叶片 1.0g 置研钵中，加入少量 0.2mol/L 的磷酸缓冲溶液（pH 7.8）研磨，将匀浆转移容量瓶中，用同一缓冲溶液冲洗数次，将冲洗液移至容量瓶中，并定容于 25mL。将溶液至于 4℃ 条件下静置 10min，然后取上清 4 000r/min 离心 15min，上清液即为 CAT 的粗提液。取 10mL 试管数支，分为测定和对照两组，测定管中加入不同处理下酶 0.2mL，对照管（S0）加入不同处理下粗提酶液 0.2mL，然后逐管加入 0.2mol/L 的磷酸缓冲液（pH 7.8）1.5mL，蒸馏水 1.0mL，每处理重复 3 次（S1、S2、S3）。25℃ 预热后，逐管加入 0.3mL 0.1mol 的 H$_2$O$_2$，每加完 1 管立即记时，并迅速倒入石英比色皿中，以 pH 7.8 的磷酸缓冲液为对照调零，240nm 波长下测定吸收度，每隔 1min 读数 1 次，共测 4min，以 1min 内 240nm 吸光值减少 0.01 的酶量为一个酶活单位（U）。

$$CAT\ 酶活性\ [U/(g \cdot min)] = \frac{\Delta OD_{240} \times V_t}{W \times t \times 0.01 \times V_1}$$

式中，ΔOD_{240}：ODS0 −（ODS1＋ODS2＋ODS3）/3；ODS0：加入粗提酶液的对照管吸光值；ODS1、ODS2、ODS3 为测定管吸光值。V_t 为粗酶提取液总体积（mL）；V_1 为测定用粗酶液体积（mL）；W 为样品鲜重（g）；t 为加过氧化氢到最后一次读数时间（min）。

4.2.7　SOD 酶活性测定

　　SOD 酶活性采用 NBT 方法测定（郝建军等，2007），并有改动。取叶片1.0g，加入 3mL 0.05mol/L 磷酸钠缓冲液（pH7.8），加入少量石英砂，于冰浴中的研钵内研磨成匀浆，定容到 5mL 刻度离心管中，于 8 500r/min 冷冻离心 15min，上清液即为 SOD 酶粗提液。

　　每个处理取 6 个洗净干燥好的微烧杯编号，按表 4-3 加入各试剂及酶液，反应系统总体积为 3mL。其中 4-6 号杯中磷酸钠缓冲液量和酶液量可根据试验材料中酶液浓度及酶活力进行调整（如酶液浓度大、活性强时，酶用量适当减少）。

表 4-3　反应体系中的试剂、粗酶液及相应的用量（mL）

杯号	磷酸钠缓冲液	0.026mol/L 蛋氨酸溶液	75×10^{-5}mol/L NBT	酶液	1.0μmol/L EDTA 及 20μmol/L 核黄素
1	0.9	1.5	0.3	0	0.3
2	0.9	1.5	0.3	0	0.3
3	0.9	1.5	0.3	0	0.3
4	0.8	1.5	0.3	0.1	0.3
5	0.8	1.5	0.3	0.1	0.3
6	0.8	1.5	0.3	0.1	0.3

　　各试剂全部加入后，充分混匀，取 1 号微烧杯置于暗处，作为空白对照，比色时调零用。其余 5 个微烧杯均放在温度为 25℃、光照度为 3 000lx 的光照箱内（安装有 2 根 20W 的日光灯管）照光 15min，然后立即遮光终止反应。在 560nm 波长下以 1 号杯液调零，测定各杯液光密度并记录结果。以 2、3 号杯液光密度的平均值作为 NBT 光还原率 100%，根据其他各杯液的光密度计算 SOD 酶活性。NBT 还原抑制率达到 50% 为一个酶活力单位（U）。

$$\text{SOD 酶活性}\ [\text{U/(g} \cdot \text{h)}] = \frac{(\text{OD}_1 - \text{OD}_2) \times V_t \times 60}{\text{OD}_1 \times 50\% \times V_1 \times W \times t}$$

　　式中，D_1 为 2、3 号杯液的光密度平均值；D_2 为加入一定酶液量的各杯液的吸光值；V_t 为酶提取液总体积（mL）；V_1 为参加反应的酶液体积（mL）；W 为样品鲜重（g）；t 为反应时间（min）。

4.2.8　GR 酶活性测定

　　根据汪洪等（2007）方法，提取 GR 粗酶液。取 1.0g 叶片，加入预冷过

50mmol/L的磷酸缓冲液（pH 7.8），冰浴下研磨成匀浆，4℃温度下 15 000r/min 离心20min，上清液保存在冰箱中用于测定酶活性。按照 Schaedle 等（1977）方法测定谷胱甘肽还原酶（GR）活性，2mL 50mmol/L 的 Tris－HCl 反应缓冲液（pH 7.5）（含 2.5mmol/L MgCl$_2$，0.5mmol/L GSSG，0.2mmol/L NADPH），加 200μL 酶液，测定单位时间内 340nm 波长下的吸光度变化值。然后，在 50mmol/L 的 Tris－HCl 缓冲液（pH 7.5）中加入不同浓度的 NADPH，设置成梯度反应液，见表 4－4。然后，取各梯度反应液 2mL，分别加入 200μL 双蒸水，在 340nm 下测定吸光值，并根据 NADPH 浓度和相应吸光值制定标准曲线。最后，通过标准曲线查找酶反应条件下 NADPH 浓度，并根据下列公式计算 GR 酶活性。

$$GR\ 活性\ \left[\mu mol/\ (g\cdot min)\right]=\frac{(C_2-C_1)\times V_s\times V_t}{(t_2-t_1)\times W\times V_1}$$

式中，C_1 为反应体系中 t_1 时刻 NADPH 浓度；C_2 为反应体系中 t_2 时刻 NADPH 浓度；V_s 为反应体系体积（mL）；V_t 为酶提取液总体积（mL）；V_1 为参加反应的酶液体积（mL）；W 为样品鲜重（g）；t_1、t_2 为反应时刻（min）。

表 4－4 50mmol/L Tris－HCl 缓冲液（pH 7.5）中所加的试剂及其浓度

试剂 ＼ 杯号	1	2	3	4	5	6
MgCl$_2$（mmol/L）	2.5	2.5	2.5	2.5	2.5	2.5
GSSG（mmol/L）	0.5	0.5	0.5	0.5	0.5	0.5
NADPH（mmol/L）	0	0.025	0.05	0.10	0.15	0.2
模型		$Y=0.368\ 6x-0.171\ 4\ R^2=0.977\ 2$				

4.2.9 数据统计

在本试验中，测定指标采用 3 次重复。在本书中利用 SPSS 13.0 进行 Duncan 分析与多元回归分析。当 $p<0.05$ 或 0.01 时，方差分析差异显著或极显著，回归分析显著或极显著相关；当 $p>0.05$，两者皆不显著。

4.3 结果

4.3.1 O$_2^-$·的生产速率

植物组织在环境胁迫下，O$_2$ 受单一电子还原，而产生 O$_2^-$·，具有很强的氧化性和还原性，过量生成可致组织损伤。O_2^-·的生产速率能反映出植物组织的受损程度。在本试验中，除水涝 14d 外，海滨锦葵处理植株的 O_2^-·的生产速率显著（$p<0.05$）上升（图 4-1）。随着水涝时间延长，O_2^-·的生产速率在处理植株与对照植株的差异越来越大，在 14、21 与 28d，处理海滨锦葵植株 O_2^-·的生产速率分别比对照值高 54.4%、485.2% 和 434.2%；在处理 35d，处理植株的 O_2^-·的生产速率是对照植株的 10.92 倍。水涝胁迫去除后，处理植株的生产速率下降，与对照组的差异逐步减小，但差异依然显著（$p<0.05$）。水涝去除 7、14d 后，O_2^-·在处理植株中的生产效率分别是对照值的 5.88、2.93 倍（图 4-1）。

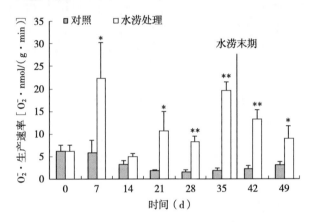

图 4-1　在水涝胁迫 7、14、21、28 和 35 天及涝后恢复 7、14 天时，
　　　　海滨锦葵幼苗的 O_2^-·的生产速率

（图中值表示平均值±标准差。在方差分析中，＊＊表示在 $\alpha=0.01$ 水平下差异显著，
＊表示在 $\alpha=0.05$ 水平下差异显著，空白表示在 $\alpha=0.05$ 水平下差异不显著，$n=3$。）

4.3.2　H_2O_2 含量

O_2^-·为超氧化物歧化酶所歧化，形成 H_2O_2 与 O_2。H_2O_2 可使类脂中的不饱和脂肪酸发生过氧化反应，破坏细胞膜的结构，造成机体的多种损伤和病变，加速机体的衰老。本试验中，在水涝初期（第 7 与 14 天），海滨锦葵处理植株的 H_2O_2 含量变化无规律，在第 7 天高于对照值，而在第 14 天比对照组低 3.32%，差异都不显著（$p>0.05$）。随着水涝时间进一步延长，处理植株的 H_2O_2 含量急速上升，与对照植株的差异越来越大，达到显著（$p<0.05$）或极显著水平（$p<0.01$）（图 4-2）。在 21、28 与 35d，海滨锦葵处理植株的 H_2O_2 含量分别比对照值高 20.40%、25.25% 和 85.40%。与 O_2^-·生产速率

变化相似，水涝胁迫去除后，H_2O_2 含量在处理植株下降，与对照组的差异逐步减小，但差异依然显著（$p < 0.05$）（图 4-2）。水涝去除 7、14d 后，处理植株中的 H_2O_2 含量分别比对照值高 42.41%、34.16%。

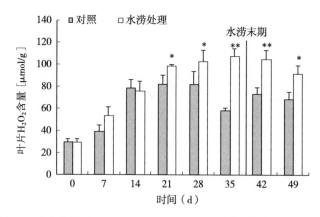

图 4-2 在水涝胁迫 7、14、21、28 和 35 天及涝后恢复 7、14 天时，
海滨锦葵幼苗的 H_2O_2 含量特征

（图中值表示平均值±标准差。在方差分析中，＊＊表示在 $\alpha = 0.01$ 水平下差异显著，
＊表示在 $\alpha = 0.05$ 水平下差异显著，空白表示在 $\alpha = 0.05$ 水平下差异不显著，$n = 3$。）

4.3.3 MDA 含量

丙二醛（MDA）是膜脂过氧化的产物，会严重损伤细胞膜系统，MDA 与膜上蛋白质结合会引起蛋白质分子间和分子内的交联。细胞膜系统受到破坏后，透性增加，MDA 反映了膜受损程度。本试验中，海滨锦葵幼苗在水涝条件下，其 MDA 含量显著上升（$p < 0.05$）（图 4-3）。但是，在水涝初期与中期（第 7~21 天），处理植株中 MDA 含量的递增程度没有表现出与胁迫时间的相关性。在处理的第 7、14 与 21 天，处理植株的 MDA 含量分别比对照值高 26.2%、47.9%、24.0%。随着水涝时间延长，MDA 含量在处理植株与对照植株之间差异逐渐扩大。在水涝 28、35d 时，海滨锦葵处理植株的 MDA 含量分别是对照值的 158.8% 和 247.7%。水涝胁迫去除后，处理植株的 MDA 依然高于对照植株，但与对照组的差异逐步减小（图 4-3）。在恢复 14d 时，处理植株中的 MDA 含量比对照值低 23.8%，两者差异不显著（$p > 0.05$）。

4.3.4 POD 酶活性

作为一种重要的保护酶类，POD 酶能去除植物体内的 H_2O_2，提高逆境植

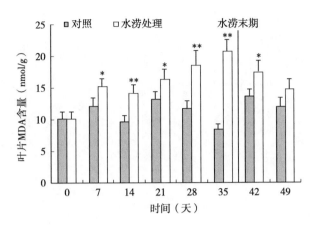

图4-3　在水涝胁迫7、14、21、28和35d及涝后恢复7、14d时，
海滨锦葵幼苗的MDA含量特征

（图中值表示平均值±标准差。在方差分析中，＊＊表示在 $\alpha=0.01$ 水平下差异显著，
＊表示在 $\alpha=0.05$ 水平下差异显著，空白表示在 $\alpha=0.05$ 水平下差异不显著，$n=3$。）

物中的抗逆性。在水涝条件下，海滨锦葵处理幼苗的过氧化物酶活性均高于对照（图4-4）。在处理初期与中期（第7～21天），水涝幼苗的POD酶活性显著（$p<0.05$）高于对照组，分别达到86.1%、37.5%和35.3%。在处理后期，处理植株的POD活性与对照植株差异不显著（$p>0.05$）。在水涝35d，处理植株的酶活性为1 162.1 [U/(g·min)]，而对照值为1 453.9 [U/(g·min)]，两者差异为25.1%。水涝胁迫解除后，相对于水涝35d植株的POD酶活性水平，处理幼苗的酶活性逐步降低，但依然高于各自对照植株（图4-4），差异达到显著（$p<0.05$）与极显著（$p<0.01$）水平。

4.3.5　CAT酶活性

与POD酶相似，CAT酶是一种重要的保护酶类，可去除植物体内的 H_2O_2，形成 O_2 和 H_2O，改善植物细胞环境。在本试验中，水涝幼苗中CAT酶活性均高于对照（图4-5）。在水涝初期（第7、14天），水涝幼苗的过氧化氢酶活性略微高于对照组，分别达到2.0%和14.5%，差异不显著（$p>0.05$）。在水涝期间，处理植株CAT酶活性峰值出现在水涝第21天（图4-5），达到237.1U/(g·min)，达到极显著水平（$p<0.01$）。随着处理时间延长（第28、35天），处理植株的CAT酶活性逐步降低，但依然显著（$p>0.05$）高于对照值，分别达到35.9%、54.6%。水涝胁迫解除后，相对于水涝35d植株的POD酶活性水平，处理幼苗的酶活性逐步升高，且显著（$p<0.05$）

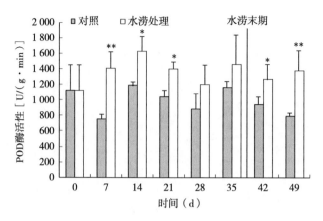

图 4 - 4　在水涝胁迫 7、14、21、28 和 35d 及涝后恢复 7、14d 时，
海滨锦葵幼苗的 POD 酶活性特征

（图中值表示平均值±标准差。在方差分析中，＊＊表示在 $\alpha=0.01$ 水平下差异显著，＊
表示在 $\alpha=0.05$ 水平下差异显著，空白表示在 $\alpha=0.05$ 水平下差异不显著，$n=3$。）

高于各自对照植株（图 4 - 5）。在恢复第 7、14 天，处理植株 CAT 酶活性分别是对照值的 132.7％、192.8％。

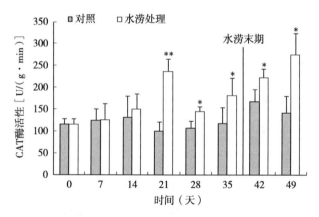

图 4 - 5　在水涝胁迫 7、14、21、28 和 35d 及涝后恢复 7、14d 时，
海滨锦葵幼苗的 CAT 酶活性特征

（图中值表示平均值±标准差。在方差分析中，＊＊表示在 $\alpha=0.01$ 水平下差异显著，
＊表示在 $\alpha=0.05$ 水平下差异显著，空白表示在 $\alpha=0.05$ 水平下差异不显著，$n=3$。）

4.3.6　SOD 酶活性

在植物保护酶体系中，SOD 是最重要的一种，可以启动超氧阴离子的歧化作用，去除 O_2^-·毒害作用。此外，SOD 酶歧化作用产生，从而与 H_2O_2 去除剂——CAT 和 POD（Meloni 等，2003）形成一个完整的功能保护体系。在本试验中，水涝海滨锦葵幼苗的 SOD 酶活性均高于对照株（图 4-6）。在水涝第 7、14 天，水涝幼苗的超氧化物歧化酶活性略微高于对照组，分别达到 4.0% 和 13.7%，差异不显著（$p > 0.05$）。在整个胁迫期间，处理植株 SOD 酶活性峰值出现在水涝第 21 天（图 4-6），达到 520.3 [U/(g·h)]，显著高于对照植株（$p < 0.05$），增幅达到 28.2%。随着处理时间延长（第 28、35天），相对于 21d 处理植株的酶活性水平，水涝幼苗的 SOD 酶活性逐步降低，但依然高于各自对照水平，分别达到 6.9%、20.7%。水涝胁迫解除后，恢复幼苗的 SOD 酶活性先下降后升高，均高于各自对照植株（图 4-6）。在恢复第 7、14 天，处理植株 SOD 酶活性分别高于对照值 18.8%、23.3%，但差异不明显（$p < 0.05$）。

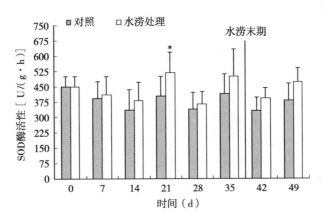

图 4-6 在水涝胁迫 7、14、21、28 和 35d 及涝后恢复 7、14d 时，
海滨锦葵幼苗的 SOD 酶活性特征

（图中值表示平均值±标准差。在方差分析中，＊＊表示在 $\alpha = 0.01$ 水平下差异显著，
＊表示在 $\alpha = 0.05$ 水平下差异显著，空白表示在 $\alpha = 0.05$ 水平下差异不显著，$n = 3$。）

4.3.7　GR 酶活性

与 SOD、CAT 直接去除活性氧功能不同，谷胱甘肽还原酶利用还原型 NADPH 将氧化型谷胱甘肽（GS-SG）催化反应成还原型（GSH）。而谷胱甘肽是一种重要的抗氧化剂，能够清除掉植物组织内自由基，清洁和净化细胞生物环境（Noctor 和 Foyer，1998）。在本试验中，水涝幼苗中 GR 酶活性均高于对照（图 4-7）。在水涝初期（第 7、14 天），水涝幼苗的过氧化氢酶活性略微高于对照组（图 4-7），分别达到 15.4% 和 13.7%，差异不显著（$p>$ 0.05）。随着处理时间延长，在水涝第 21、28 和 35 天，处理植株的 GR 酶活性显著（$p>0.05$）高于对照值，两者差异越来越大，分别达到 22.9%、81.1% 和 78.3%。水涝胁迫解除后，恢复幼苗的 SOD 酶活性先升高后降低，但均高于各自对照值（图 4-7）。在恢复第 7、14 天，处理植株 GR 酶活性分别高于对照值 72.4%、53.7%，两者差异逐步缩小，但依然达到极显著水平（$p<0.01$）或显著水平（$p<0.05$）。

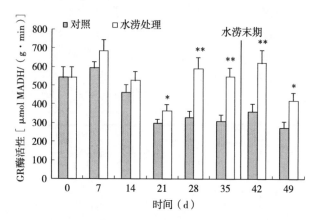

图 4-7　在水涝胁迫 7、14、21、28 和 35d 及涝后恢复 7、14d 时，
海滨锦葵幼苗的 GR 酶活性特征

（图中值表示平均值±标准差。在方差分析中，＊＊表示在 $\alpha=0.01$ 水平下差异显著，＊表示在 $\alpha=0.05$ 水平下差异显著，NS 表示在 $\alpha=0.05$ 水平下差异不显著，$n=3$。）

4.4　讨论

4.4.1　水涝胁迫下抗氧化酶体系与活性氧对海滨锦葵生长的影响程度

在水涝逆境中，海滨锦葵幼苗受到多种因子损害，同时也形成了多种保护因素。植株在双方因素影响下存活与生长，其生长特性是双方共同作用的结果。因此，植物干物质相对生长率可以看作是一个受多因素影响的综合指标。在本试验中，对水涝条件下海滨锦葵干物质相对生长率与 $O_2^- \cdot$ 生产速率、H_2O_2 含量、MDA 含量、POD 酶活性、CAT 酶活性、SOD 酶活性和 GR 酶活性等 7 个指标之间进行多元线性回归分析，建立回归模型。并且根据各自标准回归系数的绝对值，判断其对水涝幼苗生长影响程度，结果见表 4-5。由

表 4 - 5 可以看出，回归模型的复合相关系数 $R = 0.772$（Sig. $= 0.047 <$ 0.05），表明此回归分析是有效的。

$O_2^- \cdot$ 与 H_2O_2 为氧自由基，直接对细胞产生氧化胁迫，破坏细胞功能；MDA 为膜脂过氧化作用产物，其积累进一步损害膜结构。因此，三者均为损害因子。而 POD、CAT、SOD 与 GR 为抗氧化酶，去除活性氧，保护细胞健康，可定为保护因子。通过对各因子的标准回归系数绝对值的比较发现，在损害因子中，MDA 的系数绝对值最大，影响程度最大；$O_2^- \cdot$ 的系数绝对值最小，其对植物生长的影响最小；H_2O_2 对水涝幼苗生长的伤害程度处于二者之间（表 4 - 5）。对于保护酶类来说，SOD 的系数最大绝对值为 0.993，其对活性氧的去除能力最强；GR 的系数绝对值次之，其对胁迫植株的保护功能占第 2 位；CAT 的系数绝对值排第 3 位，其对细胞的保护功能相对较小；POD 的系数绝对值最小，仅为 0.193（表 4 - 5），表明过氧化物酶清除水涝植株中活性氧胁迫的贡献最小。从上述分析中可以得出，在水涝条件下，海滨锦葵幼苗中最大的破坏因子为 MDA，H_2O_2 为次要损害因子，而 $O_2^- \cdot$ 为最小的活性氧损害因子。对于抗氧化酶体系而言，SOD 是海滨锦葵幼苗最大的保护性因子，GR 次之，CAT 为第三大保护因素，而 POD 是最弱的保护因子。

表 4 - 5　水涝条件下，海滨锦葵幼苗干物质相对生长率与 $O_2^- \cdot$ 生产速率、
H_2O_2 含量、MDA 含量及 4 种抗氧化酶活性之间多元回归分析

回归模型	F 值	Sig.	标准回归系数						
			b_1	b_2	b_3	b_4	b_5	b_6	b_7
$Y = 0.113 - 0.011x_1 + 0.009x_2 - 0.104x_3 + 0.001x_4 - 0.001x_5 + 0.002x_6 + 0.001x_7$ $R^2 = 0.596$	2.734	0.047	-0.337	0.863	-1.262	0.193	-0.297	0.993	0.719

注：在表中，Y 为干物质相对生长率，X_1 为 $O_2^- \cdot$ 生产速率，X_2 为 H_2O_2 浓度，X_3 为 MDA 浓度，X_4 为 POD 活性，X_5 为 CAT 活性，X_6 为 SOD 活性，X_7 为 GR 活性。此外，b_1、b_2、b_3、b_4、b_5、b_6 与 b_7 分别是 x_1、x_2、x_3、x_4、x_5、x_6 和 b_7 的标准回归系数。以下同。

4.4.2　水涝胁迫下抗氧化酶对活性氧的调节特性

根据回归分析的 Pearson 系数，海滨锦葵幼苗相对生长率与 POD 酶活性、CAT 酶活性和 SOD 酶活性显著相关（$p < 0.05$）（表 4 - 6），表明 POD、CAT 与 SOD 对水涝幼苗的整体生长特性调节明显。而 $O_2^- \cdot$ 生产速率与 SOD 活性显著相关（$p < 0.05$），表明水涝条件下，SOD 对幼苗中 $O_2^- \cdot$ 的歧化作用明

显，具有显著的 O_2^-·清除效果。SOD 歧化 O_2^-·形成 H_2O_2，而 H_2O_2 又被 POD、CAT 与 GR 降解（Peters 等，1989；Meloni 等，2003）。在分析中，H_2O_2 含量与 MDA 含量、CAT 活性极显著相关（$p<0.01$），表明 H_2O_2 对脂类产生明显的过氧化作用，而形成最终的累计产物 MDA；在脂类过氧化的过程中，CAT 酶对活性氧 H_2O_2 的去除效果显著，生成大量的水和分子氧，从而保证了植物细胞环境改善及膜结构的完整。而 POD、GR 酶活性与 H_2O_2 含量的相关性不显著（$p>0.05$），说明过氧化物酶与谷胱甘肽还原酶对 H_2O_2 的去除效果相对比较小。MDA 含量与 GR 酶活性相关性显著，而 POD 活性不显著相关，且 H_2O_2 含量与 GR 的相关系数（0.212）大于与 POD 相关系数（0.030）。说明谷胱甘肽还原酶对 H_2O_2 导致的脂类过氧化的调节作用大于过氧化物酶。

表 4-6　水涝条件下，海滨锦葵幼苗干物质相对生长率与 O_2^-·生产速率、H_2O_2 含量、MDA 含量及 4 种抗氧化酶活性之间的皮尔逊相关系数

皮尔逊相关系数	Y	X_1	X_2	X_3	X_4	X_5	X_6	X_7
Y	1.000	—	—	—	—	—	—	—
X_1	−0.248	1.000	—	—	—	—	—	—
X_2	0.062	−0.121	1.000	—	—	—	—	—
X_3	−0.123	0.453	0.697	1.000	—	—	—	—
X_4	0.392	0.131	−0.030	0.093	1.000	—	—	—
X_5	0.366	−0.050	0.545	0.135	0.207	1.000	—	—
X_6	0.403	0.346	0.361	0.459	0.405	0.626	1.000	—
X_7	−0.089	0.533	−0.212	0.358	0.064	−0.437	−0.135	1.000

Sig.	Y	X_1	X_2	X_3	X_4	X_5	X_6	X_7
Y	1.000	—	—	—	—	—	—	—
X_1	0.140	1.000	—	—	—	—	—	—
X_2	0.394	0.300	1.000	—	—	—	—	—
X_3	0.298	0.020	0.000	1.000	—	—	—	—
X_4	0.039	0.286	0.449	0.344	1.000	—	—	—
X_5	0.043	0.414	0.005	0.279	0.184	1.000	—	—
X_6	0.035	0.048	0.045	0.018	0.034	0.001	1.000	—
X_7	0.351	0.006	0.178	0.046	0.391	0.024	0.280	1.000

4.4.3 抗氧化酶体系的变化特性

在现代研究中，关于胁迫环境下植株抗氧化酶活性变化特征没有统一的结论。不同的研究物种，其抗氧化酶特性在不同的胁迫环境、胁迫程度及植株发育阶段表现各异，但是表现出与物种抗逆性有一定关系（Meloni 等，2003；Peters 等，1989）。Meloni 等（2003）发现盐胁迫导致耐盐棉花品种的 SOD、POD 和 GR 显著上升，而盐敏感品种的酶活性影响很小或不变。Zhang 等（2007）在涝害早期，耐涝品种的 CAT 酶活性显著上升，而敏感品种显著下降。Peters 等（1999）报道了抗逆性强大豆品种的 POD 酶活性高于抗逆性弱的品种。在本试验中发现，水涝胁迫下，海滨锦葵植株的 POD、CAT、SOD 和 CAT 酶活性均高于对照植株，表明水涝植株已提高的抗氧化能力。在水涝 7d，O_2^- • 生产速率显著高于对照（$p < 0.05$）；在第 14 天，则与对照差异不显著（$p > 0.05$）。说明第 7 天 O_2^- • 生产速率升高可能是一个应激损害，然后通过调节，植物组织损害得到好转。在 7、14d，水涝植株 H_2O_2 含量与对照组差异不明显，可能是由于此阶段的 SOD 酶活性不强，而导致歧化 O_2^- • 速率很低，生成 H_2O_2 量少；或许是 POD、CAT、GR 降解 H_2O_2，使其含量降低。在水涝中后期（第 21～35 天），O_2^- •、H_2O_2 均显著上升（$p < 0.05$），表明海滨锦葵受胁迫日益严重，导致活性氧含量明显上升，对脂类的过氧化作用日趋严重，与此时段 MDA 含量变化相吻合。在此时间段，CAT 与 GR 酶活性也显著（$p < 0.05$）上升，对 H_2O_2 的清除能力逐步增强，但 H_2O_2 依然显著（$p < 0.05$）上升，表明 SOD 酶对 O_2^- • 的歧化效率上升，清除能力增强。

在本试验中，涝害去除后，水涝幼苗显示出了恢复迹象，可能由于恢复时间较短，其伤害还是比较严重。而对于抗氧化酶来说，POD、CAT、SOD、GR 在水涝去除后，均高于对照值。并且恢复 14d 的幼苗的 POD、CAT 与 SOD 酶活性高于恢复 7d 的幼苗。可能是由于植株组织还存在严重伤害，而自然形成保护反应，通过形成更高活性的抗氧化酶，进一步清除活性氧，改善细胞环境，有利于植物组织的恢复。因此，在较短恢复期内，抗氧化酶的上升应该看成是海滨锦葵幼苗对涝害后新环境的适应机制。

第五章

水涝胁迫下海滨锦葵幼苗
叶片超微结构的变化特性

5.1 引言

    不利环境或自然灾害不仅影响植物生长特性或生理学特性，而且能导致细胞器超微架构变化或直接瓦解。以前，有关空气污染对植物叶片超微结构影响的研究非常多，例如，二氧化硫（Wulff 和 Käirenlampi，1996）与臭氧污染（Sutinen 等，1990）。在露天条件下，苏格兰松与挪威云杉幼苗经 NH_4NO_3 与 NaF 混合物及 SO_2 污染后，其细胞内液泡数量上升，嗜锇粒逐步暗化，体积变大，脂质小球不断聚集（Wulff 和 Käirenlampi；1996）。Eleftheriou 和 Tsekos（1991）研究发现，橄榄树经过氟化氢（HF）污染后，叶肉细胞的内囊体发生膨胀，体内空间变大，淀粉粒不断聚集变大。此外，其他胁迫对植物细胞超微结构影响也多见报道。在 γ-射线照射下，拟南芥细胞中部分线粒体及内质网结构发生改变，且叶绿体对 γ-射线照射显得比其他细胞器更加敏感（Wi 等，2005）。豌豆植株喷洒除草剂后，叶肉细胞线粒体变得透明或半透明化，细胞核中纤维状与小颗粒成分清晰可见，且体积逐渐降低，这些变化应该是由硫对细胞的生物毒害所引发。重金属在植物中聚集也可以影响植物细胞超微结构变化。例如，镉处理可以诱导穗状狐尾藻（*Myrophyllun spicatum* L.）叶片细胞中基粒内囊体发生膨胀、溶合，其他细胞器结构发生变化，甚至整个细胞原生质体的瓦解（Stoyanova 和 Tchakalova，1997）。与此类似，盐胁迫（Li 和 Ong，1997；Barhoumi 和 Djebali，2007）、干旱胁迫及水涝胁迫（Palomäiki，1994）都是引起植物细胞超微结构变化的关键因子。在盐胁迫下，卤蕨（*Acrostichum aureum* L）线粒体表现出比叶绿体更强的耐盐性，其外形不固定，形态多变（Li 和 Ong，1997）。类似地，獐茅（*Aeluropus litto-ralis*）叶绿体也表现出对盐胁迫的敏感性，其形态多发生畸变（*Barhoumi* 和 *Djebali*，2007）。Palomäki 等（1994）观测了苏格兰松与挪威云杉分别在干旱胁迫和水涝胁迫下的细胞器结构变化规律。在水涝胁迫与干旱胁迫中，细胞结构变化规律不尽相同，甚至观测到许多相反的变化趋势。例如，挪威云杉，其淀粉粒数量在水涝胁迫中逐步上升，而在干旱胁迫中呈下降趋势（Palomäki 等，1994）。在上述研究中，研究领域非常广泛，但没有任何一个研究涉及环境胁迫下植物细胞结构完全降解或整个细胞死亡过程。也就是说，它们仅仅集中于不利环境下细胞超微结构的部分变化。

　　本书以海滨锦葵为试验材料，其目的：①在水涝胁迫下，具体观测海滨锦葵完整的细胞降解或细胞死亡过程特征；②用量化指标，精确地测定各细胞器在胁迫过程中的变化特征；③探测水涝胁迫下海滨锦葵特殊的超微结构变化，从超微结构层次寻求其独特的适应调节机制。

5.2　试验材料与方法

5.2.1　试验材料与试验设计

　　试验材料与栽培条件与前同。

　　在本次试验中共有三大盒、36 杯海滨锦葵幼苗，分成 6 个部分（5 个处理和 1 个对照），每个部分有 6 杯幼苗，作为 6 次重复。在试验开始时，取 6 杯幼苗的叶片，每杯 1 片，作为对照，开始预固定，制作切片。第一次取样结束后，然后塑料盒灌满水，进行水涝处理，水面没土壤表面大约 5cm。在水涝处理 10、20、30、40、50d 时，依照前面方法取样，制作切片。为了看到更明显的结构变化，样本一般选择外部形态变化显著的叶片。

5.2.2　超微切片的制作与观察

　　当叶片取下之后，迅速浸泡在 0.4% 的戊二醛溶液中，溶液用 0.2mol/L 磷酸缓冲液（pH 7.2）配制。然后，用刀片沿着叶片侧脉切取大约宽 1mm、长 2mm 的切片，其中侧脉沿长向贯穿切片，而且每个处理样包含 6～8 个切片。切片取下后，在 0.4% 戊二醛固定液中固定 20h。然后，用 0.1mol/L 磷酸缓冲液清洗样品。清洗过后的样品在 6℃环境下，用 1% 锇酸 [0.2mol/L 磷酸缓冲液（pH 7.2）配制] 固定 6h。固定后，用 0.1mol/L 磷酸缓冲液清洗样品，然后用丙酮系列脱水，其中在 30%、50%、70% 与 90% 的丙酮脱水 1 次，最后用 100% 丙酮脱水 2 次，每次 15min。脱水后的样品在丙酮与

Epon812（1∶1、1∶2，*V/V*，30min）混合物中渗透，然后在纯 Epon812 中包埋 2h。包埋块在 30℃、40℃的烘箱中各聚合 1d，最后在 60℃ 环境中聚合 3d。然后，对包埋块进行修块，利用 LKB-V 型超薄切片机（LKB 公司，瑞典），采用半薄切片方法进行定位。然后，对样品进行超薄切片，采用醋酸铀、柠檬酸铅进行双染色。最后，利用 HITACHI H-600 透射电子显微镜（日立公司，日本）观察植物细胞器的变化特征，并拍片，且利用 NIS-Elements BR 2.30 软件系统测定各细胞器的量化指标，如长度、宽度等。

5.2.3　统计分析

在本试验中，测定指标采用 3 次重复。在本书中利用 SPSS 13.0 进行 Duncan 分析。当 $p<0.05$ 或 $p<0.01$ 时，方差分析差异显著或极显著；当 $p>0.05$，方差分析不显著。

5.3　结果

5.3.1　叶片形态

在胁迫早期（第 10 天），水涝对植株影响不大，叶片外部形态无变化，与对照无差别。在水涝 20d 时，绝大多数叶片形态正常，保持绿色，极少数叶片的叶脉间出现少量的白色水渍斑点。随着水涝时间进一步延长，叶片形态变化逐渐明显。在水涝 30d 时，处理植株叶片上斑点逐步扩大，少数叶片出现黄化现象。在水涝胁迫第 40 天，很多叶片出现黄化现象，但紧密着生在植株茎秆上，且一些强壮幼苗依然保持绿色。在水涝末期，大多数叶片黄化严重，且容易脱落，一些生长势弱的海滨锦葵苗死亡。

5.3.2　叶绿体

水涝胁迫前，叶绿体紧贴在细胞壁上，绝大部分叶绿体包含着内含物，如淀粉粒与嗜锇粒等，外膜清晰，且体内内囊体片层分布规律，清晰可见（图 5-1a、图 5-1b）。经过 10d 水涝胁迫，叶肉细胞结构有轻微变化，叶绿体基本附着在细胞壁上，仅极少数从细胞壁脱落，但绝大多数叶绿体表现正常，包含正常内含物（图 5-2a 与图 5-2b）。此外，叶绿体外膜部分区域凸起，少数内囊体片层发生肿胀（图 5-2c）。在水涝胁迫第 20 天，叶绿体结构变化比较明显，体内内囊体片层扭曲，进一步膨胀。但是，大部分叶绿体紧贴细胞壁，其内含物正常（图 5-3a）。随着水涝时间进一步延长，细胞器结构变化日趋明显。在水涝胁迫第 30 天，叶绿体结构严重变化，绝大多数叶绿体从细胞壁脱落，大部分外膜消失（图 5-3b），其中所含有的淀粉粒数量逐步下降（图 5-3c）。而且内囊体片层进一步扭曲，无组织化，部分区域片层聚集，密度上升；而有的区域片层分离，密度下降，甚至部分内囊体片层流失到细胞质中（图 5-3b）。水涝时间达到 40d 与 50d 时，整个细胞接近或已经死亡，叶绿体内内含物种类或数量都显著下降（图 5-4a 与 5-4b）。除了增大的嗜锇粒外，叶绿体内不含有任何内含物。在此期间，淀粉粒与内囊体片层已经消失（图 5-4c 与图 5-4d）。

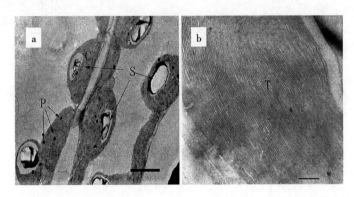

图 5-1　水涝胁迫前，海滨锦葵叶肉细胞中叶绿体及其内含物的电子显微图片

a. 叶肉细胞中叶绿体、淀粉粒及嗜锇粒（Bar=8μm）　b. 由清晰的、排列规律的内囊体片层所构成的部分叶绿体结构（Bar=0.5μm）　c. 叶绿体　P. 嗜锇粒　S. 淀粉粒　T. 内囊体片层

在水涝胁迫过程中，随着处理时间延长，线粒体形状逐步发生变化（表 5-1）。正常叶绿体横截面类似于肾形，其宽/长比例为 0.46。经过 10d 水涝处理，叶绿体截面长度显著降低（$p < 0.05$），但是截面宽度及宽/长比例变化不显著（$p < 0.05$）。在此期间，叶绿体截面依然保持肾形。在水涝胁迫第 20、30 天，截面长、宽及两者比例略有下降，但两者切面形状明显不同，前者形状依然类似于肾形，然而后者由于降解而发生畸变。当水涝时间分别达到 40d 与 50d 时，叶绿体截面长、宽及两者比例皆显著下降（$p < 0.05$），其长宽比例达到 0.85 与 0.81。因而，叶绿体截面变成了圆形。

5.3.3　淀粉粒

淀粉粒是叶绿体内最常见的内含物。在水涝胁迫中，淀粉粒的数量与体积变化非常明显（表 5-2）。在正常条件下，线粒体横截面类似于肾形，其宽/长比例是 0.53。并且绝大多数叶绿体都包含淀粉粒，其含有率达到 73.68%。经过 10d 水涝处理，淀粉粒截面长度、宽度显著下降（$p < 0.05$）

（图 5-1a、图 5-2b 与图 5-5a），但其数量、宽/长比例与叶绿体含有率仅略微下降，其中含有率为 72.20%。在水涝胁迫第 20、30 天时，与前期处理相比，淀粉粒截面长度、数量及叶绿体含有率均显著性下降（$p < 0.05$）（表 5-2），而截面宽度与宽/长比例则变化不明显，使得淀粉粒截面形状依旧保持肾型。从水涝胁迫第 40 天开始直至末期，细胞结构开始瓦解，情况进一步恶化。淀粉粒逐步降解，最后消失（图 5-4a、图 5-4b、图 5-4c 及图 5-4d）。在水涝胁迫中，淀粉截面粒形状变化较小，相对比较稳定。

表 5-1　在水涝胁迫 0、10、20、30、40 与 50d 时，叶绿体形态特征的变化

时间（d） 指标	0	10	20	30	40	50
长度（μm）	13.70±2.5a	11.29±1.8b	11.07±2.4b	10.53±1.8b	3.00±0.53c	2.45±0.26c
宽度（μm）	6.03±1.06a	5.98±1.17a	5.63±1.95a	5.76±2.11a	2.52±0.39b	1.99±0.30b
宽/长	0.46±0.12b	0.54±0.15b	0.50±0.11b	0.56±0.21b	0.85±0.10a	0.81±0.07a

注：图中值表示平均值±标准差。同一指标不同水平间，所标示字母不同，表示为 $\alpha = 0.05$ 水平下差异显著；若字母相同，则是 $\alpha = 0.05$ 水平下差异不显著，$n = 7 \sim 17$。

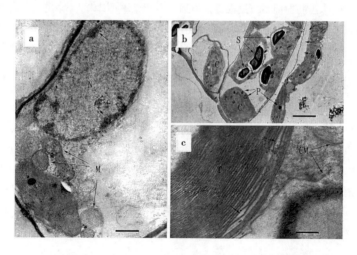

图 5-2　水涝胁迫 10d 后，海滨锦葵幼苗叶片细胞中细胞器的特征

a. 维管束细胞中部分暗化的细胞核膜（短箭头所指）及正常的线粒体（Bar=2μm）　b. 栅栏组中细胞中轻微的质壁分离现象及变大的嗜锇粒（Bar=8μm）　c. 轻微肿胀的内囊体片层结构（短箭头所指）及降解的叶绿体外膜（Bar=0.5μm）　C. 叶绿体　CM. 叶绿体膜　M. 线粒体　N. 细胞核　P. 嗜锇粒　S. 淀粉粒　T. 内囊体片层

表 5-2　在水涝胁迫 0、10、20、30、40 与 50d 时，
淀粉粒形态特征的变化

指标 时间（d）	长度（μm）	宽度（μm）	宽/长	数量（粒/叶绿体）	比例*（%）
0	4.40±0.88[a]	2.27±0.55[a]	0.53±0.14[a]	0.84±0.60[a]	73.68
10	3.22±0.71[b]	1.14±0.32[b]	0.52±0.10[a]	1.06±0.80[a]	72.20
20	2.16±0.60[c]	1.21±0.29[b]	0.57±0.04[a]	0.56±0.73[ab]	44.44
30	2.11±0.76[c]	1.30±0.41[b]	0.62±0.10[a]	0.38±0.51[b]	38.46
40	—	—	—	—	—
50	—	—	—	—	—

注：图中值表示平均值±标准差。同一指标不同水平间，所标示字母不同，表示 $\alpha=0.05$ 水平下差异显著；若字母相同，则是 $\alpha=0.05$ 水平下差异不显著，$n=5\sim10$。* 表示叶肉细胞内含有淀粉粒的叶绿体占总叶绿体的百分比，$n=9\sim19$。

5.3.4　嗜锇粒

与淀粉粒相似，嗜锇粒在水涝过程中主要是数量与体积的变化（表 5-3）。水涝胁迫前，少量的嗜锇粒存在于叶绿体中，密度大约为 3.33 个嗜锇粒/叶绿体，其横截面直径大约 0.63μm（图 5-1a）。在水涝过程中，与对照组相比，处理 10、30、40d 的嗜锇粒截面直径显著增加（$p<0.05$），而处理 20d 的直径高于对照组，但差异不显著（$p>0.05$）。在水涝末期，与前期处理相比，嗜锇粒截面直径则显著降低（$p<0.05$）（图 5-4d）。对于嗜锇粒数量而言，与对照相比，处理植株在水涝早、中期变化较小，显得很稳定，差异不显著（$p>0.05$），而在水涝第 40、50 天，则显著上升（$p<0.05$）（图 5-3b 与图 5-4a）。此外，半透明化是水涝胁迫下海滨锦葵嗜锇粒另一个重要变化特征。在水涝胁迫前，绝大多数嗜锇粒表面黑色，呈不透明状（图 5-1a）。在水涝胁迫下，随着处理时间延长，嗜锇粒半透明化逐步明显。经过 10d 水涝处理，少数嗜锇粒开始半透明化或灰色（图 5-2b）。在水涝第 30 天时，一些嗜锇粒呈现半月状，主要是部分区域开始透明化或半透明化，其他嗜锇粒则呈不透明状（图 5-3b）。在水涝胁迫后期（第 40 与 50 天），两个处理中的嗜锇粒状态比较相似，绝大部分嗜锇粒呈半透明状态、灰色，仅少数表面黑色，不透明（图 5-4c、图 5-4d）。

表 5-3　在水涝胁迫 0、10、20、30、40 与 50d 时，嗜锇粒形态特征的变化

时间（d） 指标	0	10	20	30	40	50
直径（μm）	0.63±0.10^{bc}	0.84±0.23^{a}	0.72±0.20^{ab}	0.86±0.24^{a}	0.86±0.18^{a}	0.59±0.22^{c}
数量（粒/叶绿体）	3.33±1.83^{a}	2.95±1.66^{a}	3.80±1.49^{a}	3.75±1.84^{a}	6.07±1.69^{b}	7.14±1.46^{b}

注：图中值表示平均值±标准差。同一指标不同水平间，所标示字母不同，表示 $\alpha=0.05$ 水平下差异显著；若字母相同，则是 $\alpha=0.05$ 水平下差异不显著，$n=12\sim31$。

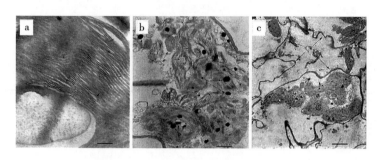

图 5-3　在水涝中期，海滨锦葵幼苗叶片细胞中细胞器的形态变化

a. 水涝 20d 后，维管束细胞中肿胀扭曲的内囊体片层（短箭头所指；Bar＝0.5μm）
b. 水涝 30d，多数外膜消失的叶绿体，分布在细胞质中嗜锇粒、淀粉粒及内囊体片层，肿胀的线粒体（短箭头所指），随着叶绿体降解不断聚集及分离的内囊体片层（短箭头所指；Bar＝2.5μm）　c. 水涝 30d，栅栏组织细胞中扭曲的叶绿体、严重质壁分离（短箭头）、扭曲变形的细胞壁（Bar＝8μm）　C. 叶绿体　CW. 细胞壁　M. 线粒体　P. 嗜锇粒　S. 淀粉粒　T. 内囊体片层

5.3.5　线粒体

在水涝胁迫过程中，线粒体逐渐肿胀，并最终消失（表 5-4）。在水涝胁迫前，线粒体外膜与内嵴清晰可见，其横切面呈椭圆状（图 5-5b），宽/长比例达到了 0.71。在水涝处理第 10 天，线粒体变化很细微，其外膜及内嵴基本清晰（图 5-2a）。与对照相比，线粒体截面长度与宽度均呈上升趋势，但长度差异不显著（$p>0.05$），而宽度差异显著（$p<0.05$）。经过 20d 水涝胁迫，线粒体外膜部分区域突起、破裂，而其他区域外膜变得模糊（图 5-5c）。此外，线粒体内嵴扭曲，变得模糊不清。当水涝时间达到 30d 时，线粒体内嵴肿胀，部分区域分离形成泡状结构（图 5-3b）。与前期处理相比，截面长度与宽度在水涝 20、30d 时都显著上升（$p<0.05$），但在上述两处理之间差异不显

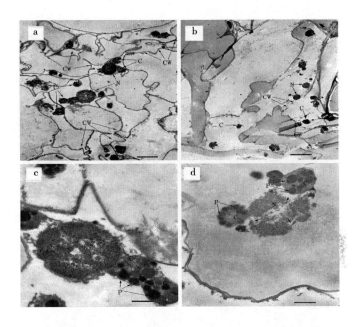

图 5-4　水涝末期，海滨锦葵幼苗叶片细胞、细胞壁及细胞器的降解

　　a. 水涝 40d 时，栅栏组织细胞中变形的细胞壁、降解的叶绿体及其种类减少的内含物（Bar＝8μm）　b. 水涝 50d 时，栅栏组织细胞中破裂的细胞及断裂的细胞壁（Bar＝8μm）　c. 水涝 40d 时，栅栏组织细胞中固缩的细胞核、降解的叶绿体及扩大的嗜锇粒（Bar＝2μm）　d. 水涝 50d 时，维管束细胞中固缩降解的细胞核、降解后仅含嗜锇粒的叶绿体（Bar＝2μm）　C. 叶绿体 P. 嗜锇粒　N. 细胞核　CW. 细胞壁

著（$p>0.05$）。在水涝后期，线粒体开始瓦解、消失。在胁迫中，线粒体截面的宽/长比例显著高于对照值（$p<0.05$），逐步由椭圆变成圆形。

表 5-4　在水涝胁迫 0、10、20、30、40 与 50d 时，嗜锇粒形态特征的变化

时间（d） 指标	0	10	20	30	40	50
长度（μm）	1.06 ± 0.11^{b}	1.26 ± 0.25^{b}	1.75 ± 0.68^{a}	1.73 ± 0.41^{a}	—	—
宽度（μm）	0.75 ± 0.11^{c}	1.14 ± 0.24^{b}	1.57 ± 0.52^{a}	1.51 ± 0.37^{a}	—	—
宽/长	0.71 ± 0.08^{b}	0.91 ± 0.08^{a}	0.91 ± 0.06^{a}	0.87 ± 0.08^{a}	—	—

　　注：图中值表示平均值±标准差。同一指标不同水平间，所标示字母不同，表示 $\alpha=0.05$ 水平下差异显著；若字母相同，则是 $\alpha=0.05$ 水平下差异不显著，$n=4\sim7$。

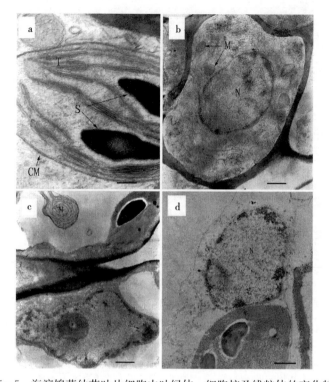

图 5-5　海滨锦葵幼苗叶片细胞中叶绿体、细胞核及线粒体的变化特征

　　a. 水涝胁迫前，栅栏组织细胞中含有 2 个淀粉粒及部分清晰内囊体片层的叶绿体（Bar＝0.5μm）　b. 水涝胁迫前，维管束细胞中的细胞核与线粒体（Bar＝2μm）　c. 水涝胁迫 20d 后，维管束细胞中部分外膜突起损害，内嵴暗化的线粒体；部分外膜暗化（短箭头所指），外形扭曲变形的细胞核（Bar＝2μm）　d. 水涝 30d 时，维管束细胞中大部分外膜消失的细胞核（Bar＝2μm）　CM. 叶绿体膜　M. 线粒体　N. 细胞核　S. 淀粉粒　T. 内囊体片层

5.3.6　细胞核

　　水涝胁迫前，细胞核外膜清晰、完整，核内染色质均匀分布。整个细胞核横切面类似于椭圆，其宽/长比例为 0.61（表 5-5）。经过 10d 处理，核内染色质分布均匀，外膜基本清晰，但有小部分区域开始轻微暗化（图 5-2a）。在水涝胁迫第 20 天，细胞核开始扭曲，但染色质分布基本均匀。而且外膜开始模糊不清，部分区域外膜受损消失（图 5-5c）。当水涝时间达到 30d 时，大部分外膜消失，核内染色质分布不均匀，意味着染色质开始降解（图 5-4d）。然而，在水涝末期，细胞核外膜全部降解消失，核内染色质降解严重，整个细胞核固缩（图 5-4c 与图 5-4d）。在水涝处理 40、50d 时，细胞核截面长度、宽度均

显著低于前期处理（$p<0.05$）；而在其他处理时间内，两者稳定，变化较小，均与对照值差异不显著（$p>0.05$）（表 5-5）。此外，在 30d 的水涝胁迫过程中，除了第 20 天细胞核侧面扭曲外，其他截面形状非常稳定，持续保持椭圆状。到水涝第 40 天与 50 天时，细胞核截面形状固缩呈圆形，其宽/长比例分别达到 0.89 和 0.84（表 5-5）。

表 5-5　在水涝胁迫 0、10、20、30、40 与 50d 时，细胞核形态特则的变化

指标 ＼ 时间（d）	0	10	20	30	40	50
长度（μm）	8.67 ± 1.11^a	8.99 ± 0.96^a	9.62 ± 1.88^a	8.69 ± 0.29^a	4.70 ± 1.66^b	3.43 ± 1.34^b
宽度（μm）	5.20 ± 0.13^a	5.11 ± 0.45^a	4.89 ± 0.30^a	4.97 ± 0.38^a	4.19 ± 1.43^{ab}	2.86 ± 1.15^b
宽/长	0.61 ± 0.06^b	0.58 ± 0.11^b	0.52 ± 0.09^b	0.57 ± 0.04^b	0.89 ± 0.06^a	0.84 ± 0.10^a

注：图中值表示平均值±标准差。同一指标不同水平间，所标示字母不同，表示 $\alpha=0.05$ 水平下差异显著；若字母相同，则是 $\alpha=0.05$ 水平下差异不显著，$n=3\sim7$。

5.3.7　环状片层、多泡体和细胞壁

在本试验中，当水涝时间达到 20d 时，叶肉细胞中形成了环状片层与多泡体。二者分布在细胞质中，紧贴细胞壁。环状片层由多层同心片状结构组成，而多泡体截面则是由许多小泡构成，但极少数是由短棒状结构所组成（图 5-6a 与图 5-6b）。在对照组中，细胞壁紧贴细胞质，非常平滑（图 5-1a）。在水涝处理的第 10 与 20 天，胁迫对细胞壁影响很小，细胞壁基本平滑。另外，叶肉细胞在红有轻微的质壁分析现象出现（图 5-2b）。经过 30d 水涝后，细胞壁开始扭曲，质壁分析比较明显（图 5-3c）。在水涝胁迫第 40 天，细胞壁严重变形，由于细胞质降解导致细胞状况进一步恶化（图 5-4a）。在水涝处理末期，细胞壁断裂成碎片，导致了细胞破裂死亡（图 5-4b）。

5.4　讨论

5.4.1　水涝胁迫下海滨锦葵幼苗超微结构降解

从前人文献中发现，在环境胁迫下，植株叶片超微结构最明显的变化大多是发生在叶绿体中。在本试验中，水涝胁迫导致海滨锦葵叶片的叶绿体体积逐步缩小，其他细胞器也表现出了不同的变化特征。例如，内囊体片层发生肿胀，扭曲；嗜锇粒数量增加，体积变大；线粒体发生肿胀，然后降解等。对于这些

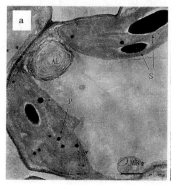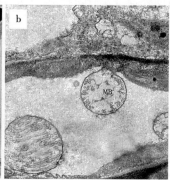

图 5-6　水涝中期，海滨锦葵幼苗叶片细胞中出现的特殊结构

a. 水涝 20d 时，栅栏组细胞中出现的环状片层、多泡体及膨大的嗜锇粒（Bar＝1.67μm）
b. 水涝 20d 时，海绵组织中出现的环状片层和多泡体（Bar＝1.33μm）　AL. 环状片层　MB. 多
泡体　P. 嗜锇粒　S. 淀粉粒

变化特征，已经在其他的植物（Eleftheriou 和 Tsekos，1991；Palomäik 等，1994；Barhoumi 和 Djebali，2007）中报道。在水涝胁迫下，内囊体片层的剧烈变化可能与水分稀释导致养分缺乏有关（Vignolio 等，1999）。随着内囊体片层变化，嗜锇粒数量上升，体积增大，部分嗜锇粒呈现半月状。这种现象可能是由于内囊体降解，其体内的脂类不断存储到嗜锇粒所致（Kessler 和 Vidi，2007）。然而，不同的脂类导致嗜锇粒出现透明化与半月状特征（Goodwin 和 Mercer，1983）。此外，随着水涝胁迫程度的加深，线粒体出现了暗化与肿胀现象。但是，这种变化特征的起因无法确定，不知是水涝条件下环境营养元素的缺乏，还是细胞死亡过程中酶类的降解（Wei 等，2000）。但是，海滨锦葵细胞器的结构变化说明，水涝胁迫对幼苗植株已经产生了伤害，导致其光合能力逐步降低，且水涝幼苗的呼吸途径已经受到不利影响，其三羧酸循环的代谢功能逐步弱化。

5.4.2　水涝胁迫下海滨锦葵叶片淀粉粒的特殊变化

在本试验中，海滨锦葵细胞中淀粉粒数量与体积逐步降低，最终瓦解消失。然而，挪威云杉与苏格兰松幼苗在水涝胁迫下，其细胞中淀粉粒数量上升，体积增大（Palomäik 等，1994）。本试验中，海滨锦葵淀粉粒变化可能有两种原因：①植株光合能力下降，不能提供足够的光合产物在叶绿体中合成淀粉；②植株为了抵抗水涝胁迫的伤害，只能消耗更多的有机碳源提供能量，导致原有淀粉的降解。在水涝条件下，水涝植株主要通过无氧呼吸来提供能量，由于氧气缺乏，有氧呼吸途径逐步遭到抑制（Visser 等，2003）。众所周知，在有机碳源利用方面，无氧呼吸的利用效率低于有氧呼吸。所以，为了给水涝海滨锦葵提供足够的能量来抵抗水涝伤害，无氧呼吸就大量地消耗糖类。然而，在水涝胁迫下，幼苗的葡萄糖供应能力降低，而消耗水平却不断升高，从而导致淀粉不断降解成葡萄糖，以满足呼吸途径的需要。所以，水涝胁迫导致了海滨锦葵叶片细胞中的淀粉粒数量与体积逐步降低。当胁迫时间达到植株临界值时，植株所存储的有机碳将会完全消耗，导致淀粉粒消失，植株死亡。

5.4.3　海滨锦葵超微结构对水涝胁迫的特殊适应性

在本试验中，最有意思的发现是水涝 20d 的植株细胞中形成了环状片层。植物细胞的环状片层是一种来源于内质网的临时性结构（Wu 等，1998），仅在特殊情况形成，如细胞分裂、细胞增殖或疾病、环境对细胞造成伤害等（She 和 Ma，1989）。有关环状片层的功能还不是很明确，但认为主要是吞噬作用，通过降解、去除老化或受损的细胞器，将降解产物转化为重新构建新细胞器的原材料（Wu 等，1998）。实际上，在不利环境中，严重胁迫导致高等植物细胞坏死，但程度适当的胁迫（胁迫阈值）能诱导细胞程序性死亡（PCD）而作为一种积极的调节手段（Pan 等，2002）。此外，在 PCD 过程中，吞噬作用经常发生，可以阻止细胞主动死亡，也就是说，具有抗击细胞死亡的功能（Patel 等，2006）。因此，环状片层的出现标志着水涝 20d 的海滨锦葵中可能已经引发了细胞程序性死亡，其功能应该是降解受损细胞器，重新构建新的细胞器体系，以提高水涝植株的存活率。同时，也说明海滨锦葵引发 PCD 的水涝胁迫阈值应该是 20d。然而，在其他处理植株细胞中缺乏环状片层，据推测可能与环境胁迫程度有一定关系。在水涝 10d 时，胁迫损害较小而不至于影响细胞功能；在水涝 30d 后，水涝胁迫过于严重导致细胞坏死，从而阻止了环状片层的形成。因此，可以推测，环状片层的出现应该是水涝海滨锦葵的一种主动调节或自我保护措施。

水涝胁迫下，仅有处理 20d 的海滨锦葵细胞中形成了多泡体，而其他处理中未出现多泡体。多数研究者认为，多泡体应该起源于高尔基体（Segu 和 Taehelin，2006），能够转移或提供构建细胞壁的材料，如半纤维素、胶质等。Xu 等（2008）通过类 58K 蛋白在拟蓝芥中定位，发现多泡体通过胞外分泌途径构建细胞壁。那么，此次多泡体的形成应该是水涝胁迫诱导，而用于细胞中受损细胞壁的修补或重建。与环状片层相似，其他处理植株细胞中缺乏多泡体，应该是与环境的胁迫程度相关。因此，多泡体的形成可以推测为水涝胁迫下海滨锦葵的另一种适应机制。

第六章

水涝胁迫下海滨锦葵幼苗根尖
细胞内 Ca^{2+} 分布与变化

6.1 引言

植物在生长发育过程中经常遭受一系列的环境胁迫，包括生物胁迫与非生物胁迫。在相关植物胁迫研究中，其信号转导途径一直是人们关注的焦点。生物胁迫主要包括细菌、真菌、病毒及由此产生的病害；非生物胁迫则主要包括干旱、水涝、盐碱、高温、低温冻害等（吴耀荣和谢旗，2006）。植物为了适应各种环境胁迫，最大限度地减少逆境对自身的伤害，在长期的进化过程中，形成了一系列复杂的逆境信号传递机制。

从环境刺激到植物做出反应的过程中，主要包括三个环节：①细胞对环境信号的感知转导，产生胞间信使；②胞间信使在细胞或组织间传递，并最终到达受体细胞的作用位点；③受体细胞对胞间信使的接受转导和反应，通过第二信使对细胞间进一步传递与放大，导致受体组织中生理生化和功能的最优化组合，表现出对环境刺激或逆境的适应或抵抗（Davies 和 Zhang，1991）。

Ca^{2+} 是植物重要的第二信使，保持钙的恒稳态是细胞正常生长发育的前提，由此而诱发以后一系列信号转导的下游事态。通常情况下，生活细胞内游离钙的浓度保持在 30～200nmol/L 的范围内（Guo 等，2005）。但来自细胞外或细胞内的各种刺激，则可引起细胞内游离钙浓度的瞬时变化，产生钙信号，而后再通过不同的信号转导途径，直接或间接地调节细胞生理和生化过程。Ca^{2+} 通道活性的调节是细胞信号转导过程中极其重要的环节，其通过构象变化呈开放或关闭状态，从而控制 Ca^{2+} 流动。当 Ca^{2+} 激活 Ca^{2+} 调节的靶酶，Ca^{2+} 依赖的蛋白激酶或蛋白磷酸酶，或与 Ca^{2+} 受体蛋白结合时，再通过激酶

将 Ca^{2+} 浓度变化所蕴含的外界信息表达为生理生化过程，完成信息传递（Bush，1995）。

现在有关胁迫下 Ca^{2+} 信号转导的研究主要集中于农作物与蔬菜，如小麦（Wang，2000）、水稻（李阳生和王建波，2001）、花生（宰学明等，2007）、玉米（马媛媛等，2006）、黄瓜（杨凤娟等，2009）和辣椒（张宗申等，2001；王建波和利容千，1999）等。通过这些研究，形成了一些共性的结论，如植物"钙库"主要存在于细胞外间隙、液泡中，在胁迫中，细胞间隙中的 Ca^{2+} 向细胞质内运动等。但是，在各个具体的研究中，Ca^{2+} 变化情况又有所不同。宰学明等（2007）发现，在高温胁迫下，细胞间隙的 Ca^{2+} 向细胞质中运行，叶绿体表现出累计趋势，而曾经认为的钙库-液泡几乎无钙离子沉积颗粒，这与高温胁迫下辣椒液泡情况相似（王建波和利容千，1999）。在渗透胁迫下，玉米幼苗叶片中的叶绿体 Ca^{2+} 浓度升高，起到了调节胞内 Ca^{2+} 浓度（马媛媛等，2006）。然而，王建波与利容千（1999）试验发现，在高温处理的辣椒幼苗叶片中，其 Ca^{2+} 却表现出向外运输的趋向，导致细胞质中 Ca^{2+} 上升。在环境胁迫下，通过补充 Ca^{2+}，可对钙信号转导系统进行补充优化，能提高植株的抗逆能力，提高植株的存活性。例如，外施 Ca^{2+} 能够明显增加细胞间隙、液泡和叶绿体中的 Ca^{2+} 颗粒密度，稳定热胁迫下叶肉细胞膜和叶绿体的骨架结构（宰学明等，2005）。

迄今为止，关于环境胁迫下植物钙信号的研究为数不少，但是主要集中于极端温度胁迫，尤其是高温胁迫（杨立飞等，2006；宰学明等，2007）。然而，有关水涝缺氧胁迫下植株钙信号转导的研究则非常少见。本书以海滨锦葵为试验材料，其目的：①研究其在水涝胁迫下，海滨锦葵根尖细胞 Ca^{2+} 具体的分布与变化规律；②研究水涝胁迫去除后，Ca^{2+} 在恢复期过程中有无特异的变化特征。

6.2 试验材料与方法

6.2.1 试验材料与试验设计

试验材料与栽培条件与前同。

在本次试验中共有六大盒、60 杯海滨锦葵幼苗。三大盒幼苗作为试验处理材料，而另外 3 盒则作为对照，为 3 次重复。在试验开始时，塑料盒灌满水，进行水涝处理，水面没土壤表面大约 5cm。在水涝处理 1、10、20 与 30d 及涝后恢复 10、20d（即试验开始第 40、50 天）时，取出栽培钵，用剪刀剪去塑料杯。然后，将带土幼苗放到水龙头下冲刷，既可以去除泥土，洗净根系，又不伤害根系。然后，快速取主根根尖，开始切片制作。

6.2.2　试验切片的制作与观察

采用 Slocum 等（1982）方法制定切片，并有一定修改。主要步骤如下：

（1）取材　将取出的根系洗净，用厚纱布去除根系表面的水分，取根尖区域，用双刃刀片把根段切成 2mm×3mm 大小的组织薄块。

（2）初固定　将切好的组织块迅速投入固定液中（2%多聚甲醛，M/V；1.7%焦锑酸钾，W/V；2.5%戊二醛，W/V；用 0.1mol/L pH 7.6 的磷酸氢二钾缓冲液配制），在完全黑暗环境下，室温固定 7h。

（3）洗涤　用含 2%焦锑酸钾的磷酸氢二钾缓冲液（pH 7.6）洗涤 3 次，每次约 30min。

（4）后固定　将洗涤过的材料转移至用含 2%焦锑酸钾的缓冲液（pH 7.6）配制的 1%锇酸中，4℃冰箱内固定过夜。

（5）洗涤、切片　用 0.1mol/L 磷酸缓冲液清洗样品，洗涤 2 次，每次约 30min。然后，在 30%、50%、70%与 90%的丙酮脱水 1 次，最后用 100%丙酮脱水 2 次，每次 15min。脱水后的样品在丙酮与 Epon812（1∶1、1∶2，V/V，30min）混合物中渗透，然后在纯 Epon812 中包埋 2h。包埋块在 30℃、40℃的烘箱中各聚合 1d，最后在 60℃环境中聚合 3d。然后，对包埋块进行修块，利用 LKB-V 型超薄切片机（LKB 公司，瑞典），采用半薄切片方法进行定位。然后，对样品进行超薄切片，采用醋酸铀进行染色。最后，在 HITACHI H-600 透射电子显微镜（日立公司，日本）下观察照相。

6.2.3　对照切片的处理

将在电镜下已确定有焦锑酸钙沉淀的定位切片漂浮在 0.1mol/L EGTA（pH 8.0）溶液中，60℃处理 0.5～1h，使 EGTA 与 Ca^{2+} 螯合，脱去原沉淀中的 Ca^{2+}，再置于电镜下观察照相。

6.3　结果

6.3.1　根尖细胞中钙离子分布特征

经焦锑酸钾反应后，植物细胞中的 Ca^{2+} 形成焦锑酸钙沉淀，在透射电镜下表现为电子不透明的黑色颗粒。在本试验中，对照植株根细胞的细胞膜、质体外膜、细胞间隙中存在 Ca^{2+} 分布（图 6-1a）。此外，在细胞壁、液泡中、细胞核中也是 Ca^{2+} 重要分布区域，其中核仁与核膜也有 Ca^{2+} 沉积（图 6-1b 与图 6-1c）。

经过 1d 的水涝处理，海滨锦葵根尖细胞内 Ca^{2+} 分布规律发生了一定变化，其细胞膜、细胞间隙、液泡中依然是 Ca^{2+} 重要分布区域，但质体外膜中的 Ca^{2+} 浓度降低，明显低于对照，有的甚至没有 Ca^{2+} 分布；在少数细胞质中开始存在 Ca^{2+} 分布（图 6-1d），表现 Ca^{2+} 向细胞质运行的趋势；细胞壁中 Ca^{2+} 变化不大，是重要分布区域（图 6-1e）；在细胞核中，Ca^{2+} 密度呈现上升趋势，比较密集，但聚集的大颗粒低于对照，表现出向核外扩散的趋势（图 6-1f）。

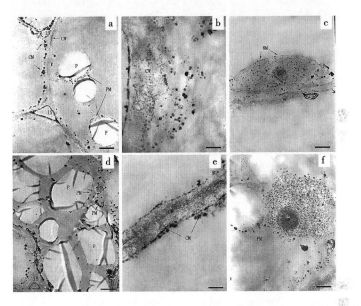

图 6-1　水涝 1d 条件下，对照组与处理组间根尖细胞中 Ca^{2+} 分布特征比较

a. 对照植株根尖细胞的 Ca^{2+} 分布（Bar=3.3μm）　b. 对照细胞壁与液泡中 Ca^{2+} 分布（Bar=0.5μm）　c. 对照植株，根尖细胞核中 Ca^{2+} 分布（Bar=1.67μm）　d. 水涝植株根尖细胞的 Ca^{2+} 分布（Bar=3.3μm）　e. 水涝植株中，细胞壁与细胞膜的 Ca^{2+} 分布（Bar=0.5μm）　f. 细胞核与质体外膜的 Ca^{2+} 分布（Bar=1.67μm）　CM. 细胞膜　CW. 细胞壁　CP. 细胞质　IS. 细胞间隙　P. 质体　PM. 质体外膜　V. 液泡　N. 细胞核　NU. 核仁　NM. 核膜

在水涝 10d 的处理中，对照植株根细胞的细胞膜、质体外膜、小液泡膜上存在 Ca^{2+} 分布，而在细胞壁中 Ca^{2+} 沉积量很少（图 6-2a）。此外，在细胞核染色质及细胞间隙中存在大量 Ca^{2+} 沉淀，但在核仁中基本不存在 Ca^{2+}（图 6-2b 与图 6-2c）。而在对照植株中，部分根尖细胞发生质壁分离现象（短箭头所指，图 6-2d），其细胞壁、细胞膜及质体外膜均有 Ca^{2+} 分布（图 6-2d 与图 6-2f）。根尖细胞间隙依然是 Ca^{2+} 重要库存（图 6-2e），且在少数细胞质中有 Ca^{2+} 沉积分布（图 6-2f），表现 Ca^{2+} 向细胞质运行聚集的趋势。

在细胞核中与液泡中，基本上不存在 Ca^{2+} 沉积，明显体现出了原有 Ca^{2+} 向外扩散的规律（图 6-2e 与图 6-2f）。

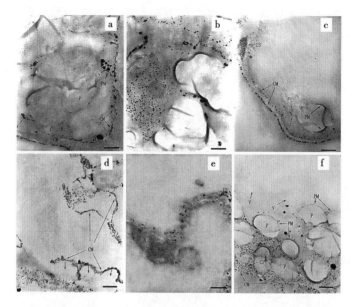

图 6-2　水涝 10d 条件下，对照组与处理组间根尖细胞中 Ca^{2+} 分布特征比较

a. 对照植株根尖细胞的 Ca^{2+} 分布（Bar＝$2\mu m$）　b. 对照组细胞核中 Ca^{2+} 分布（Bar＝$1.67\mu m$）　c. 对照植株中，根尖细胞间隙及细胞膜中 Ca^{2+} 分布（Bar＝$3.3\mu m$）　d. 水涝植株根尖细胞膜与细胞壁的 Ca^{2+} 分布（Bar＝$0.5\mu m$）　e. 水涝植株中，细胞间隙与细胞核的 Ca^{2+} 分布特征（Bar＝$1.67\mu m$）　f. 处理植株中，细胞核与质体外膜的 Ca^{2+} 分布（Bar＝$3.3\mu m$）　CM. 细胞膜　CW. 细胞壁　CP. 细胞质　IS. 细胞间隙　P. 质体　PM. 质体外膜　V. 液泡　N. 细胞核　NU. 核仁

　　在水涝 20d 的处理中，对照植株根细胞 Ca^{2+} 主要分布在细胞膜、质体外膜，少量分布在细胞质中，而在细胞壁等其他部位不见 Ca^{2+} 沉积（图 6-3a）。而在对照植株中，根尖细胞发生质壁分离现象（短箭头所指；图 6-3b），其中 Ca^{2+} 主要分布在细胞膜与细胞间隙中（图 6-3b）。根尖液泡依然是 Ca^{2+} 库存地，存在 Ca^{2+} 分布（图 6-3c）。对于细胞壁与质体外膜而言，其 Ca^{2+} 含量极其低，基本上不存在 Ca^{2+} 沉积（图 6-3b 与 6-3d）。此外，在处理植株细胞中，细胞核基本不存在 Ca^{2+} 分布（图 6-3d）。

　　在水涝 30d 时，对照植株根细胞膜、质体外膜（图 6-4b）、细胞间隙（图 6-4b）及液泡（图 6-4c）中存在 Ca^{2+} 分布，而在细胞壁等其他部位中 Ca^{2+} 沉积量基本不存在（图 6-4a）。而在对照细胞中，部分细胞发生质壁分

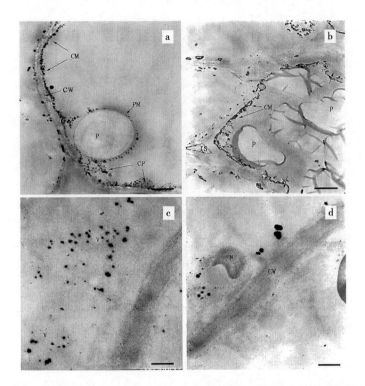

图 6-3　水涝 20d 条件下，对照组与处理组间根尖细胞中 Ca^{2+} 分布特征比较

　　a. 对照植株根尖细胞的钙离子分布（Bar＝2μm）　b. 对照组根尖细胞中 Ca^{2+} 分布（Bar＝3.3μm）　c. 水涝植株中，液泡中 Ca^{2+} 的分布特征（Bar＝0.59μm）　d. 处理植株中，细胞核、细胞壁的 Ca^{2+} 分布（Bar＝0.59μm）　CM. 细胞膜　CW. 细胞壁　CP. 细胞质　IS. 细胞间隙　P. 质体　PM. 质体外膜　V. 液泡　N. 细胞核

离（短箭头所指，图 6-4d）。与对照组比较相似，处理根尖细胞 Ca^{2+} 主要分布在细胞膜、细胞间隙（图 6-4d）。然而，在质体外膜与液泡中（图 6-4e 与图 6-4f）分布着少量 Ca^{2+}，且在少数细胞质中有 Ca^{2+} 沉积分布（图 6-4d），表现 Ca^{2+} 向细胞质运行聚集的趋势。在细胞壁中基本上不存在 Ca^{2+} 沉积，明显体现出了原有 Ca^{2+} 向细胞质扩散（图 6-4e）。

　　在水涝去除恢复 10d 时，对照植株根细胞 Ca^{2+} 主要分布在细胞膜、质体外膜（图 6-5a）、细胞间隙（图 6-5c）及少量细胞质中（图 6-5b）。此外，细胞壁上也分布 Ca^{2+}，但浓度相对较低，而其他部位不见 Ca^{2+} 沉积（图 6-5a 与图 6-5b）。而在对照植株中，根尖细胞尚未完全恢复，有质壁分离现象发生（短箭头所指，图 6-5d），其中 Ca^{2+} 主要分布在细胞膜（图 6-5d）与细胞间隙中（图 6-5f）。在根尖液泡中，少量 Ca^{2+} 发生沉积

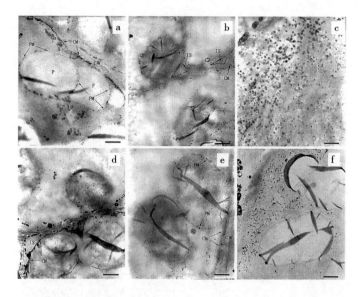

图 6-4　水涝 30d 条件下，对照组与处理组间根尖细胞中 Ca^{2+} 分布特征比较

　　a. 对照植株根尖细胞的 Ca^{2+} 分布（Bar=2μm）　b. 对照组细胞间隙中分布的 Ca^{2+}（Bar=3.33μm）　c. 对照植株中，根尖细胞液泡中 Ca^{2+} 分布（Bar=0.5μm）　d. 水涝植株根尖细胞的 Ca^{2+} 分布（Bar=2.5μm）　e. 水涝植株中，细胞膜、质体外膜与液泡的 Ca^{2+} 分布特征（Bar=2.5μm）　f. 处理植株中，细胞核与质体外膜的 Ca^{2+} 分布（Bar=1.25μm）　CM. 细胞膜　CW. 细胞壁　CP. 细胞质　IS. 细胞间隙　P. 质体　PM. 质体外膜　V. 液泡

（图 6-5e）。在少部分细胞壁上有 Ca^{2+} 沉积，但量少并且移向细胞壁边缘，多数细胞壁无 Ca^{2+} 沉积（图 6-5f）。此外，质体外膜上 Ca^{2+} 含量极其低，基本不存在沉积现象（图 6-5e）。

　　当恢复时间达到 20d 时，对照植株根细胞的细胞膜、质体外膜、少数细胞质（图 6-6a）及细胞间隙（图 6-6b）中存在 Ca^{2+} 分布，其浓度较高；在细胞壁与液泡也含有 Ca^{2+}，但其浓度比较低（图 6-6a 与图 6-6c）；其他部位中 Ca^{2+} 沉积量基本不存在（图 6-6a）。而在对照植株中，根尖细胞基本不存在质壁分离（图 6-6d）。与对照组比较相似，处理根尖细胞 Ca^{2+} 主要分布在细胞膜、细胞间隙、质体外膜与液泡中（图 6-6d 与图 6-6e）。此外，在细胞壁分布着 Ca^{2+}，但浓度相对较低（图 6-6f）。在水涝 30d 及涝后恢复 10d 时，细胞壁上基本上不存在 Ca^{2+} 沉积。而经过 20d 恢复时，细胞壁上 Ca^{2+} 存在一定沉积量，这体现出 Ca^{2+} 在恢复期间由细胞质向细胞壁扩散，可能重入细胞间隙钙库。

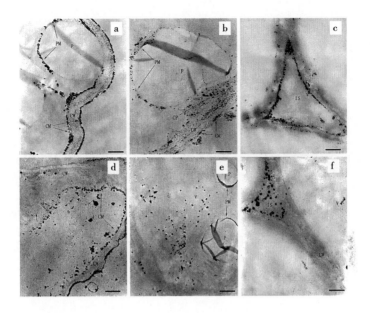

图 6-5　在涝后恢复 10d 条件下，对照组与处理组间根尖细胞中 Ca^{2+} 分布特征比较

　　a. 对照植株根尖细胞的 Ca^{2+} 分布（Bar＝1.25μm）　b. 在对照组中，根尖细胞中分布的 Ca^{2+}（Bar＝1.25μm）　c. 对照植株中，根尖细胞间隙中 Ca^{2+} 分布（Bar＝0.67μm）　d. 水涝植株根尖细胞的 Ca^{2+} 分布（Bar＝2.5μm）　e. 水涝植株中，根尖液泡的 Ca^{2+} 分布特征（Bar＝2.0μm）　f. 处理植株中，细胞核与质体外膜的 Ca^{2+} 分布（Bar＝0.83μm）　CM. 细胞膜　CW. 细胞壁　CP. 细胞质　IS. 细胞间隙　P. 质体　PM. 质体外膜　V. 液泡

6.3.2　细胞内黑色钙沉淀的真实性

　　经 EGTA 处理后，细胞膜上以前 Ca^{2+} 分布的黑色沉淀区域表现出与原来沉淀物形状相同的电子透明区（图 6-7a、图 6-7b 及图 6-7c），表明定位真实地反映了 Ca^{2+} 的分布特征。

6.4　讨论

6.4.1　正常条件下根尖细胞 Ca^{2+} 分布的局部差异性

　　研究证明，Ca^{2+} 不仅是植物必需的大量营养元素，更重要的是在植物细胞内对胞间信号起着传递与扩大的作用，其活性的变化是磷酸化过程进行或终止的开关。因此，Ca^{2+} 是植物代谢和发育的主要调控者（White 和 Broadley，2003；Hepler，2005）。一般认为，液泡是高等植物细胞的主要 Ca^{2+} 库，细胞

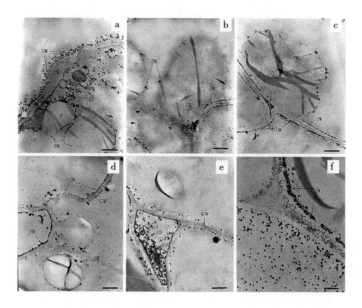

图 6-6　在涝后恢复 20d 条件下，对照组与处理组间根尖细胞中 Ca^{2+} 分布特征比较

　　a. 对照植株根尖细胞的 Ca^{2+} 分布（Bar＝2.5μm）　b. 在对照组中，根尖细胞间隙中分布的 Ca^{2+}（Bar＝2.5μm）　c. 对照植株中，根尖细胞中 Ca^{2+} 分布（Bar＝2.5μm）　d. 水涝植株根尖细胞的 Ca^{2+} 分布（Bar＝2.5μm）　e. 水涝植株中，根尖细胞间隙的 Ca^{2+} 分布特征（Bar＝2.0μm）f. 处理植株中，液泡 Ca^{2+} 分布（Bar＝1μm）　CM. 细胞膜　CW. 细胞壁　CP. 细胞质　IS. 细胞间隙　P. 质体　PM. 质体外膜　V. 液泡

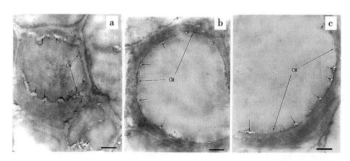

图 6-7　Ca^{2+} 分布验证 a、b、c（Bar＝1、1.25、0.83μm），细胞质膜经 EGTA 处理过的对照切片，透明区域则为原有 Ca^{2+} 沉积位置（短箭头所指）。

外间隙也存在大量的 Ca^{2+}（Poovaiah 与 Reedy，1987；王红等，1994）。也有研究表明，植物细胞中 Ca^{2+} 主要分布于液泡和细胞壁中，叶绿体中也有不少 Ca^{2+}（Kauss，1987；王建波与利容千，1999；宰学明等，2007）。而本试验结果显示，正常生长条件下，海滨锦葵幼苗根尖细胞的 Ca^{2+} 主要分布在细胞间隙、液泡与细胞膜中，质体外膜也存在一定量的 Ca^{2+} 沉积。这种胞内 Ca^{2+} 浓度的区域化分布能被外界物理或化学信号改变。这种 Ca^{2+} 浓度分布的改变继而引发一系列的生理、生化反应，最终导致植物的外部反应（Knight 和 Campbell，1991；Sanders 等，2002）。此外，在不同对照中，有的细胞位置或细胞系的 Ca^{2+} 分布特征有所变化，如在试验初期（前 10d），细胞核中存在 Ca^{2+} 沉积，然后 Ca^{2+} 浓度降低，最后消失；细胞壁大部分时间存在 Ca^{2+} 分布，然在试验第 20、30 天则基本不存在 Ca^{2+} 沉积。这种变化可能与海滨锦葵生长发育相关。整个试验时期较长，达到 50d，在此期间，对照植株的生长规律不断变化，而不断变化的生长信息可能使得 Ca^{2+} 分布发生改变，从而导致细胞内 Ca^{2+} 分布特征的局部差异性。

6.4.2　水涝胁迫下根尖细胞 Ca^{2+} 分布规律

本试验结果显示，海滨锦葵幼苗在水涝胁迫下，其根尖细胞内 Ca^{2+} 的分布变化具有一定规律性。从焦磷酸钙的沉积效果来看，随着水涝胁迫时间延长，水涝根尖细胞间隙与液泡中 Ca^{2+} 沉积密度逐步降低，质体外膜上所积累 Ca^{2+} 一般低于对照组，细胞核中所积累的 Ca^{2+} 逐步减少，直至无 Ca^{2+} 沉积分布，而部分细胞质发生 Ca^{2+} 聚集，导致细胞质中 Ca^{2+} 密度上升。水涝胁迫去除后，经过 20d 的恢复，细胞壁中逐步出现 Ca^{2+} 沉积，细胞间隙 Ca^{2+} 浓度上升。同时质体外膜上与液泡中所分布 Ca^{2+} 增加，细胞质所聚集的 Ca^{2+} 逐步分散，基本不存在 Ca^{2+} 沉积，与相应对照组的 Ca^{2+} 分布规律较相近，预示着水涝植株生理功能逐步恢复。

Bush（1993）曾指出，细胞质中的 Ca^{2+} 浓度和分布在适当范围内变化时，会在植物对外界环境的适应调节反应中起积极的作用，但是当其变化超出一定范围时，就会破坏和扰乱细胞正常的结构与功能。在本试验中，水涝植株经过 30d 水涝，根尖细胞仅部分区域发生质壁分离现象，而细胞壁、质体、细胞膜外表结构正常，没有发生机构损伤或降解，表明细胞中 Ca^{2+} 没有超出其临界值，同时也显示海滨锦葵幼苗的水涝极限应该超过 30d。在水涝胁迫下，根尖细胞内 Ca^{2+} 水平增加可能存在多种调控因素，如质膜 Ca^{2+} 通道、Ca^{2+} 泵及 Ca‐K 交换体系等。Panedy 等（2000）研究表明，在逆境胁迫下，细胞外 Ca^{2+} 通过质膜上的 Ca^{2+} 通道和 Ca^{2+} 泵迅速进入细胞，使细胞内 Ca^{2+} 浓度快速提高，从而直接影响到细胞的生理代谢。

第七章

水涝胁迫对海滨锦葵幼苗线粒体
功能与呼吸途径的影响与调节

7.1 引言

水涝胁迫是一种极其常见、分布范围非常广泛的自然灾害，其对植株形成了极为明显的影响，如生长特性、物候特性与生理特性等，影响植物存活。在此过程中，线粒体在植株多种机制中起着关键性作用，其功能对逆境非常敏感（Vassileva 等，2009），且敏感程度与氧化底物及胁迫程度密切相关（Flagell 等，2006）。在缺氧条件下，线粒体活性受到严重抑制（Sheng 等，2008），主要是缺乏末端电子受体（Polyakova 和 Vartapetian，2003）。在干旱胁迫条件下，3 个冬小麦（*Triticum aestivum* L.）的呼吸控制率与磷/氧比例均低于对照组，接着又在恢复期上升（Vassileva 等，2009）。逆境胁迫下，线粒体功能改变或敏感性与逆境对植株呼吸作用或电子传递链的影响是相关的。在泛醌（UQ）阶段，线粒体电子传递链分支到细胞色素（Cyt）途径，此途径与ATP合成形成耦合反应。除此之外，还存在一条非磷酸化途径（Alt），电子通过交替氧化酶（AOX）传递给 O_2，激活 O_2 与 H^+ 形成水（Vassileva 等，2009）。但是，有关 Cyt 途径与 Alt 途径特征比较的研究相对比较少（Clifton 等，2005；Vassileva 等，2009）。Clifton 等（2005）报道了 Cyt 途径与 Alt 途径对于胁迫环境的响应特征。通过定量 RT - PCR 分析，AOX 基因家族在胁迫条件下上调表达，其表达量高于对照组 2 倍。而且 Alt 呼吸途径对于逆境处理迅速产生胁迫响应，而 Cyt 呼吸链则反应不明显。Vassileva 等（2009）发现，在干旱胁迫下，3 个冬小麦品种的有氧呼吸与 Cyt 途径的呼吸作用全部下降，而 Alt 途径的呼吸作用保持上升趋势。类似地，在水分胁迫下，大豆叶片中

Alt 途径的呼吸作用上调，而 Cyt 呼吸途径的活性下降（Ribas - Carbo 等，2005）。但是，上述研究局限于两条途径的特征分析，或评估 Alt 途径对整个有氧呼吸途径的贡献率。在 Cyt 途径中，传递的电子主要来源于线粒体三羧酸循环（TCA）的内生 NADH（FADH$_2$）或线粒体外部代谢，如发酵途径产生的外生 NAD（P）H。然而，没有学者定量化研究 Cyt 途径，以评估三羧酸循环及发酵途径对整个线粒体电子传递的贡献率，特别是缺氧环境下的贡献率。有些学者对 TCA 循环和发酵途径进行了研究，但是仅仅集中在某一方面，要么是三羧酸循环，要么是发酵途径，而没有综合地比较研究两方面机制。据报道，在重金属胁迫下，萌发中的豌豆（*Pisum sativum* L. cv. Bonneille）种子中有 4 种 TCA 酶活性（α-酮戊二酸脱氢酶、异柠檬酸脱氢酶、琥珀酸脱氢酶、苹果酸脱氢酶），低于对照值（Bansal 等，2002）。Fox 和 Kennedy（1991）观测到，在缺氧条件下萌发的稗 [*Echinochloa phyllopogon*（Stapf）Koss] 与水稻幼苗（*Oryza sativa* L.），其三羧酸循环酶类活性低于正常的幼苗。当这些幼苗从缺氧环境转到有氧环境中，其降低的酶活性开始上升。此外，Hadži - Tašković Šukalović 和 Vuletić（2001）研究发现，铵的缺失导致小麦根系中三羧酸循环酶活性降低。与 TCA 循环相比较，有关发酵途径的研究主要集中在缺氧胁迫中。当氧气不足以进行有氧呼吸时，植物根系开始进行发酵反应，导致乙醇和乳酸对根系聚集（Sorrell，1999）。当植物在乳酸对根系大量积累后，植物细胞经常产生酸毒症，从而抑制乳酸脱氢酶活性。于是，血红蛋白基因表达上调，提高乙醇脱氢酶的活性（Silva - Cardenas 等，2003），导致发酵途径偏向于乙醇发酵（Armstrong 和 Drew，2002）。Mustroph 和 Albrecht（2003）报道，经过 4d 缺氧处理后，水稻、小麦和玉米的发酵途径酶活性均显著上升，其中乙醇脱氢酶（ADH）和丙酮酸脱羧酶（PDC）活性的增幅大于乳酸脱氢酶（LDH）。而在 3 种作物中，水稻的发酵酶活性增加的幅度最小（Mustroph 和 Albrecht，2003）。

在本试验中，此研究的重要目的是测定水涝胁迫对海滨锦葵幼苗的线粒体功能与呼吸作用的损害，以及不定根系对植株损伤的缓解程度。最重要的就是通过测定三羧酸循环与发酵途径酶活性，定量分析其电子传递特性，最终评估两者对糖类降解潜在的贡献率。

7.2　试验材料与方法

7.2.1　试验材料与试验设计

试验材料和幼苗培养方式与前同。在本试验中，总共有九大盆幼苗。在试验开始前，随机取 3 杯幼苗，作为 3 次重复，测定线粒体功能与呼吸酶活性

（TCA 循环和发酵途径）。第一次取样后，把其中六大盆幼苗分成两部分，每部分三大盆，作为 3 次重复，然后进行水涝处理，淹水高度大约高于栽培土壤 5cm。剩下的三大盆幼苗作为正对照。当不定根形成后，一部分幼苗露出土壤表面的不定根被去除，作为反对照，而另一部分幼苗的不定根保留。然后，在水涝处理第 10、20、30 天及水涝去除后的第 10、20 天（即试验开始的第 40、50 天），取海滨锦葵幼苗根系，测定相同指标。

7.2.2 提取线粒体

采用差别离心法进行提取线粒体（Kang，2005），并略有改动。取 2.0g 根系，于 12mL 预冷的提取液（pH 7.4）中研磨。提取液中包含 0.4mol/L 甘露醇、0.05mol/L Tris、10mmol/L 乙二胺四乙酸（EDTA）和 1‰（M/V）牛血清蛋白（BSA）。研磨成匀浆后，通过 4 层纱布过滤，然后 0℃温度下 1 000r/min离心 5min。取上清液，0℃温度下 20 000r/min 离心 15min。去上清，沉淀用漂洗缓冲液［0.3mol/L 蔗糖，10mmol/L Tris（pH 7.5），10mmol/L KH_2PO_4 和 2mmol/L EDTA］悬浮，20 000r/min 离心 15min。最后得到的沉淀物用 10mL 悬浮介质［0.4mol/L 甘露醇，0.05mol/L Tris 和 1‰（M/V）BSA］重新悬浮，然后在 4℃下保存。

7.2.3 线粒体功能测定

线粒体氧气消耗量采用氧电极方法测定（郝建军等，2007）。取 1.2mL 反应介质（0.4mol/L 甘露醇、10mmol/L KCl、10mmol/L $MgCl_2$、50mmol/L 磷酸缓冲液（pH 7.4）和 10mmol/L Tris－HCl（pH 7.4））放入反应池，与大气平衡 5min，使其为氧气所饱和。然后加入 0.2mL 线粒体悬浮液。经过 2min 适应，20μL 0.2mol/L 琥珀酸溶液，记录 5min 含氧量变化。然后，向反应室内加入 30μL 20mmol/L ADP，呼吸速率加大（状态 3）观察含氧量的变化，直到 ADP 耗尽，呼吸速率下降（状态 4）。呼吸控制率（RCR，状态 3/状态 4）与 ADP/O（状态 3 期间所加的 ADP 量与所消耗氧气量之比）采用 Estabrook（1967）方法进行计算。氧化磷酸化比例（OPR）表示单位蛋白量、单位时间内 ATP 的合成量，OPR＝State 3×ADP/O，单位为 nmol/（mg·min）（Sheng 等，2008）。此外，线粒体蛋白含量采用考马斯亮蓝 G－250 方法进行测定（Bradford，1976）。

7.2.4 线粒体中粗酶液提取

根据 Fox 和 Kennedy（1991）方法提取线粒体粗酶液。取 1.0g 根系切成碎片，在 12mL 抽提液 [50mmol/L Hepes 缓冲液（pH 7.5），10mmol/L β-巯基乙醇和 5%（M/V）吡咯烷酮] 中冰浴研磨。在测定 α-酮戊二酸脱氢酶活性时，抽提液缓冲液中加入 0.5% 洋地黄皂苷，以保证最佳的酶活性。然后，组织匀浆通过 4 层纱布过滤，4℃温度下 14 500r/min 离心 20min。最后取上清液，4℃保存利用。

7.2.5　TCA 循环中酶活性测定

所有酶活性都采用比色法进行测定。

丙酮酸脱氢酶（PDH）采用 Nemeria 等（1969）方法进行测定，但是有些改动。PDH 反应体系包括 0.6mL 0.5mol/L 磷酸缓冲液（pH 7.1）、0.03mL 10mmol/L $MgCl_2$、0.03mL 2mmol/L 焦磷酸硫胺素（TPP）、0.15mL 1mmol/L 2,6-二氯酚靛酚（DCPIP）、1.2mL 蒸馏水和 0.15mL 粗酶液。接着，0.03mL 20mmol/L 丙酮酸加入到反应体系中，以启动反应。然后在 600nm 条件下比色 5min。根据吸光值变化，在工作曲线（表 7-1）计算各时刻 DCPIP 浓度。根据单位鲜重、单位时间内 DCPIP 的变化量来定义 PDH 酶活性，用 $\mu mol/(min \cdot g)$（鲜重）表示。

表 7-1　配制 DCPIP 工作曲线的试剂及用量

试管号	1	2	3	4	5	6
磷酸缓冲液（μL）	600	600	600	600	600	600
$MgCl_2$（μL）	300	300	300	300	300	300
TPP（μL）	300	300	300	300	300	300
DCPIP（μL）	75	62	50	25	12	0
蒸馏水（μL）	1 725	1 738	1 750	1 775	1 788	1 800
模型	$Y = 0.011\ 1x - 0.001\ 4\ R^2 = 0.965\ 2$					

采用 Hirai 和 Ueno（1977）方法测定异柠檬酸脱氢酶（IDH）活性。IDH 反应体系包括 0.3mL 0.8mmol/L Hepes 缓冲液（pH 8.2）、0.15mL 16mmol/L 氧化型烟酰胺腺嘌呤二核苷酸（NAD）、0.15mL 4mmol/L $MnSO_4$、1.05mL 蒸馏水和 1.2mL 粗酶液。反应体系用 0.15mL 40mmol/L 异柠檬酸钠启动反应。然后，在 340nm 条件下比色 5min。根据吸光值变化，在工作曲线（表 7-2）计算各时刻还原型烟酰胺腺嘌呤二核苷酸（NADH）浓度。根据单位鲜重、单位时间内 NADH 的增加量来定义 IDH 酶活性，用 $\mu mol/(min \cdot g)$（鲜重）表示。

表 7-2　配制 NADH 工作曲线的试剂及用量

试管号	1	2	3	4	5	6
Hepes 缓冲液（μL）	300	300	300	300	300	300
16mmol/L NADH（μL）	150	125	100	50	25	0
MnSO₄（μL）	150	150	150	150	150	150
蒸馏水（μL）	150	150	150	150	150	150
异柠檬酸钠（μL）	2 250	2 275	2 300	2 350	2 375	2 400
模型	$Y=0.346\ 5x-0.071\ 6\ R^2=0.957\ 7$					

采用 Pettit 等（1973）方法测定 α-酮戊二酸脱氢酶（α-KDH）活性，并有轻微改动。α-KDH 反应体系由下列成分组成：1.5mL 0.1mol/L 磷酸缓冲液（pH 8.2）、0.03mL 20mmol/L TPP、0.03mL 0.2mol/L MgCl₂、0.06mL 125mmol/L NAD、0.03mL 13mmol/L 辅酶 A（CoA）、0.03mL 0.26mol/L 盐酸半胱氨酸和 1.29mL 粗酶液。用 0.03mL 0.2mmol/L α-酮戊二酸钾启动反应。然后，在 340nm 条件下比色 5min。根据吸光值变化，在工作曲线（表 7-3）计算各时刻 NADH 浓度。根据单位鲜重、单位时间内 NADH 的增加量来定义 α-KDH 酶活性，用 μmol/(min·g)（鲜重）表示。

表 7-3　配制 NADH 工作曲线的试剂及用量

试管号	1	2	3	4	5	6	7
磷酸缓冲液（μL）	1 500	1 500	1 500	1 500	1 500	1 500	1 500
TPP（μL）	30	30	30	30	30	30	30
MgCl₂（μL）	30	30	30	30	30	30	30
NADH（μL）	60	50	40	30	20	10	0
CoA（μL）	30	30	30	30	30	30	30
盐酸半胱氨酸（μL）	30	30	30	30	30	30	30
蒸馏水（μL）	1 190	1 200	1 210	1 220	1 230	1 240	1 250
α-酮戊二酸钾（μL）	30	30	30	30	30	30	30
模型	$Y=0.282\ 2x-0.057\ 9\ R^2=0.986\ 9$						

琥珀酸脱氢酶（SDH）采用 Singer（1973）方法进行测定，并有一些改动。其酶反应体系包括：0.1mL 1.5mol/L 磷酸缓冲液（pH 7.4）、0.1mL 1.2mol/L 琥珀酸钠（pH 7.4）、0.1mL 0.9mmol/L DCPIP 和 2mL 蒸馏水，现在 30℃水浴条件下温育 10min。然后，0.1mL 粗酶液加入反应体系中，用

0.1mL 0.9mmol/L 吩嗪硫酸甲脂（PMS）启动反应。然后在 600nm 条件下比色 5min。根据吸光值变化，在工作曲线（表 7-4）计算各时刻 DCPIP 浓度。根据单位鲜重单位时间内 DCPIP 的变化量来定义 SDH 酶活性，用 $\mu mol/(min \cdot g)$（鲜重）表示。

表 7-4　配制 DCPIP 工作曲线的试剂及用量

试管号	1	2	3	4	5	6
磷酸缓冲液（μL）	100	100	100	100	100	100
琥珀酸钠（μL）	100	100	100	100	100	100
DCPIP（μL）	75	62	50	25	12	0
蒸馏水（μL）	2 725	2 738	2 750	2 775	2 788	2 800
模型			$Y = 0.011\ 1x - 0.001\ 4\ R^2 = 0.971\ 1$			

利用 Sere（1969）方法测定苹果酸脱氢酶（MDH），并有一些改动。MDH 反应体系包括：0.30mL 0.8mol/L Tris. HCl 缓冲液（pH 8.2）、0.15mL 0.2mol/L $KHCO_3$、0.15mL 40mmol/L $MgCl_2$、0.15mL 10mmol/L 还原型谷胱甘肽（GSH）、0.15mL 3mmol/L NADH 和 0.6mL 粗酶悬浮液。然后，用 1.5mL 40mmol/L 草酰乙酸（OAA）启动反应。然后，在 340nm 条件下比色 5min。根据吸光值变化，在工作曲线（表 7-5）计算各时刻 NADH 浓度。根据单位鲜重单位时间内 NADH 的递减量来定义 MDH 酶活性，用 $\mu mol/(min \cdot g)$（鲜重）表示。

表 7-5　配制 NADH 工作曲线的试剂及用量

试管号	1	2	3	4	5	6
Tris. HCl 缓冲液（μL）	300	300	300	300	300	300
$KHCO_3$（μL）	150	150	150	150	150	150
$MgCl_2$（μL）	150	150	150	150	150	150
GSH（μL）	150	150	150	150	150	150
NADH（μL）	150	125	100	50	25	0
蒸馏水（μL）	600	625	650	700	725	750
OAA（μL）	1 500	1 500	1 500	1 500	1 500	1 500
模型			$Y = 0.303\ 0x - 0.161\ 5\ R^2 = 0.998\ 5$			

细胞色素氧化酶（CCO）活性采用 N，N-二甲基对苯二胺盐酸盐（DPD）（Pan 等，2001）方法进行测定，并有一定改动。酶活反应体系由下列

成分组成：2.6mL 0.2mmol/L磷酸缓冲液（pH 7.0）、0.2mL 0.04％（M/V）细胞色素C、0.1mL 0.4％（M/V）DPD和0.1mL粗酶液。整个反应体系在37℃水浴条件下温育30min，随后在冰水中迅速冷冻，以终止反应。然后，在510nm条件下比色。在此试验中，在一个酶反应体系配置完成后，不进行温育，而是迅速加入1mL乙醇来终止反应，以作为对照。细胞色素氧化酶活性用 $\Delta OD/(min \cdot g)$ 鲜重来表示。

7.2.6　发酵途径粗酶液提取

发酵酶类的粗酶液采用 Mustroph 和 Albrecht（2003）方法提取。取 0.2～0.3g 根系切成薄片，于5mL抽提液（5mmol/L $MgCl_2$、5mmol/L β-巯基乙醇和15％（M/V）甘油、1mmol/L EDTA、1mmol/L 乙二醇二乙醚二胺四乙酸（EGTA）和 0.1mmol/L 苯甲基磺酰氟）中冰浴研磨。组织匀浆 4℃温度下12 000r/min离心 20min，然后取上清，在 4℃条件下保存。

7.2.7　无氧呼吸酶活性测定

利用 Waters 等（1991）方法测定乙醇脱氢酶（ADH）活性，并有稍微修改。取 2.82mL 反应体系（50mmol/L 2-［（2-羟基-1，1′二［羟甲基］乙基）氨基］乙磺酸缓冲液（TES）(pH 7.5) 和 0.17mmol/L NADH），加入 0.15mL 粗酶液，然后用 0.03mL 40％（V/V）乙醛启动反应。然后，在 340nm 条件下比色5min。根据吸光值变化，在工作曲线（表 7-6）计算各时刻 NADH 浓度。根据单位鲜重、单位时间内 NADH 的递减量来定义 ADH 酶活性，用 $\mu mol/(min \cdot g)$（鲜重）表示。

表 7-6　配制 NADH 工作曲线的试剂及用量

试管号	1	2	3	4	5	6
TES 缓冲液（μL）	2 820	2 820	2 820	2 820	2 820	2 820
(10mmol/L) NADH（μL）	0	15	38	75	113	150
H_2O（μL）	150	135	112	125	137	0
乙醛（μL）	30	30	30	30	30	30
模型	$Y=0.306\,9x-0.110\,8$ $R^2=0.946\,1$					

利用 Waters 等（1991）方法测定丙酮酸脱羧酶（PDC）活性，并有稍微修改。取 2.82mL 反应体系（50mmol/L 2-（N-吗啉代）乙磺酸缓冲液（MES）(pH 6.8)、25mmol/L NaCl、0.5mmol/L TPP，2mmol/L 二硫苏糖

醇、50mmol/L 草氨酸钠、10U ADH 和 0.17mmol/L NADH），加入 0.15mL 粗酶液，然后用 0.03mL 10mmol/L 丙酮酸启动反应。然后，在 340nm 条件下比色 5min。根据吸光值变化，在工作曲线（表 7 - 7）计算各时刻 NADH 浓度。根据单位鲜重单位时间内 NADH 的递减量来定义 PDC 酶活性，用 $\mu mol/(min \cdot g)$（鲜重）表示。

表 7 - 7 配制 NADH 工作曲线的试剂及用量

试管号	1	2	3	4	5	6
MES 缓冲液（μL）	2 820	2 820	2 820	2 820	2 820	2 820
(10mmol/L) NADH（μL）	0	15	38	75	113	150
H_2O（μL）	150	135	112	125	137	0
丙酮酸（μL）	30	30	30	30	30	30
模型	$Y = 0.274\ 2x + 0.093\ R^2 = 0.971\ 9$					

利用 Bergemger（1983）方法测定乳酸脱氢酶（LDH）活性，并有稍微修改。取 2.5mL 反应体系（80mmol/L Tris - NaCl 缓冲液（pH 7.2）和 0.22mmol/L NADH），加入 0.15mL 粗酶液，然后用 0.5mL Tris - NaCl -丙酮酸（含有 0.01mol/L 丙酮酸的 80mmol/L Tris - NaCl 缓冲液）启动反应。然后，在 340nm 条件下比色 5min。根据吸光值变化，在工作曲线（表 7 - 8）计算各时刻 NADH 浓度。根据单位鲜重、单位时间内 NADH 的递减量来定义 LDH 酶活性，用 $\mu mol/(min \cdot g)$（鲜重）表示。

表 7 - 8 配制 NADH 工作曲线的试剂及用量

试管号	1	2	3	4	5	6
Tris - NaCl 缓冲液（μL）	2 500	2 500	2 500	2 500	2 500	2 500
(10mmol/L) NADH（μL）	0	15	38	75	113	150
H_2O（μL）	150	135	112	125	137	0
Tris - NaCl -丙酮酸（μL）	500	500	500	500	500	500
模型	$Y = 0.421\ 3x - 0.226\ 8\ R^2 = 0.960\ 3$					

7.2.8 数据统计

在本试验中，测定指标采用 3 次重复。在本文中利用 SPSS 13.0 进行 Duncan 分析。当 $p < 0.05$、0.01 时，方差分析就差异显著或极显著；当 $p > 0.05$，差异不显著。

7.3 结果

7.3.1 线粒体功能

7.3.1.1 氧气消耗

从图 7-1 中可以看出，水涝胁迫海滨锦葵幼苗呼吸作用影响很大。在水涝过程中，水涝植株呼吸状态Ⅲ高于对照组（图 7-1a）。但是，随着处理时间延长，两者差异逐步变大，在第 10、20 天，分别为 11.8%、18.9%，差异不明显（$p>0.05$）；在第 30 天，水涝植株显著高于对照组（$p<0.05$）。水涝胁迫去除后，处理植株逐步恢复，其呼吸状态Ⅲ与对照值差异幅度逐渐缩小。在恢复 10、20d 时，处理植株分别低于对照值 15.0%、10.9%，差异不明显（$p>0.05$）。而对于去除不定根的水涝植株，其受水涝损害程度更甚于普通处理植株。在水涝 20 与 30d 时，去根植株的呼吸状态Ⅲ低于普通处理植株，差异不明显（$p>0.05$），但显著低于对照组（$p<0.05$）（图 7-1a）。在恢复期，去根植株的恢复能力价差，在第 20 天时，其呼吸状态Ⅲ显著低于普通处理植株和对照值。

对于呼吸状态Ⅳ而言（图 7-1b），在整个水涝期间，处理植株高于对照组，但是差异不明显（$p>0.05$）。与呼吸状态Ⅲ类似，去根植株受损害程度更甚于普通处理植株。在水涝 20 与 30d 时，去根植株的呼吸状态Ⅳ高于普通处理植株 18.2%、25.4%，差异不明显（$p>0.05$）；但显著低于对照组，差异分别为 24.4%、35.5%（$p<0.05$）。水涝去除后，对照植株的呼吸状态Ⅳ最低，但是三者之间差异不明显（$p>0.05$）。

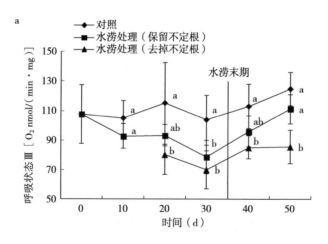

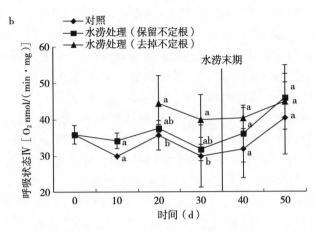

图 7 - 1 在水涝胁迫 0、10、20 和 30d 及涝后恢复 10、20d 时，
线粒体氧气消耗量的变化特征

（图中值表示平均值±标准差。同一时间不同处理间，所标示字母不同，表示 $\alpha=$
0.05 水平下差异显著；若字母相同，则是 $\alpha=0.05$ 水平下差异不显著，$n=3$。）

7.3.1.2 氧化磷酸化效率

从图 7 - 2a 可以看出，在水涝过程中，水涝植株呼吸控制率低于对照组。其中在水涝 30d 时，两者差异最大，降幅达到 35.5%，达到显著水平（$p<$ 0.05）。水涝胁迫去除后，处理植株呼吸控制率与对照值之间差异逐渐缩小。在恢复的 10、20d 时，处理植株分别低于对照值 22.6%、11.7%，但差异不明显（$p>0.05$）。而对于去根植株而言，其呼吸控制率在整个试验期间都最低，与普通处理植株差异不明显（$p>0.05$），但显著低于对照植株（$p<$ 0.05）。在水涝 30d 时，去根植株的呼吸控制率与对照值差异最大，低于对照值达 53.3%（图 7 - 2a）。在恢复期，去根植株在第 10、20 天时，其呼吸控制率低于对照值 41.9%、34.6%。

对于海滨锦葵幼苗的 ADP/O 比例而言，水涝胁迫对其产生了明显影响。从表 7 - 2b 可以看出，在水涝过程中，水涝植株呼吸 ADP/O 比例值低于对照组，水涝时间越长，差异越大。在水涝 10、20 与 30d 时，处理植株分别低于对照组 8.9%、15.3%、21.5%，并在水涝 30d 时达到显著水平（$p<0.05$）。水涝胁迫去除后，水涝植株的 ADP/O 比例逐步恢复，与对照值差异逐步缩小，差异不明显（$p>0.05$）。在恢复的 10、20d 时，处理植株分别低于对照值 21.1%、12.7%。此外，在整个试验期间，去根水涝植株的 ADP/O 比例最小，与普通水涝植株差异不明显（$p>0.05$），但显著低于对照组（$p<0.05$）。与普通水涝幼苗相似，去根植株与对照值差异随水涝时间延长变大，在第 20、

30 天达到 30.6%、35.0%（图 7-2b）。水涝去除第 10、20 时，去根植株与对照值差异逐步缩小，其 ADP/O 比例低于对照值 25.8%、23.6%。

氧化磷酸化比例（OPR）表示海滨锦葵幼苗合成 ATP 的能力，是呼吸代谢能力的直接指标。从图 7-2c 可以看出，在水涝过程中，水涝植株呼吸 OPR 值低于对照组，水涝时间越长，差异越大。在水涝 20～30d 时，处理植株分别低于对照组 33.2%、41.2%，达到显著水平（$p < 0.05$）。水涝胁迫去除后，水涝植株的 OPR 依然显著低于（$p > 0.05$）对照值，但两者差异逐步缩小。在恢复 10 和 20d 后，处理植株 OPR 低于对照值 32.3%、22.3%。此外，在整个试验期间，去根水涝植株的 OPR 值最小，显著低于普通水涝植株与对照植株（$p < 0.05$）。在水涝 30d，去根植株的 OPR 值达到谷值，分比普通水涝植株与对照植株低 41.2%、56.8%，与两者的差异达到最大（图 7-2c）。水涝胁迫去除后，去根植株 OPR 值逐步恢复，但比普通水涝植株的恢复能力弱。在恢复 20d 后，去根植株 OPR 达到对照值的 52.0%，而普通水涝植株占对照组的 77.7%。

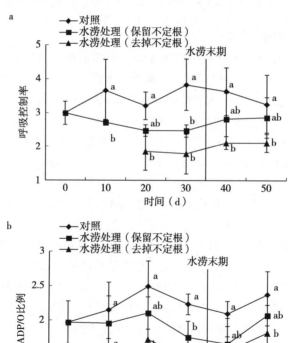

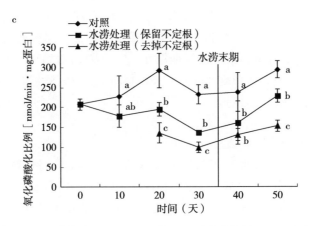

图 7-2　在水涝胁迫 0、10、20 和 30d 及涝后恢复 10、20d 时，
线粒体氧化磷酸的变化特征

（图中值表示平均值±标准差。在同一时间不同处理间，所标示字母不同，表示 α＝0.05 水平下差异显著；若字母相同，则是 α＝0.05 水平下差异不显著，n＝3。）

7.3.2　TCA 途径的酶活性特征

7.3.2.1　丙酮酸脱氢酶（PDH）

从图 7-3a 可以看出，在水涝 10d 时，胁迫对海滨锦葵幼苗 PDH 活性无明显影响，处理植株与对照组相差无几。随着水涝时间延长，两者差异逐步变大，在第 20 与 30 天，水涝植株的 PDH 活性分别低于对照值 22.7%、11.4%。水涝胁迫去除后，水涝幼苗酶活性逐步恢复，在第 20 天时，其值高于对照值 5.3%，但差异不明显（$p>0.05$）。对于去根植株，其丙酮酸脱氢酶在水涝期间都最低，与普通处理植株差异不明显（$p>0.05$），但显著低于对照植株（$p<0.05$）（图 7-3a）。但是，去根植株酶活性在恢复期逐渐恢复，在 20d 时，其值低于对照组和普通水涝植株仅 5.3%、10.0%，且三者之间差异不显著（$p>0.05$）。

7.3.2.2　异柠檬酸脱氢酶（IDH）

在水涝胁迫下，海滨锦葵幼苗 IDH 产生了明显变化。在水涝 10d 时，处理植株低于对照组 10.2%，但两者差异不明显。随着水涝时间延长，差异日趋变大（图 7-3b）。在水涝第 20 与 30 天时，植株 IDH 活性分别低于对照植株 31.5%、30.2%，达到显著水平（$p<0.05$）。水涝胁迫去除后，水涝植株酶活性逐步恢复，与对照值差异逐渐缩小。在恢复 10d 时，处理植株 IDH 酶活性低于对照值 19.7%，但是差异依旧显著（$p<0.05$）。经过 20d 恢复，两

者之间差异仅为 5.5%，差异不显著（$p>0.05$）。此外，去根水涝植株 IDH 最小，在水涝 20d 到恢复 10d 期间，其显著低于对照组与普通处理植株（$p<0.05$），但差异逐渐缩小。在恢复期第 10 天，去根植株低于对照组 32.5%、16.9%（图 7 - 3b）。在恢复 20d 时，去根植株 IDH 酶活性进一步恢复，分别达到对照组与普通处理植株的 80.2%、85.4%，三者之间差异不显著（$p>0.05$）。

7.3.2.3　α-酮戊二酸脱氢酶（α - KDH）

在本试验中，水涝胁迫下对海滨锦葵幼苗 α - KDH 特性产生了很大影响（图 7 - 3c）。在水涝 10、20d 时，处理植株低于对照组 8.9%、17.0%，但两者差异不显著（$p>0.05$）。随着水涝时间延长，差异变大（表 7 - 3c）。在水涝第 30 天时，植株 α - KDH 活性低于对照植株 36.7%，达到显著水平（$p<0.05$）。水涝胁迫去除后，恢复 10d 的处理植株的 α - KDH 酶活性低于对照值 35.9%，差异依旧显著（$p<0.05$）。经过 20d 恢复，两者之间差异仅为 9.6%，差异不显著（$p>0.05$）。此外，去根水涝植株 α - KDH 最小，在水涝 20d 到恢复 10d 期间，其显著低于对照组与普通处理植株（$p<0.05$）（图 7 - 3c）。然而，经过 20d 恢复，去根植株 α - KDH 酶活性，分别低于对照组与普通处理植株的 17.4%、8.6%，三者之间差异不显著（$p>0.05$）。

7.3.2.4　琥珀酸脱氢酶（SDH）

SDH 酶活性变化与 α-酮戊二酸脱氢酶相似。在水涝 10 与 20d 时，水涝海滨锦葵幼苗的 SDH 活性低于对照组，差异不明显（$p>0.05$）。随着水涝时间延长，在第 30 天时，水涝植株酶活性低于对照值 16.2%，两者差异显著（$p<0.05$）（图 7 - 3d）。水涝胁迫去除后，水涝幼苗酶活性逐步恢复，两者差异逐渐缩小。在恢复期第 10、20 天时，处理植株低于对照值 4.8%、5.4%，差

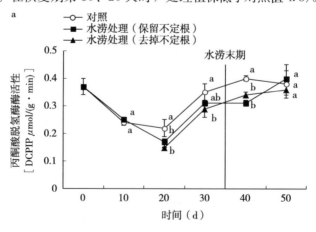

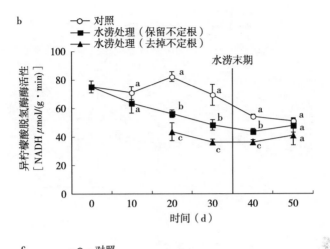

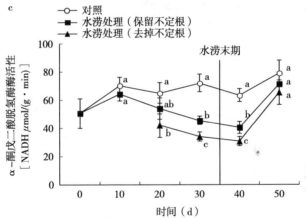

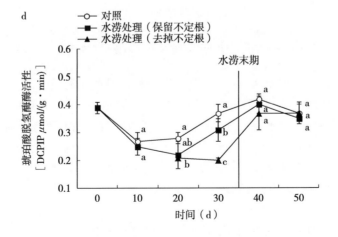

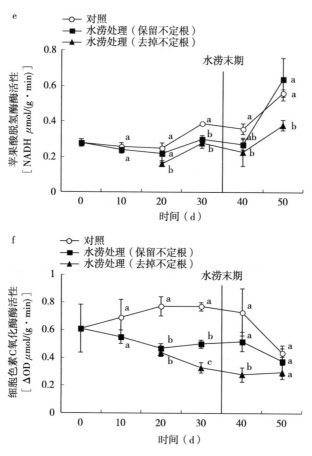

图 7-3　在水涝胁迫 0、10、20 和 30d 及涝后恢复 10、20d 时，
线粒体有氧呼吸酶类的活性变化特征

（图中值表示平均值±标准差。在同一时间不同处理间，所标示字母不同，表示
$\alpha=0.05$ 水平下差异显著；若字母相同，则是 $\alpha=0.05$ 水平下差异不显著，$n=3$。）

异不明显（$p>0.05$）。然而，对于去根植株，其酶活性在水涝期间都最低，显著低于对照组（$p<0.05$）（图 7-3d）。在水涝 20d 时，去根植株的酶活性与普通处理植株差异不明显（$p>0.05$），至 30d 时，则显著低于对照值（$p<0.05$），降幅达到 45.9%。当水涝胁迫去除后，去根植株酶活性逐步恢复，与对照组和普通水涝植株差异初步缩小，三者之间差异不显著（$p>0.05$）。

7.3.2.5　苹果酸脱氢酶（MDH）

在本试验中，水涝胁迫下海滨锦葵幼苗 MDH 活性变化明显（图 7-3e）。在水涝 10、20d 时，处理植株 MDH 酶活性低于对照组 7.7%、12.0%，差异不显著（$p>0.05$）（图 7 - 3e）；在第 30 天时，则显著低于对照值（$p<0.05$），降幅达到 23.1%。然后，水涝胁迫去除 10d 后，处理植株苹果酸脱氢酶的胁迫损害得到一定缓解，但依旧显著低于对照值（$p<0.05$）。经过 20d 恢复后，水涝幼苗的酶活性则高于对照组 14.3%。此外，去根水涝植株 MDH 活性最小，在水涝期间与恢复期间均显著低于对照组（$p<0.05$），两者之间的差异幅度比较稳定，均保持在 30%左右。

7.3.2.6　细胞色素 C 氧化酶（CCO）

从图 7 - 3f 可以看出，在水涝过程中，水涝植株 CCO 酶活性低于对照组，但在第 10 天差异不显著（$p>0.05$）。在第 20 与 30 天，两者差异逐步变大，水涝植株低于对照值 39.0%、35.1%，达到显著水平（$p<0.05$）。水涝胁迫去除后，处理植株酶活性依旧低于对照组，但两者差异不显著（$p>0.05$），且差异幅度日益缩小，在恢复期第 10、20 天分别为 28.8%、13.6%。然而，对于去根植株，其酶活性在水涝期间最低，显著低于对照组（$p<0.05$）（图 7 - 3f）。在水涝 20d 时，去根植株与普通处理植株差异不明显（$p>0.05$），至 30d 时则显著低于对照值（$p<0.05$），降幅达到 34.0%。当水涝胁迫去除后，去根植株 CCO 的胁迫损害逐步缓解，经 20d 恢复后，略低于对照组与普通处理组（图 7 - 3f），三者之间差异不显著（$p>0.05$）。

7.3.3　发酵途径的酶活性特征

7.3.3.1　乙醇发酵途径

丙酮酸脱羧酶（PDC）是乙醇发酵途径中的关键酶。在水涝 10 与 20d 时，水涝幼苗的 PDC 酶活性高于对照值，但差异不明显（$p>0.05$）；在第 30 天时，则显著高于对照值（$p<0.05$），到达峰值，两者差异为 22.6%（图 7 - 4a）。水涝胁迫去除后，处理幼苗的 PDC 酶活性逐步降低，在恢复期第 10、20 天时，依然高于对照值 14.9%、17.8%，但差异不明显（$p>0.05$）。然而，对于去根植株，其酶活性在试验期间显著高于对照组（$p<0.05$）（图 7 - 4a）。在水涝 20d 时，去根植株 PDC 酶活性显著高于普通处理植株（$p<0.05$），而到 30d 时差异不明显（$p>0.05$）。当水涝去除 10d 后，去根植株酶活性高于普通水涝植株 25.9%；然而恢复 20d 后，仅高于普通水涝幼苗 15.1%，两者之间差异不显著（$p>0.05$）。

从图 7 - 4b 可以看出，在水涝 10d 时，水涝海滨锦葵幼苗的乙醇脱氢酶（ADH）活性低于对照值 10.1%，但差异不显著（$p>0.05$）；在第 20 与 30 天，高于对照植株 64.6%、24.0%，达到显著水平（$p<0.05$）。水涝胁迫去除后，水涝幼苗 ADH 活性逐步下降，在第 20 天时，其值高于对照组 7.4%，差异不显著（$p>0.05$）。就去根植株而言，其乙醇脱氢酶显著高于对照值（$p<$

0.05)（图 7 - 4b）。但是，在水涝第 20 天，去根植株酶活性高于普通处理组 6.2%，差异不显著（$p > 0.05$）；而在胁迫第 30 天及恢复期第 20 天时，则显著高于处理植株，差异分别为 17.5%、18.8%，达到显著水平（$p < 0.05$）。

7.3.3.2 乳酸发酵途径

在水涝胁迫下，海滨锦葵幼苗乳酸脱氢酶（LDH）产生了明显变化。在水涝 10d 时，处理植株高于对照组 6.0%，但差异不明显。随着水涝时间延长，两者差异日趋变大（图 7 - 4c）。在水涝第 20 与 30 天时，植株 LDH 活性分别高于对照植株 15.2%、15.3%，达到显著水平（$p < 0.05$）。水涝胁迫去除后，水涝植株酶活性逐步恢复，与对照值差异逐渐缩小。经过 20d 恢复，水涝植株酶活占对照组的 98.8%，差异不显著（$p > 0.05$）。此外，去根水涝植株 LDH 酶活性最高，在整个试验期间均显著高于对照组与普通处理植株（$p < 0.05$），但差异逐渐缩小。经过 20d 恢复后，去根植株 LDH 酶活分别高于对照组与普通处理植株 8.2%、9.5%。

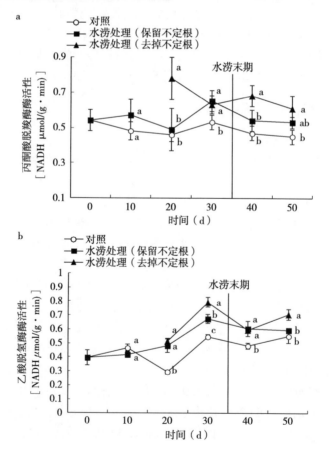

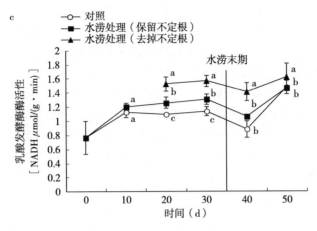

图 7-4　在水涝胁迫 0、10、20 和 30d 时及涝后恢复 10、20d 时，
细胞发酵代谢相关酶类的活性变化特征

（图中值表示平均值±标准差。在同一时间不同处理内，所示字母不同，表示
$\alpha=0.05$ 水平下差异显著；若字母相同，则是 $\alpha=0.05$ 水平下差异不显著，$n=3$。）

7.4　讨论

7.4.1　水涝胁迫下受损的线粒体功能

在水涝胁迫下，线粒体存在着自身的抗氧化机制，细胞色素 C 起着重要作用，其介导的呼吸链释放电子旁路可以清除由于呼吸链释放电子而产生的 O_2^-·而与 H_2O_2（徐建兴，2003）、Cytc 与线粒体内膜结合松散，当植物遭受外界逆境时，细胞色素 C 就会从线粒体内膜上脱落，流入细胞质，从而使得线粒体的氧化防御体系破坏。在水涝胁迫中，细胞色素 C 氧化酶活性显著降低，表明细胞色素 C 功能遭受到严重影响，线粒体膜的完整性和呼吸电子传递链遭到破坏，其抗氧化防御体系被打破，导致植物细胞 O_2^-·生产速率、H_2O_2 和 MDA 含量增高（具体见第四章）。

线粒体呼吸Ⅲ态反映线粒体内膜底物通透性、呼吸链等情况；呼吸Ⅳ态反映线粒体内膜天然质子传导性即内膜通透性的大小（Ichas 和 Mazat，1998）。在本试验中，水涝胁迫使得海滨锦葵根系线粒体呼吸Ⅲ态显著下降，而呼吸Ⅳ态比对照值高，表明水涝处理使线粒体呼吸功能遭到破坏，造成呼吸功能破坏可能与活性氧大量积累相关（生利霞等，2008）。在缺氧条件下，根系线粒体中活性氧含量增加，细胞色素 C 功能降低，导致活性氧大量聚集。而积累的活性氧导致膜脂质过氧化，瓦解内膜完整性，破坏膜系统功能，进而破坏电子传递链，导致线粒体受损，其呼吸功能遭到破坏。

RCR 能直接反映氧化磷酸化偶联程度；P/O 比值是指线粒体利用氧化释放能量转化为 ATP 的效率；OPR 线粒体内 ATP 的合成能力，是氧化磷酸化效率的重要指标（生利霞等，2008）。在水涝胁迫下，海滨锦葵根系的线粒体 RCR、P/O、OPR 均显著下降，说明水涝胁迫严重抑制了线粒体膜的正常呼吸偶联作用，利用氧化释放能量转化为 ATP 的效率明显降低。

在本试验中，经过 20d 恢复，海滨锦葵根系线粒体功能，例如，线粒体氧气消耗、氧化磷酸化能力逐步恢复，但低于对照值，其差异程度小于水涝末期两者差异。这一切表明经过适当恢复，海滨锦葵根系线粒体的氧化磷酸化和完整性得到一定程度的恢复，使其呼吸功能维持一定的水平，从而维持植株的生长代谢，但没有完全恢复到对照水平，尤其是 ATP 合成能力。

7.4.2　水涝胁迫下呼吸酶特性

在本试验中，结果表明水涝胁迫对 TCA 循环产生了很大的影响，线粒体酶活性明显下降，与前人的研究结果相似（Fox 和 Kennedy，1991；Bansal 等，2002；Hadži - Tašković Šukalović 和 Vuletić，2001）。线粒体酶活性下降可能与不断增多的活性氧有关。活性氧的积累影响呼吸链，导致电子传递效率低下，对线粒体产生氧化伤害，导致其呼吸酶活性降低。TCA 酶活性降低将会影响到线粒体底物氧化作用，降低氧化底物与分子氧结合概率，导致能量产物不断被消耗，而 ATP 合成量减少（Bansal 等，2002）。Sohal 和 Weindruch（1996）报道，α - KDH 活性降低主要是与电子传递效率低下，以及超氧化物增多形成的线粒体氧化伤害相关。α - KDH 活性降低，导致 α - 酮戊二酸积累，而聚集的 α - 酮戊二酸抑制异柠檬酸脱氢酶活性，导致其活性降低（Zhang 等，1990）。而从 α - 酮戊二酸到琥珀酸的反应，主要通过 α - 酮戊二酸脱氢酶与琥珀酸硫激酶进行调节。在本试验中，海滨锦葵在水涝末期的 α - KDH 酶活性降低 36.7%，琥珀酸脱氢酶活性降低 16.2%，异柠檬酸脱氢酶活性降低 30.2%。试验结果表明，在水涝胁迫下，海滨锦葵根系线粒体的 TCA 代谢中有利于 α - 酮戊二酸与异柠檬酸的积累，而不利于琥珀酸的聚集。在缺氧条件下培育 7d 的稗草（*E. phyllopogon*）幼苗用[14]C 标记的醋酸盐脉冲处理 3h，经过 16h 追踪期，发现[14]C 存在于琥珀酸环节（Rumpho 和 Kenedy，1983），表明在缺氧条件下，琥珀酸不是反应的末端环节，代谢反应还在继续进行。在水涝胁迫下，尽管处理植株线粒体酶活性低于对照值，但也证明了在氧气缺乏条件下有机碳流的动力学特征。Kennedy 等（1987）报道，当稗草幼苗从 N_2 培养环境下转移到正常培养环境时，其线粒体 O_2 利用率加快。结果表明，在缺氧环境下，电子传递系统尽管功能遭受到了破坏，但其依然发展，以适应不利环境。

低氧胁迫下的植物根系，其糖酵解代谢产物酮酸通过三羧酸循环（TCA）途径产生 ATP 和 NAD 的能力严重削弱。植物为了产生足够的 ATP 和 NAD 维持细胞功能运转，无氧发酵途径作为中短期适应方式出现。低氧条件下，植物根系中的丙酮酸在无氧呼吸酶催化下，分别进入乙醇发酵途径、乳酸发酵途径等。作为乙醇发酵途径中第一个关键酶，PDC 在启动乙醇代谢起着关键性作用。在本研究中，海滨锦葵根系 PDC 活性变化在淹水过程中具有阶段性，在淹水初期、中期呈增加趋势，但不明显；在后期则显著升高，增加到 22.65%，这与前人报道的低氧条件下植物根系中 PDC 活性升高一致（Mustroph 和 Albrecht，2003）。而 ADH 是乙醇发酵途径的研究重点。陈强等（2007）研究发现，淹水明显促进樱桃砧木根系的 ADH 活性。海滨锦葵根系在水涝胁迫 30d 时，其 ADH 活性增强 24.0%，与樱桃根系酶活性变化相似。ADH 活性上升，有利于乙醇的积累。根能耐淹水而不会死亡，必须把乙醇维持在可忍耐的水平，且能产生足够的 ATP 维持细胞的功能（Nilsen 和 Orcutt，1996）。试验表明，30d 水淹下，海滨锦葵植株的乙醇积累还在临界值内，没有产生致命的毒害。但是，对于 LDH 酶活性变化及与乙醇发酵途径的关系，没有形成定论，可能与植株种类有一定关系。在缺氧胁迫下，大麦 LDH 能保持长时间的高活性（Hoffman 等，1986），而 Huang（1997）认为随着细胞质 pH 的下降，LDH 活性受抑制，从而激活根系中 PDC 和乙醇发酵（Davies 等，1980）。而在本试验中，海滨锦葵水涝幼苗的 LDH 在胁迫 20、30d 时分别保持 15.2%、15.3% 高增长率，而保持高活性。

综上所述，水涝幼苗根系中的 PDC、ADH 和 LDH 酶活性在胁迫中后期显著增加，而在初期的增加幅度不明显，表明发酵途径活性增强是植物根系对长时间淹水条件下能量匮乏的一种积极应对机制，同时也凸显出了海滨锦葵对水涝胁迫的强耐性。

7.4.3　水涝胁迫下呼吸途径调节及不定根对伤害的缓解作用

低氧胁迫下的植物根系，其三羧酸循环（TCA）途径、乙醇发酵途径、乳酸发酵途径各自通过 NADH 释放电子，通过电子传递链合成 ATP，形成 NAD^+。通过分析各途径的电子释放量，预估其对能量物质降解及 ATP 合成的比例，进而判断各呼吸途径对植物生存的潜在贡献率。在本试验中，测定了各呼吸途径的呼吸酶活性，用 NADH 或 DCPIP 的生成速率来表示酶活性。在反应中，每个 NADH 或 DCPIP 可以放出 2 个电子。根据相同时间内各呼吸途径的呼吸酶所释放电子总量，估算其电子占呼吸链所传递电子总量的比率，以此估算呼吸途径对水涝植株生存的潜在贡献率。从表 7-9 可以看出，在水涝条件下 20、30d 时，TCA 途径的比例逐步降低，其贡献率分别比对照下降15.0、14.2 个百分点；乙醇发酵途径的贡献率上升 10.3、6.2 个百分点；乳酸发酵途径则分别上升 4.7、8 个百分点。分析结果表明，在水涝胁迫下，海滨锦葵根部有氧呼吸受到抑制，逐步下降，而无氧呼吸作用增强，以弥补有氧呼吸不足，而提供足够的能量维持植株生存。在两个发酵途径中可以看出，随着胁迫时间延长，乙醇发酵途径贡献率低于乳酸发酵途径（表 7-9）。由于乙醇发酵产物聚集对植物细胞生物毒害作用比较大，而乳酸发酵代谢活性提高，部分取代乙醇发酵，则可以降低细胞的生物毒害作用。这也许是海滨锦葵幼苗对水涝胁迫的一种适应特性。

表 7-9　各呼吸途径对水涝胁迫下海滨锦葵
幼苗生存的潜在贡献率（%）

呼吸途径	0	10	20	30	40	50
三羧酸循环						
对照	40.6	30.5	32.7	36.1	41.4	36.7
水淹	40.6	28.4	24.4	27.8	32.5	36.8
水淹＋去根	—	—	17.7	21.9	27.2	29.2
乙醇发酵途径						
对照	32.6	31.7	27.5	31.0	30.4	25.6
水淹	32.6	32.4	32.9	36.3	34.9	27.4
水淹＋去根	—	—	37.8	37.2	34.4	31.6
乳酸发酵途径						
对照	26.8	37.8	39.8	32.9	28.2	37.7
水淹	26.8	39.2	42.6	35.9	32.6	35.7
水淹＋去根	—	—	44.5	40.9	38.3	39.2

此外，在水涝胁迫 20、30d，去除不定根系植株的线粒体 RCR 分别低于对照 41.9%、52.4%，而普通水涝幼苗低于对照值 22.5%、35.5%。对于线粒体 ATP 合成能力而言，去根植株则低于对照植株 53.6%、56.8%，而普通

植株比对照值低 33.2%、41.2%。试验结果表明，去根植株的线粒体功能的破坏程度甚于普通植株。另外，从表 7-9 中可以发现，去根植株 TCA 途径的贡献率低于普通水涝幼苗，而乙醇发酵、乳酸发酵的贡献率却高于普通水涝幼苗。这一切表明，海滨锦葵的不定根具有维持线粒体有氧呼吸作用，提高有机碳源利用率，缓解水涝胁迫对植株所形成的伤害，有利于植株在胁迫环境下的存活。

海滨锦葵盐碱胁迫耐受性的研究

第八章

海滨锦葵对盐碱胁迫的耐受性分析

8.1　引言

在世界范围内，因为自然和人为的影响（如灌溉）所引发的土壤盐渍化现象日渐增加，土壤的逐步盐渍化正演变成为农业生产中最严重的威胁之一（Zheng 等，2018）。如今，大量研究表明碱性盐胁迫对植物的生化破坏性比中性盐胁迫更强（齐延巧等，2017）。土壤积累的盐对植物的危害主要是由离子毒害和离子渗透胁迫所引起的（Tiwari 等，2017），程度轻微者会使农作物减产，严重者则会造成植物的死亡。然而，在盐碱地自然生长的盐生植物，在进化过程中为了适应环境也有了相对应的策略。例如，植株形态的变化（肉质化、具蜡被等）、内部生理的有序调节、离子区域化等，从而减少或避免盐害对植物的毒害作用，维持其正常的生长发育过程（Harris‐Valle 等，2018）。作为国家储备土地资源的海岸滩涂来说，生长着有经济潜力的耐盐植物，这些植物不仅可以丰富社会物质产品供给，而且通过自身吸收，从而达到改善或修复盐碱化土壤的目的。

海滨锦葵（*Kosteletzkya virginica*）是一种多年生的宿根植物，可以耐受盐水灌溉，且其多年生根系的生长周期长、种子产量高、养分丰富，因而它在食品（饲料）或油料作物的开发中具有巨大潜力，目前是对盐碱滩涂开发和利用的最佳备选植物之一（孙建国等，2015）。多次试验结果表明，海滨锦葵开发利用的前景较好，且对盐胁迫的适应能力很强（闫道良等，2013）。海滨锦葵的地下块根发育良好，茎是制作环保板材的材料之一。海滨锦葵是优秀的绿化植物，还被赞为"生物柴油"（姜楸垚等，2015），其花期较长、花朵较大且鲜艳，是沿海城市景观大道的最佳选择，是能将沿海的滩涂"盐田"变为"油田"的优秀植物（王康等，2015）。为了更有效地开发和利用海滨锦葵，深入了解海滨锦葵的生态特性，特别是对盐环境的适应特性是首先要解决的问题。

因此，本书研究了盐碱胁迫对海滨锦葵种子萌发和生长的影响，探索海滨锦葵植株对盐碱胁迫的耐受极限，为海滨锦葵在盐碱地的正常萌发和生长提供基础数据。

8.2　试验材料与方法

8.2.1　试验材料

海滨锦葵种子。

8.2.2　试验设计

挑选籽粒饱满的种子置于浓硫酸中浸泡 30min，随后用清水对种子进行冲洗，并放置于蒸馏水中浸泡 24h。采用水培的方式，将处理好的海滨锦葵种子播种于培养皿中。选用带盖的塑料培养皿，内置 2 层滤纸，每皿 10 粒种子，3 个重复。皿中加入相应盐碱处理液 5mL，滤纸和处理液每两天更换一次，保持盐浓度环境相对稳定。

在本试验中，选择 NaCl、Na_2SO_4、Na_2CO_3、$NaHCO_3$ 4 种碱性盐按比例分为 4 组，依次为 A 组为 NaCl、Na_2SO_4、Na_2CO_3、$NaHCO_3$＝1：0：0：0，B 组为 NaCl、Na_2SO_4、Na_2CO_3、$NaHCO_3$＝8：4：1：1，C 组为 NaCl、Na_2SO_4、Na_2CO_3、$NaHCO_3$＝4：8：1：1，D 组为 NaCl、Na_2SO_4、Na_2CO_3、$NaHCO_3$＝0：0：1：1，每组的盐浓度均设置为 50、150、300、450mmol/L，并以蒸馏水作为对照。

8.2.3　试验指标测定

8.2.3.1　海滨锦葵的发芽指标

以种皮破口为指标，计算海滨锦葵种子的发芽数，每天相同的时段观察并记录种子的发芽情况，记录累计发芽率。同时记录至持续 3d 无新种子萌发规定为发芽结束。

发芽率＝(规定时间内发芽的种子数/测试种子总数)×100%；

发芽势＝(前 4 天萌发的种子数/测试种子总数)×100%；

发芽指数＝($\sum Gt/Dt$，Gt 指时间 t 的发芽数，Dt 指的是对应的天数)。

8.2.3.2　海滨锦葵的生长指标

在萌发结束时，从处理组中选取 10 株幼苗，使用游标卡尺分别测定其幼苗长度、茎粗，并使用千分之一电子天平测定其鲜重量。当发芽数少于 10 时，则根据发芽数来决定样本数。

8.2.4 隶属函数评价方法

采用隶属函数法对各盐浓度和 pH 进行海滨锦葵种子萌发和初期生长因素的综合评定，计算公式为：

$X(ij) = (X_{ij} - X_{jmin})/(X_{jmax} - X_{jmin})$，其中 $X(ij)$ 表示 i 型 j 指数的隶属度值；X_{ij} 表示 i 种类 j 指数被测量；X_{jmax}、X_{jmin} 分别表示测量指标的最大值和最小值。

然后，计算出各项隶属函数的和，对各处理组顺序排列，并利用各因素与萌发项目的相关性来确定海滨锦葵种子萌发的主要因素影响。

8.2.5 数据统计

应用 SPSS21.0 对试验的数据进行多重比较和相关分析。

8.3 结果与分析

8.3.1 盐碱胁迫下海滨锦葵种子累积发芽率

不同混合盐碱胁迫处理下的海滨锦葵种子的累积发芽率如图 8-1 所示，A、B、C、D 4 组的累积发芽率曲线图的趋势大体相似，随着盐浓度的增加，累计萌芽率都有明显的下降趋势。当盐浓度在 0、50、150、300mmol/L 时，海滨锦葵种子的发芽高峰期均为前 2 天，在第 3~10 天发芽增势逐渐趋于平稳，当盐浓度为 450mmol/L 时，发芽率较低，无发芽高峰，累计发芽率仅为 3.3%。在同一浓度下，随着 pH 的升高，累计发芽率也呈现下降的趋势，结果表明，盐胁迫和碱胁迫都可以抑制海滨锦葵种子的萌发。

8.3.2 盐碱胁迫下海滨锦葵发芽特性

由表 8-1 可以看出，随着处理液浓度的增加，海滨锦葵种子的累计发芽率逐步下降。A、B 处理组 50mmol/L 的发芽率分别为 80.00% 与 86.67%，发芽势为 53.33% 与 56.67%，与对照组的差异相对较小，随着浓度的升高，海滨锦葵种子的发芽率、发芽势明显降低，C、D 处理组 450mmol/L 的发芽率仅为 3.33%，发芽势为 0。通过模型精确定量拟合，试验数据充分表明，A 组的半致死浓度为 229.42mmol/L，完全致死浓度为 498.38mmol/L；B 组的半致死浓度为 223.24mmol/L，完全致死浓度为 472.37mmol/L；C 组半致死

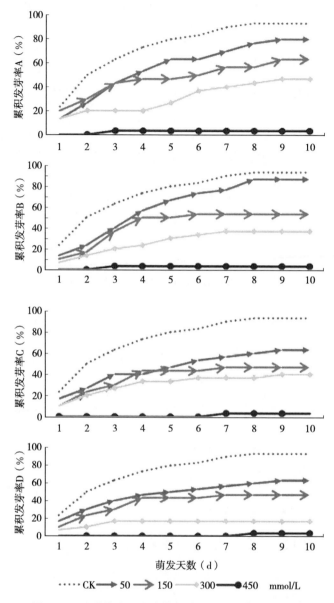

图 8-1 盐碱胁迫下海滨锦葵种子的累积萌发率（%）

A、B、C、D组的平均 pH 分别为 7.06、9.30、9.70、9.98

浓度为 186.10mmol/L，完全致死浓度为 481.11mmol/L；D 组半致死浓度为 153.19mmol/L，完全致死浓度为 426.86mmol/L。

表 8-1　不同胁迫处理下海滨锦葵种子的萌发情况

处理组	浓度（mmol/L）	发芽率（%）	发芽势（%）
CK	0	93.33±5.78a	73.33±5.77a
A	50	80.00±10.00b	53.33±5.77b
	150	63.33±15.28c	46.67±5.77c
	300	46.67±15.28d	20.00±10.00d
	450	3.33±5.77e	3.33±5.77e
B	50	86.67±15.28b	56.67±25.17b
	150	63.33±15.28c	50.00±10.00c
	300	36.67±15.28d	23.38±15.28d
	450	3.33±5.77e	3.33±5.77e
C	50	63.33±5.77b	40.00±10.00b
	150	46.67±11.55c	43.33±15.28b
	300	40.00±10.00c	33.33±5.77b
	450	3.33±5.77d	0.00±0.00c
D	50	63.33±5.77b	46.67±10.00b
	150	36.67±5.77c	26.67±5.77c
	300	19.67±9.50d	16.67±5.77d
	450	3.33±5.77e	0.00e

注：表 8-1 中数据均为平均值±标准差，各组各字母在 0.05 程度上有明显差异；A、B、C、D 组的平均 pH 分别为 7.06、9.30、9.70、9.98。邓肯多重比较在各处理内进行。

表 8-2　盐碱胁迫下海滨锦葵的致死浓度和半致死浓度

处理组	数学模型	半致死浓度（mmol/L）	致死浓度（mmol/L）
A	$y=-0.1859x+92.650$ $R^2=0.9709$	229.42	498.38
B	$y=-0.2007x+94.805$ $R^2=0.9976$	223.24	472.37
C	$y=-0.1693x+81.507$ $R^2=0.9048$	186.10	481.11
D	$y=-0.1827x+77.988$ $R^2=0.8964$	153.19	426.86

8.3.3　盐碱胁迫下海滨锦葵幼苗生长指标

由表 8-3 可以看出，盐处理和碱处理均对种子的生长起到抑制作用，海滨锦葵种子的幼芽长度在盐浓度为 0 时最大，为 3.52cm；茎粗与鲜重在浓度为 50mmol/L 时最大，分别为 1.48cm 和 0.088g。随着处理液浓度升高，幼芽长、茎粗、重量明显降低，C 处理组 450mmol/L 的幼芽长与对照组相比下降了 65.91%，茎粗与对照组相比下降了 22.54%，重量与对照组相比下降了 39.02%，其中幼芽的长度下降最为明显；A、D 处理组 450mmol/L 有一颗种子发芽，但是在生长过程中因为根部枯萎而死亡，这是因为在植物萌发过程中，植物的根受离子毒害和渗透胁迫的作用而出现枯萎。随着 pH 的增大，长度与茎粗下降同样明显，当 pH 9.98 时，海滨锦葵幼芽的生长完全被抑制，出现大量无根畸形苗或死亡苗。

表 8-3　不同胁迫处理下海滨锦葵幼苗生长指标

处理组	浓度（mmol/L）	苗长（cm）	苗粗（mm）	鲜重（g）
CK	0	3.52±0.60	1.42±0.02	0.082±0.015
A	50	2.95±0.89	1.46±0.05	0.088±0.013
	150	2.42±0.58	1.43±0.07	0.080±0.020
	300	1.94±0.69	1.43±0.04	0.078±0.016
	450	0	0	0
B	50	2.48±0.53	1.48±0.02	0.084±0.011
	150	2.00±1.04	1.27±0.26	0.066±0.013
	300	1.52±0.68	1.38±0.03	0.066±0.009
	450	1.40	1.22	0.050
C	50	2.02±0.44	1.46±0.02	0.066±0.009
	150	1.80±0.80	1.46±0.07	0.084±0.021
	300	1.72±0.72	1.39±0.01	0.074±0.011
	450	1.20	1.10	0.050
D	50	1.04±0.31	1.46±0.05	0.072±0.016
	150	1.56±0.27	1.37±0.02	0.058±0.004
	300	1.25±0.07	1.37±0.01	0.06±0.00
	450	0	0	0

注：表中苗长、苗粗、鲜重数据为平均值±标准差；每一组中不同的字母表示在 0.05 水平上差异显著 A、B、C、D 组的平均 pH 分别为 7.06、9.30、9.70、9.98。450mmol/L 浓度下，幼苗仅为一株或死亡，不存在统计学意义，因此没有进行方差分析。

8.3.4　混合盐碱下海滨锦葵种子萌发和根系生长的综合评价

从表 8-4 可以看出，各胁迫因素与萌发参数之间均为负相关，均能抑制海滨锦葵种子的萌发和生长。其中发芽率、发芽势、发芽指数受到 Na+、

SO_4^{2-} 浓度的影响较大，说明海滨锦葵种子萌发主要是受到盐浓度的影响；芽长受到盐浓度的影响较小，受到 pH、CO_3^{2-}、HCO_3^- 的影响相对较大，说明海滨锦葵根系的生长主要是受到碱性条件的限制。

表 8 - 4　混合盐碱条件下海滨锦葵种子萌发盐害系数的相关性

	pH	Na^+	Cl^-	SO_4^{2-}	CO_3^{2-}	HCO_3^-
发芽率	−0.383	−0.823**	−0.637*	−0.790**	−0.559*	−0.559*
发芽势	−0.323	−0.785**	−0.662*	−0.699**	−0.539*	−0.539*
发芽指数	−0.413	−0.892**	−0.684**	−0.821**	−0.571*	−0.571*
芽长	−0.639*	−0.543*	−0.616*	−0.567*	−0.677**	−0.677**

注：* 表示在 $\alpha = 0.05$ 水平上呈显著性相关，** 表示在 $\alpha = 0.01$ 水平上呈极显著性相关。

表 8 - 5 结果显示，隶属函数值排名前几名的都是低盐浓度，说明盐分对种子萌发的影响最大。当盐浓度一定时，海滨锦葵各萌发和芽长的生长参数的隶属函数都随碱含量的升高呈现降低趋势：当 C 处理组 300mmol/L 时，因为盐碱浓度的增加，种子萌发遭到严重的抑制；当盐浓度达到 450mmol/L 时，海滨锦葵种子几乎无萌发迹象，各项隶属函数接近于 0。

表 8 - 5　混合盐碱胁迫下海滨锦葵种子萌发期各指标的隶属函数值

编号	隶属函数值					
	发芽率	发芽势	芽长	发芽指数	合计	排序
CK	1	1	1	1	4	1
A1	0.85	0.73	0.84	0.76	3.18	2
B1	0.93	0.77	0.71	0.66	3.07	3
A2	0.7	0.64	0.49	0.65	2.48	4
B2	0.7	0.68	0.56	0.54	2.47	5
C1	0.7	0.55	0.57	0.62	2.44	6
D1	0.7	0.64	0.30	0.64	2.28	7
C2	0.48	0.59	0.51	0.49	2.07	8
A3	0.48	0.27	0.55	0.41	1.71	9
D2	0.37	0.36	0.44	0.50	1.67	10
C3	0.41	0.32	0.49	0.42	1.60	11
B3	0.37	0.32	0.43	0.33	1.45	12
D3	0.15	0.15	0.41	0.21	0.92	13

(续)

			隶属函数值		
编号	发芽率	发芽势	芽长	发芽指数	合计	排序
A4	0	0	0	0.03	0.03	14
B4	0	0	0	0.02	0.02	15
C4	0	0	0	0.002	0.002	16
D4	0	0	0	0	0	17

8.4 结论与讨论

8.4.1 混合盐碱胁迫对海滨锦葵种子萌发的影响

本次试验使用 NaCl、Na_2SO_4 两种中性盐，Na_2CO_3、$NaHCO_3$ 两种碱性盐对土壤中的盐碱含量进行了不同比例的模拟。结果表明，随着盐浓度的升高，海滨锦葵种子的发芽率、发芽势、发芽指数等参数均随着盐浓度的增加而降低。因为试验采用的是混合胁迫，种子受到不同离子间的相互作用，通过统计学的分析，发现盐浓度是决定海滨锦葵种子发芽的主要因素，碱胁迫的影响较小，其原因可能是高浓度的盐胁迫会破坏种子的吸水和养分吸收过程。细胞膜通透性的增加导致细胞电解质渗漏、种子萌发被阻断（沈季雪等，2016）。每个发芽指标能够从各自不同角度反映出海滨锦葵种子萌发时的耐盐性强弱，但是单个指标存在一定的片面性（田小霞等，2017）。所以，试验还采用隶属函数的方法进行综合评定，前几名均为低盐浓度，说明盐分对种子萌发的影响最大。

海滨锦葵种子萌发在高强盐碱胁迫下遭到严重抑制，但在 pH 7.06 时，盐浓度为 50mmol/L 时，种子发芽率能达到 80.00%，说明海滨锦葵可以在低盐度、低 pH 的盐碱地中正常生长。通过数学模型拟合，海滨锦葵在 NaCl 型盐土、NaCl 型盐碱土、Na_2SO_4 型盐碱土、碱土中的半致死浓度为 229.42、223.24、186.10、153.19mmol/L，致死浓度为 498.38、472.37、481.11、426.86mmol/L，表明海滨锦葵对各类型盐碱土有很强的耐受性，能够在浓度较高的盐碱地生存。

8.4.2 混合盐碱胁迫对海滨锦葵生长的影响

海滨锦葵种子的幼芽长在对照组（蒸馏水）中最大，且长势良好，与每一个混合盐溶液中的幼芽长具有明显的差别。随着混合盐浓度和 pH 的逐渐增加，海滨锦葵幼苗的长度逐渐变小。盐碱胁迫对海滨锦葵种子的芽长抑制作用较大，这是因为植物在萌发过程中，根部是吸收水分和矿物质营养的重要器官，也是受离子毒害和渗透胁迫作用最显著的部位。所以，当盐碱胁迫加剧时，根部逐渐枯萎，其营养物质吸收功能减弱，导致幼芽出现死亡。随着盐浓度的增长，幼苗的鲜重量遭到明显的抑制，呈现降低的趋势。这说明，高浓度盐碱胁迫对海滨锦葵幼苗的生长存在一定抑制作用。

在高浓度碱条件下，pH 9.98 时幼苗出现根系氧化，植株死亡的情况，应该是高浓度 pH 对植物根系形成直接的生物毒害。且根据隶属函数排序也可以看出，盐浓度相同时，海滨锦葵幼苗的生长主要受到 pH 影响。表明海滨锦葵在极端碱环境下不适宜生长，而在较高的碱环境下可以成活，其试验结果也与丁俊男等对桑树种子的研究结果基本一致（丁俊男和迟德富，2014）。

第九章

盐碱胁迫下海滨锦葵的特性变化

9.1 引言

全球约有 7% 的盐碱土地，这些土地盐碱化地区，适宜生长的植物种类较少，农作物不能正常生长，因此土地盐碱化问题成为各国关心的重要问题（王佺珍等，2017）。我国是盐碱地最多的国家，盐碱地面积约有 $9.91×10^7 hm^2$，占可使用土地面积的 4.88%，这严重影响了我国的农业生产及可持续发展（郭金博等，2019）。王林等（2017）研究发现，枸杞（*Lycium chinense* Mill.）和柽柳（*Tamarix chinensis* Lour.）在山西省重度盐碱条件下通过气孔调节维持正常生长。紫花苜蓿（*Medicago* sativa.）在 0.6% 的含盐条件下地上部分枯萎，表现出较强对盐胁迫适应性（王晓春等，2018）。杨春武等（2007）发现，地肤［*Kochia scop - aria*（L.）Schrad.］在 400mmol/L 的盐胁迫或者 480mmol/L 的碱胁迫下会存活一段时间。试验研究表明，种植耐盐碱植物是解决土地盐碱化的途径之一，如苜蓿（*Medicago*）、羊草［*Leymus chinensis*（Trin.）Tzvel.］、碱茅［*Puccinellia distans*（L.）Parl.］、碱蓬（*Sua - eda glauca* Bunge.）及冰草［*Agropyron cristatum*（L.）Gaertn.］5种植物能够有效改良东北盐碱地（李键等，2019）。所以，耐盐碱植物研究对于生态修复、盐碱土地改良和农林事业发展有重要意义（郭树庆等，2018）。

光合作用是植物生长的关键因素，盐碱条件下植物的光合作用会受到一定影响。赵霞等（2013）研究表明，盐碱胁迫下紫花苜蓿的净光合速率、气孔导度和细胞间 CO_2 浓度均下降，而枸杞（张潭等，2017）的变化与此类似。叶绿素荧光参数可以反映植物在盐碱胁迫下光合作用的内部特性变化。金薇薇等（2017）对盐碱条件下高丹草（*Sorghum bicolor* × *S. sudanense*）叶片展开研究，结果表明，随着盐碱浓度的增加，叶片的 Fv/Fm、$\Phi PS\,II$、qP 均呈现下降趋势，表明植株对光能的吸收利用能力降低。

本试验的目的是为了解盐碱条件下海滨锦葵生长特性、光合功能、生理特性及细胞结构等方面的影响，为海滨锦葵在盐碱土改良中的应用奠定理论基础。

9.2　试验材料和方法

9.2.1　试验材料

本试验采用海滨锦葵的种子为试验材料（由南京大学盐生植物实验室提供）。

9.2.2　试验设计

本试验主要是将 NaCl、Na_2SO_4、Na_2CO_3、$NaHCO_3$ 按照不同的比例混合，配置成 15 和 30mmol/kg 两种浓度的 4 种盐碱条件分别为：A 型盐碱土壤为单一 NaCl，B 型盐碱土为 NaCl、Na_2SO_4、Na_2CO_3、$NaHCO_3$＝8：4：1：1，C 型盐碱土为 NaCl、Na_2SO_4、Na_2CO_3、$NaHCO_3$＝4：8：1：1，D 型盐碱土为 Na_2CO_3、$NaHCO_3$＝1：1，以空白为对照，各处理分别记为 15A、15B、15C、15D、30A、30B、30C、30D。

将海滨锦葵的种子用浓硫酸浸泡 30min，清水冲洗干净后用温水浸泡 24h，60%湿沙催芽。待 1/3 的种子露白时，选择均匀饱满的海滨锦葵的种子播种于处理好的栽培土中，每个栽植钵播种 5 粒种子，覆土厚度为 0.5～1.0cm，每个栽培钵含有处理土壤 0.6kg。将栽培钵放置在白色塑料盆（高 12cm、长 54cm、宽 26cm）内，每盆 6 钵，浇水，待水渗透营养钵中的土壤，直至表面湿润。

9.2.3　试验测定方法

9.2.3.1　海滨锦葵的生长指标

待种子出苗 3 个月后，选择有代表性的海滨锦葵幼苗，分别用游标卡尺和直尺测量标记植株的株高和地径。测量完毕后取出样品植株，用自来水慢慢冲洗植株土壤，尽量减少根系损伤，保持植株完整。在清水中慢慢冲洗，将根部土壤清洗干净，注意植物根部，保持植物的完整性。将植物放入烘箱在 80℃烘干至恒重，并用千分之一天平测量其干重。重复测量 5 次。

9.2.3.2　海滨锦葵的光合作用参数

用 Li-6400（美国）便携式光合测定仪测定光合参数。每个处理选择生长强健且位于中上部完好无损的叶片进行测量。测量时选择仪器自带的 6400-02B 型号的 LED 灯提供的红蓝光源，设定光强为 1 200$\mu mol/(m^2 \cdot s)$，CO_2 浓度为 400$\mu mol/L$，记录净光合速率（Pn）、气孔导度（Gs）、胞间 CO_2 浓度（C_i）和蒸腾速率（Tr）。所有测量重复 5 次。

9.2.3.3 海滨锦葵的叶绿素荧光参数

用 YAXIN 1161G 叶绿素荧光仪（北京雅欣理仪科技有限公司）测定海滨锦葵的叶绿素荧光参数。选择生长强壮且位于中上部完好无损的叶片，用叶片夹夹住连体叶片进行 20min 的暗处理，再给予 1 200$\mu mol/(m^2 \cdot s)$ 的光照，测得荧光参数最大光化学效率 Fv/Fm、光化学猝灭系数 qP、初始荧光系数 F_0 和非化学猝灭系数 qN。所有测量重复 5 次。

9.2.3.4 海滨锦葵的抗氧化酶活性测定

（1）过氧化物酶（POD）活性测定 POD 酶活性采用南京建成 POD 试剂盒测定。首先，进行粗酶液的提取：将 0.4g 材料于预冷的研钵中，加入 8mL 预冷的 50mmol/L 磷酸缓冲液（pH7.8），（先加 2mL，在冰浴下研磨成匀浆后，将匀浆转入 10mL 离心管，再用 6mL 冲洗），10 000r/min 离心 15min，取上清液定容至 9mL，然后于 4℃保存于容量为 10mL 的离心管中。上清液即为粗酶液。

POD 酶活性测定：取容量为 10mL 的离心管依次加入试剂一 2.4mL，试剂二应用液 0.3mL，试剂三应用液 0.2mL，样本 0.1mL。在 37℃的恒温水浴锅中准确反应 30min；然后加入试剂四 1.0mL，混匀后，3 500r/min 离心 10min，取上清于波长 420nm 处，1cm 光径比色皿，双蒸水调零，测定测定管 OD 值。另取容量为 10mL 的离心管依次加入试剂一 2.4mL，试剂二应用液 0.3mL，双蒸水 0.2mL，样本 0.1mL。在 37℃的恒温水浴锅中准确反应 30min；然后加入试剂四 1.0mL，混匀后，3 500r/min 离心 10min，取上清于波长 420nm 处，1cm 光径比色皿，双蒸水调零，测定对照管 OD 值。重复 3 次。

POD 酶活力计算公式：

$$POD 活力 [U/(g \cdot min)] = \frac{测定 OD 值 - 对照 OD 值}{12 * 比色光径 (1cm)} \times \frac{反应液总体积 (mL)}{取样量 (mL)}$$
$$\div 反应时间 (30min) \div 匀浆液浓度 (g/mL) \times 1\ 000$$

（2）超氧化物歧化酶（SOD）活性测定 SOD 酶活性采用南京建成 SOD 试剂盒测定。粗酶液提取与 POD 相同。

SOD 酶活性测定：取容量为 10mL 的离心管依次加入试剂一应用液 1.0mL，样品 0.1mL，试剂二 0.1mL，试剂三 0.1mL，试剂四应用液 0.1mL。用旋涡混匀器充分混匀，置 37℃恒温水浴 40min；然后加入显色剂 2mL。混匀，室温放置 10min，于波长 550nm 处，1cm 光径比色皿，双蒸水调零，测定测定管 OD 值测定。对照管是将样品换成双蒸水，按照以上步骤测定对照管 OD 值。重复 3 次。

SOD 酶活力计算公式：

$$SOD 活力（U/g）= \frac{对照 OD 值-测定 OD 值}{对照 OD 值} \div 50\%$$

$$\times \frac{反应液总体积（mL）}{取样量（mL）} \div 匀浆液浓度（g/mL）$$

(3) 过氧化氢酶（CAT）活性测定 CAT 酶活性采用南京建成 CAT 试剂盒测定。首先进行粗酶液的提取：取叶片 0.5～1.0g 置研钵中，加入少量 0.2mol/L 的磷酸缓冲溶液（pH 7.8）研磨，将匀浆转移容量瓶中，用同一缓冲溶液冲洗数次，将冲洗液移至容量瓶中，并定容于 9mL。将溶液置于 4℃条件下静置 10min，然后取上清 4 000r/min 离心 15min，上清液即为 CAT 的粗提液。

CAT 酶活性测定：取容量为 10mL 的离心管依次加入组织匀浆 0.05mL，试剂一 1.0mL，试剂二 0.1mL，混匀，37℃准确反应 1min；然后，依次加入试剂三 1.0mL，试剂四 1.0mL。混匀，取上清液于波长 405nm 处，光径 0.5cm 比色皿，双蒸水调零，测定测定管的 OD 值。另取容量为 10mL 的离心管，依次加入试剂一 1.0mL，试剂二 0.1mL，混匀，37℃准确反应 1min；然后依次加入试剂三 1.0mL，试剂四 1.0mL，组织匀浆 0.05mL。混匀，取上清液于波长 405nm 处，光径 0.5cm 比色皿，双蒸水调零，测定对照管的 OD 值。重复 3 次。

CAT 酶活力计算公式：

$$CAT 活力=（对照 OD 值-测定 OD 值）\times 271（斜率的倒数）$$

$$\times \frac{1}{60\times 取样量（mL）} \div 匀浆液浓度（g/mL）$$

9.2.3.5 海滨锦葵超微切片的制作与观察

当叶片取下之后，迅速浸泡在 4% 的戊醛溶液中，溶液用 0.2mol/L 磷酸缓冲液（pH7.2）配制。然后，用刀片沿着叶片侧脉切取大约宽 1mm、长 2mm 的切片，其中侧脉沿纵向贯穿切片。而且每个处理样包含 6～8 个切片。切片取下后，在 4% 戊二醛固定液中固定 20h。用抽气法让叶片沉入到戊二醛中固定。然后，用 0.1mol/L 磷酸缓冲液清洗样品。清洗过后的样品在 6℃环境下，用 1% 锇酸（0.2mol/L 磷酸缓冲液 pH 7.2 配制）固定 6h。固定后，用 0.1mol/L 磷酸缓冲液清洗样品，然后用丙酮梯度脱水，其中在 30%、50%、70% 与 90% 的丙酮脱水 1 次，最后用 100% 丙酮脱水 2 次，每次 15min。脱水后的样品在丙酮与 Epon812（1：1、1：2，V/V，30min）混合物中渗透，然后在纯 Epon812 中包埋 2h。包埋块在 30℃、40℃的烘箱中各聚合 1d，最后在 60℃ 环境中聚合 3d。然后，对包埋块进行修块，利用 LKB-V 型超薄切片机（LKB 公司，瑞典），采用半薄切片方法进行定位。然后，对样品进行超薄切片，采用醋酸铀、柠檬酸铅进行双染色。最后，利用 HITACHI H-600 透射电子显微镜（日立公司，日本）拍片。

9.2.4　数据分析

用 Excel 2016 数据分析软件进行试验数据处理，采用 SPSS21.0 进行方差分析。当 $p < 0.05$，方差分析为差异显著；当 $p > 0.05$ 时，方差分析差异不显著。

9.3　结果与分析

9.3.1　盐碱胁迫下海滨锦葵的生长

本试验中，盐碱胁迫对植株地径的生长影响不明显（图 9-1a）。15mmol/kg 浓度下，B 型土植株生长受到促进，C 型植株生长受到抑制，与对照植株的差异分别为 31.39% 和 0.73%。30mmol/kg 浓度下，抑制效果明显，其中 C 型植株抑制最显著（$p < 0.05$），达到 23.73%。

就株高而言，15mmol/kg 的浓度下，植株生长均受到促进，其中 B 型盐碱土植株促进最显著（$p < 0.05$），达到 31.39%（图 9-1b）。随着浓度的增加，B 型盐碱土植株增加幅度最大，C 型盐碱土植株受到抑制最明显，分别达到对照值的 29.20% 和 23.73%。

就干物质变化而言，在两种浓度下，A 型盐碱土植株均高于对照（图 9-1c），分别为 0.32% 和 0.16%；D 型盐碱土下植株干物质积累受到抑制，分别低于对照 1.02% 和 1.16%，但是均与对照值差异不显著（$p > 0.05$），说明海滨锦葵的耐盐碱性较强。

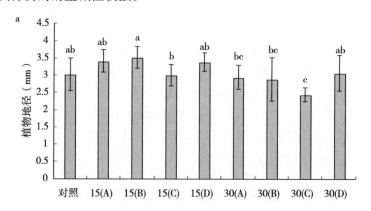

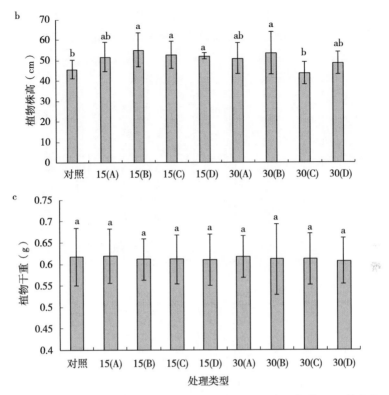

图 9-1　不同处理下海滨锦葵的地径（a）、株高（b）和干物质（c）的变化

9.3.2　盐碱胁迫下海滨锦葵的光合作用参数的变化

就净光合速率而言，在 15mmol/kg 浓度下，C 型盐碱土植株增加幅度最大（图 9-2a），而 D 型出现下降，差异分别为对照的 40.46% 和 4.83%。30mmol/kg 浓度下，植株净光合速率呈现下降趋势，其中 A 型盐碱土植株下降幅度最大，为对照值的 43.9%，但两者之间差异不显著（$p > 0.05$）。

在 15mmol/kg 盐碱处理下，与对照相比较，只有 C 型盐碱土植株的细胞间 CO_2 浓度降低了 0.84%，而 B 型盐碱土植株增加最明显，达到 25.12%。随着处理浓度进一步增加，植株细胞间 CO_2 浓度均低于对照（图 9-2b），A 型盐碱土植株降低幅度最大，为 45.25%；随着盐碱浓度增加，植株细胞间 CO_2 浓度呈现下降趋势，其中 B 型植株相比低浓度植株降低最明显，达到 43.97%，但差异不显著（$p > 0.05$）。

本试验中，胁迫植株气孔导度的变化不显著（$p > 0.05$）（图 9-2c）。在 15mmol/kg 浓度下，B 型盐碱土植株增加幅度最大，C 型盐碱土植株降低明显，分为对照值 4.83% 和 25.12%。与 15mmol/kg 相比较，30mmol/kg 浓度下气孔导度均不同程度下降，其中 A 型盐植株下降最明显，达到低浓度植株的 45.25%。

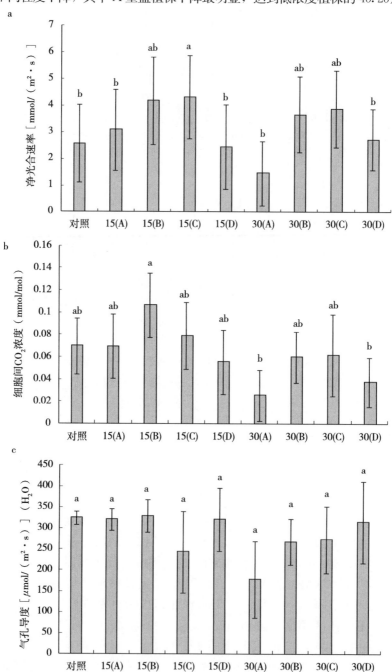

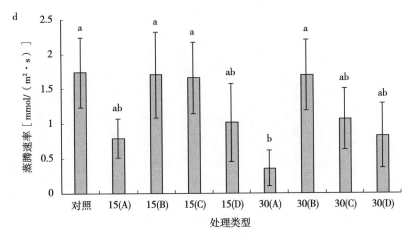

图 9-2 不同处理下海滨锦葵净光合速率（a）、细胞间 CO_2 浓度（b）、
气孔导度（c）、蒸腾速率（d）的变化

与正常植株相比，两种浓度下的蒸腾速率均下降，其中 A 型盐碱土植株下降幅度最大，分别为 54.25％和 79.42％。且随着浓度增加，4 种处理下的蒸腾速率有下降的趋势，其中 30mmol/kg A 型相比低浓度植株下降最明显（图 9-2d），差异达到低浓度植株的 55.02％，两者差异显著（$p < 0.05$）。

9.3.3　盐碱胁迫下海滨锦葵的叶绿素荧光参数的变化

与对照相比较，15mmol/kg 浓度下，A 型土壤植株最大光化学效率增加了 1.27％；其他处理均降低，其中 B 型盐碱土植株降低幅度最大，达到 8.35％，差异显著（$p < 0.05$）。在 30mmol/kg 浓度下，C 型盐碱土植株下降最明显，达到对照值的 13.67％，两者差异显著（$p < 0.05$）（图 9-3a）。

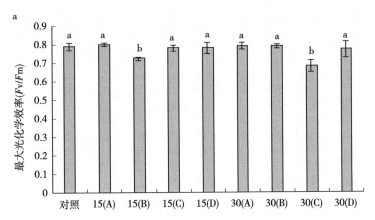

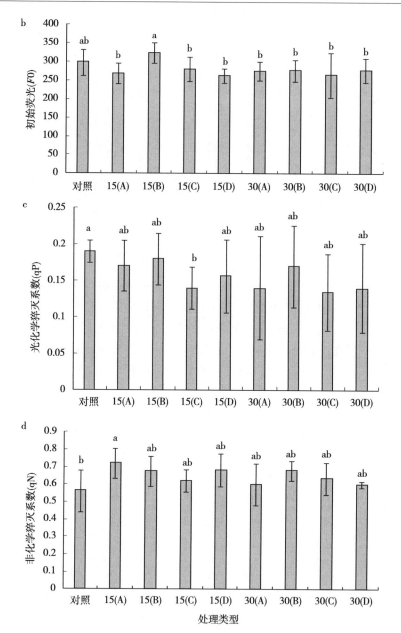

图 9-3 不同处理下海滨锦葵的最大光化学效率（a）、初始荧光（b）、
化学猝灭系数（c）、非化学猝灭系数（d）的变化

盐碱条件下，海滨锦葵的初始荧光系数呈现下降规律，但变化不显著（$p>$
0.05）（图 9-3b）。与对照相比较，除了 15mmol/kg B 型升高 8.60％外，其他

处理均下降，其中以 15mmol/kg D 型和 30mmol/kg C 型下降幅度最大，分别低于对照值 11.90％和 11.30％。

在本试验中，海滨锦葵植株化学猝灭系数变化较明显。与正对照相比，在两种浓度胁迫植株的 qP 均降低，C 型盐碱土植株下降幅度最大，分别达到对照值的 26.31％和 31.57％；且随着浓度的增加，各处理呈现下降趋势（图 9-3c）。

就非化学猝灭系数而言，与对照相比较，15mmol/kg 植株呈上升趋势，其中 A 型植株上升最大，达到 28.57％。与 15mmol/kg 浓度相比较，30mmol/kg 条件下，胁迫植株的 qN 值呈下降趋势，其中 A 型植株降低20.00％（图 9-3d）。

9.3.4 盐碱胁迫下海滨锦葵的抗氧化酶活性变化

从图 9-4a 中可以看出，在盐碱胁迫下海滨锦葵 POD 酶活性增强。在15mmol/kg 浓度下，A、B、C、D 型盐碱土植株 POD 酶活性比对照略增强，其中 C 型盐碱土植株的酶活性上升幅度最大，比对照高 12.8％。在 30mmol/kg浓度下，A、B、C、D 型盐碱土植株酶活性明显增强，显著高于对照（$p <$0.05），其中 D 型植株酶活性上升幅度最大，高于对照 47.2％。

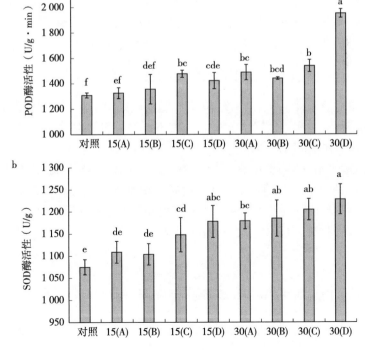

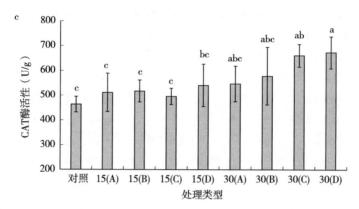

图 9-4　不同盐碱处理下海滨锦葵 POD（a）、SOD（b）、CAT（c）酶活性

从图 9-4b 中可看出，随着盐碱浓度增加，海滨锦葵 SOD 酶活性酶活性逐步增强。在 15mmol/kg 浓度下，D 型盐碱土植株的酶活性最高，高于对照植株 9.6%。在 30mmol/kg 浓度下，D 型盐碱土植株酶活性最强，高于对照值 14.2%；A 型盐碱土植株酶活性增量最低，比对照值高 9.7%，但均显著高于对照（$p < 0.05$）。

从图 9-4c 中可看出，在 15mmol/kg 浓度下，A、B、C、D 酶的活性略高于对照植株，其中 D 型盐碱土植株酶活性最高，高于对照值 16.6%。在 30mmol/kg 浓度下，A、B、C、D 型植株 CAT 活性进一步增强，其中 D 型植株活性增量最高，高于对照植株 45.1%，显著高于对照（$p < 0.05$）。

9.3.5　盐碱胁迫下海滨锦葵的细胞器超微结构变化

在空白对照条件下，海滨锦葵叶肉细胞超微结构正常，叶绿体形态结构正常，呈现梭状；类囊体片层正常平行、整齐排列；叶绿体中含有少量的淀粉粒、脂质球（图 9-5a）。

在盐碱胁迫下，海滨锦葵叶肉细胞叶绿体能够保持基本形态。在 15mmol/kg 浓度下，A、B、C、D 型盐碱土植株部分叶绿体出现轻微肿胀现象，但类囊体片层排列基本正常，没有其他异常变化；叶绿体中淀粉粒、脂质球数量增多（图 9-5b、c、d、e，箭头所指示的方向）。

在 30mmol/kg 浓度下，A、B、C、D 型盐碱土植株叶绿体肿胀进一步明显，类囊体片层排列发生紊乱的现象，且有扩张现象（图 9-5f、g、h、i，箭头所指示的方向）；叶绿体中的淀粉粒、脂质球数目变多，尤其是淀粉粒的体积变大。

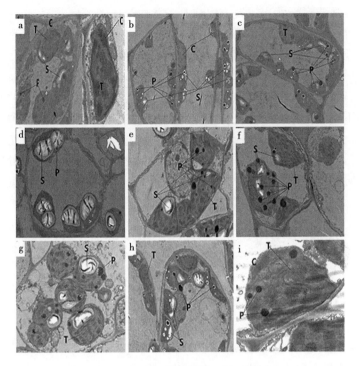

图 9-5　海滨锦葵叶肉细胞超微结构

a. 对照条件下叶肉细胞超微结构图片　b、c、d、e. 15mmol/kg 浓度 A、B、C、D 型盐碱土植株叶肉细胞超微结构　f、g、h、i. 30mmol/kg 浓度 A、B、C、D 型盐碱土植株叶肉细胞超微结构　C. 叶绿体　P. 脂质球　S. 淀粉粒　T. 类囊体片层

9.4　结论与讨论

9.4.1　盐碱胁迫对海滨锦葵生长特性的影响

　　植物生长特性的变化可以作为植株的抗盐碱能力及受盐碱伤害程度的指标（王康等，2015）。通过对株高和地径分析可以看出，当盐碱胁迫浓度升高时，植株地径生长量有降低的趋势，但是降低的效果不显著，且低浓度盐碱处理对植株地茎、苗高有一定促进效果；在干物质积累上，单一 NaCl 的土壤中增加，在碱性条件下虽然下降，但是各处理间变化不显著。在盐碱胁迫下，植株根系最早感受到逆境胁迫的信号，并受到相应胁迫损伤，导致根系渗透压加大及水分外流，影响根系生长及养分的吸收，导致生长发育受阻（韩冰，2011）。在本试验中，海滨锦葵生长受到一定的影响，但不明显，表明海滨锦葵对盐碱

胁迫具有较强的耐受性和较大的盐碱土修复潜力。

王康等（2015）研究表明，0.5％～1.5％的盐度条件会促进海滨锦葵地上部分的生长，这与本试验结果相似，可能是低浓度 Na^+ 作为营养元素促进了植株干物质累积。党瑞红等（2008）研究可知，盐胁迫下海滨锦葵能够保持正常生长，是因为它的根、茎和叶具备拒 Na^+ 和 Cl^- 作用，且在细胞内形成区隔化。抗碱不同于抗盐的机制，碱胁迫产生的危害更为严重，机制更复杂，会干扰 Na^+ 和 K^+ 的吸收和代谢、影响矿质元素的游离度、形成营养胁迫等（刘奕等，2018）。因此，海滨锦葵具有优良的抗盐碱特性，在低浓度下可以促进株高生长，对碱胁迫敏感，且碱胁迫伤害大于盐胁迫，并在本次试验中得到验证。

9.4.2　盐碱胁迫对海滨锦葵光合作用的影响

植物的光合系统通常是逆境伤害的首要位点，所以光合作用可以作为植物抗逆性的指标之一（钟时伟，2018）。在 15mmol/kg 的处理中，4 种处理的净光合速率大于对照，说明低盐碱浓度会促进海滨锦葵的光合速率，具有良好的抗盐碱特性。随着盐碱浓度的增加，净光合速率呈现下降趋势。研究表明，导致植物叶片光合速率下降的原因有两种：一是气孔限制，二是非气孔限制（高冠农等，2018）。在盐碱胁迫下，甜高粱（$Sorghum\ dochna$）Pn 随着 Gs、C_i 同时下降，主要为气孔限制；随后，Pn 随 Gs 下降，但 C_i 上升，则为非限制性气孔因素（冯国郡等，2014）。本试验中，海滨锦葵的 Pn、Gs 下降时，C_i 也随之降低。所以，盐碱胁迫下海滨锦葵光合速率下降的主要原因是气孔限制因素，这也与赵霞等（2013）对紫花苜蓿在盐碱胁迫下的研究结论一致。

9.4.3　盐碱胁迫对海滨锦葵叶绿素荧光特性的影响

通过对叶绿素荧光特性的研究，可以了解海滨锦葵在盐碱条件下的光合系统情况。初始荧光 F_0 与叶绿素含量有关，其值升高，表明 PSⅡ反应中心发生失活或者受到破坏（徐兴等，2004）。在盐碱胁迫下，海滨锦葵的 F_0 值降低，与对照植株差异不显著（$p > 0.05$），表明海滨锦葵光合系统Ⅱ反应中心没有受到破坏或失活，表明海滨锦葵对盐碱胁迫的强耐受性。同时，海滨锦葵胁迫植株的最大光能转换效率 Fv/Fm 和光化学猝灭系数 qP 呈降低的趋势，但绝大多数与正常植株差异不显著（$p > 0.05$），表明海滨锦葵没有发生严重的光抑制及光能转化受阻现象，但 PSⅡ反应中心开放程度降低（Zhou 等，2017）。在逆境下，植株非光化学猝灭系数 qN 上升，表明 PSⅡ过多的激化能以热形式耗散，以此来维护 PSⅡ的稳定，这与叶黄素循环途径密切相关（周建等，

2009）。在本试验中，qN 上升，表明过多激化能的热耗散应该是海滨锦葵应对盐碱胁迫的一种自我保护机制。

9.4.4 盐碱胁迫对海滨锦葵抗氧化物酶活性的影响

在逆境下，植物体内产生大量活性氧，从而对植物细胞产生生物毒害，影响正常的细胞功能。抗氧化酶活性是植物应对环境胁迫的重要途径，具有维持活性氧代谢平衡、维持细胞的正常生理代谢（李璇，2010）。植物体内存在SOD、POD 和 CAT 能够清除体内活性氧、保护膜结构，使植物具有抵抗逆境胁迫的能力（张艳，2007），其保护能力在一定范围内可随着胁迫程度增强而增强。在本试验中，海滨锦葵 CAT、POD、SOD 酶活性随着盐碱浓度增加而逐步上升。这表明，随着盐碱浓度上升，海滨锦葵所面临的活性氧生物毒害会逐步严重，在其保护范围内，通过增强 CAT 等抗氧化酶的协同作用，共同抵御盐碱胁迫，降低胁迫植株的生物毒害。此外，在 15、30mmol/kg 浓度下，D 型盐碱土植株的抗氧化酶活性高于其他 3 种盐碱土植株，表明 D 型盐碱土植株中活性氧压力最大，碱胁迫对海滨锦葵的危害大于盐或盐碱胁迫，这与生长指标表现一致。

9.4.5 海滨锦葵叶肉细胞超微结构对盐碱胁迫的适应性

在植物细胞超微结构中研究最多的细胞器之一是叶绿体，被认为在逆境环境下反应最灵敏（冯建灿等，2005）。在较高浓度盐碱胁迫下，海滨锦葵细胞中部分叶绿体已经出现变形、肿胀，开始出现扭曲变形；在叶绿体中的类囊体片层排列发生紊乱且有扩张的现象，与盐碱胁迫下大豆［*Glycine max* (Linn.) Merr.］幼苗叶绿体表现相似（祁雪等，2014），也表明叶绿体受到盐碱胁迫的危害，直接影响或改变了其亚细胞结构。随着盐碱胁迫的增强，海滨锦葵叶绿体中淀粉粒、脂质球数量增加，与盐胁迫下小花碱茅草（*Puccinellia tenuiflora*）细胞超微结构表现一致（杨春雪等，2008）。在环境胁迫下，淀粉粒和脂质球增加，既能够缓解逆境下细胞能量供应的短缺，又保证细胞代谢的能量需求；作为可溶性物质，能够提高细胞的渗透压，从而维护细胞结构的稳定（杨春雪等，2008）。因此，淀粉粒和脂质球数量的增加应该是自我保护机制之一。

第十章

菌根菌对盐碱胁迫下海滨锦葵及土壤特性的影响

10.1 引言

在当今世界，人为影响以及自然原因使土壤盐渍化现象越来越严重，土壤盐渍化已演变成农业中的难题（Galvan - Ampudia 和 Testerink，2011）。我国土壤盐渍化尤其严重，多分布在东北、华北平原，西北干旱地区、半干旱地区，以及东南沿海地区。根据土壤的类型和气候条件，盐渍化土地在我国可分为滨海盐渍区、黄淮海平原盐渍区、荒漠及荒漠草原盐渍区、草原盐渍区等四大类型。土壤盐分对作物的不利因素主要存在于离子毒害作物、离子的渗透胁迫（Zhu，2002）。

在盐渍化土地中，高盐度土壤抑制了植物的生长，从而使环境条件发生退化（王卫星等，2015）。盐渍化土壤在我国占地面积很大，如果通过人为措施将盐碱土加以改良，则会形成巨大的社会、经济与生态效益。现有的改进方法中包括种植耐盐植物、灌溉排水、添加改良剂等（王洪义等，2013）。客土和灌溉等技术措施由于投资较高而不能得到广泛的应用，而种植耐盐植物则对盐碱土的改良起到了很好的效果，例如，星星草（张恒，2012）、羊草（Jin 等，2006）、毛红柳（Wang 等，2014）、碱蓬（任淑梅，2016）及小藜（张亚楠等，2011）等。任淑梅等（2016）研究表明，在种植耐盐植物碱蓬后盐碱土中盐分含量逐渐降低，且在含盐量高的土壤中更显著。张亚楠等（2011）发现，小藜不但可以作为一种很好的绿化植物，而且可以修复盐碱性土壤，降低土壤pH。此外，微生物菌剂改良盐碱化土壤已成为研究热点（吴晓卫，2015），通过培育耐盐碱植物提高植物耐盐性，再加上微生物与植物之间的共生关系，则成为新的研究亮点。

丛枝菌根真菌（Arbuscular mycorrhizal fungi，AMF）是有益微生物，在土壤中分布范围广，可感染80％以上的陆地植物。它不仅能增强植物对多种生物胁迫和非生物胁迫（如干旱）的抵抗力，而且可以维持土壤生态系统的稳定性（刘润进和陈应龙，2007）。AM下可以与植物的根部结合形成一种共生体，调节体内营养，提高植物抗逆性（刘润进和陈应龙，2007），还可以加快宿主植物对土壤中营养元素，特别是氮、磷的吸收，优化水分的吸收利用，增强碳水化合物的代谢，加快光合速率。研究人员发现，AM下可增强茶树（柳洁等，2014）、棉花（冯固和张福锁，2003）等植物的盐碱耐受性，保证植物在逆境下良好生长。Allen（1982）研究发现，菌丝能加速寄主的水分吸收和运输，从而促进了植株根系的生长与发育。

本试验以海滨锦葵为研究材料，在盐碱土中添加菌根菌剂，了解菌根菌剂对盐碱条件下海滨锦葵幼苗生长、钠离子富集与转运、根系发育、根系浸染及盐碱土特性的影响，初步探索菌根菌剂对海滨锦葵盐碱胁迫损伤的缓解效应，以及对盐碱土特性的改良效果，为海滨锦葵在盐碱地推广奠定理论基础。

10.2 试验材料和方法

10.2.1 试验材料

海滨锦葵种子（由南京大学盐生植物实验室提供）。AM菌剂为幼套球囊霉（*Glomus etunicatum*，HB07A）、摩西球囊霉（*Glomus mosseae*，NM03D）（购于北京市农林科学院）。

10.2.2 试验设计

将4种盐NaCl、Na_2CO_3、$NaHCO_3$、$NaSO_4$和两种不同的菌剂（HB和NM）按照不同的比例混合，设置A、B、C、D 4种不同盐碱土。A类为单一NaCl处理，B类为NaCl、$NaSO_4$、Na_2CO_3、$NaHCO_3$＝8：4：1：1，C类为NaCl、$NaSO_4$、Na_2CO_3、$NaHCO_3$＝4、8：1：1，D类为Na_2CO_3、$NaHCO_3$＝1：1，浓度为30mmol/kg。在A、B、C、D类型土壤分别添加NM菌、HB菌及两者混施（菌剂添加量为160g/kg，混合菌则按1：1比例添加），以普通园土为正对照，不添加菌剂的四类盐碱土为负对照。将配置好的土壤置入栽培钵中（口径12cm、高11cm），栽培钵放入白色塑料盘（长54cm、宽26cm、高12cm）内，每个白色塑料盆内放置6个小盆栽培钵。

在单一的盐碱土特性改良测试中，对配置的盐碱土中加入HB＋NM混合菌剂，以正常园土为正对照，不添加 HB＋NM 菌剂的盐碱土为负对照。

选取均匀饱满海滨锦葵种子用浓硫酸浸泡 30min，清水冲洗后温水浸泡 24h，随后用湿毛巾覆盖催芽，种子平摊到湿毛巾中。待 1/3 的种子露白约 1mm 时，播种于处理好的土壤，覆土厚度 0.5～1.0cm，每个栽培钵播种 5 粒种子。随后浇足水。

10.2.3　指标测定

10.2.3.1　萌发与生长指标测定

在种子萌发过程中，及时统计种子发芽数量，计算发芽率：

$$发芽率＝发芽种子数/播种种子数×100\%。$$

当种子出苗 12 周后，选择具有代表性植株，用游标卡尺和直尺测量出海滨锦葵幼苗的地径粗度及苗高。取出植株，用自来水缓慢冲洗植株根系，尽量减少根系损伤；随后冲洗植株地上部分，再用滤纸吸取幼苗多余的水分。将海滨锦葵根、茎、叶用剪刀剪切，并分开放于培养皿中，置于烘箱中于 80℃ 环境下烘干 8h。在分析天平上分别称量幼苗干重，存放于自封袋中，每次测量重复 3 次。

10.2.3.2　植物组织钠离子指标

（1）钠离子含量测定　取幼苗烘干样品（茎、叶、根）0.2g，放于研钵中，充分研磨后置于消解罐中。在消解罐中加 7mL 浓硝酸（HNO_3）、2mL 双氧水（H_2O_2）和 2mL 高氯酸（$HClO_4$），将消解罐置于消解仪中（165℃ 5w）消解 30min，直到溶液澄清、无杂质为止。随后，将消解完全的溶液转移至聚四氯乙烯烧杯，在电热板上 170℃ 恒温赶酸，除去其中的氯气，赶酸至近干，直至黄豆粒大小为止。然后，使用 0.2% 硝酸将消解液转移至 25mL 容量瓶，并定容，保存在 50mL 离心管中。用 Optima 2100 DV 电感耦合等离子体发射光谱仪测定样品中的钠离子含量，每次测量重复 3 次。

（2）钠离子转运系数　植物对土壤中 Na^+ 的吸收主要是从土壤进入根部，然后从地下部分向植物的地上部分转运。

$$离子转运系数＝（上部位置离子含量）/（下部位置离子含量）。$$

10.2.3.3　根系指标

（1）根系活力测定　使用 2，3，5-三苯基氯化四氮唑法进行测定（张志良和翟伟菁，2003），但有一些变化。称重 1～2g 根样品，将其浸入 10mL 等体积的含有 0.4%TTC 和 66mmol/L 磷酸盐缓冲液（pH 7.0）的等体积混合物的烧杯中，并在 37℃ 条件下保持 3h。加入硫酸 2mL 以终止反应。取出根系吸干水分，在研钵中用 3～5mL 乙酸乙酯和少量石英砂充分研磨，将红色残留物和液体转移到 10mL 离心管中，然后用少量乙酸乙酯冲洗。将残渣洗涤 2～3 次，转移到离心管中，以 4 300r/min 的速度离心 5min，取上清液。最后，在比色皿中添加乙酸乙酯并使用光度计 485nm。颜色在纳米级进行比较，并在空白测试中作为参考 OD 值读取（首先添加硫酸，再添加根样品），然后检查标准曲线，以获得还原量。每一组重复 3 次。

根系活力计算公式如下：

TTC 还原强度 $[mg/(g \cdot h)]=$TTC 质量×1 000/根系质量×时间

标准曲线的制备：分别取 5mL 浓度为 0、0.005%、0.01%、0.02%、0.03%、0.04% 的 TTC 溶液，并将其分别放在带刻度的试管中，5mL 乙酸乙酯和少量 $Na_2S_2O_4$ 中。取约 2mg，以匹配每个试管中的量，充分振动后，产生红色液体，转移到乙酸乙酯层，并在分离有色液体层后，加入 5mL 乙酸。补充乙酸乙酯，摇匀，静置分层，取乙酸乙酯溶液，以空白柱为参照，用 485nm 分光光度计测量每种溶液的 OD 值。如果使用浓度坐标和 OD 值作为纵坐标绘制标准曲线，则可以获得 TTC 还原量。

(2) 根系发育指标检测　用 Epson Expression 11000XL 根系扫描仪（北京，北京立思辰数字技术有限公司）进行根系扫描观察。将彻底清洗过的根系放入根盘中，倒入蒸馏水直至根系完全浸没，用玻璃棒将根系轻轻撒下，用背景板覆盖，打开扫描仪，然后扫描根系。扫描完成后，采用（WinRHIZO Pro 2007）软件分析扫描图片，测定海滨锦葵根系发育指标。每组重复 3 次。

(3) 根系菌根侵染观测　采用酸性品红染色方法（汪茜等，2015）进行染色。取完整的根系，用自来水冲洗干净，滤纸吸干水分。将根系切成长 3～5cm，加 10% KOH 溶液完全浸泡根系，在 90℃ 条件下保持 5min。倒去 KOH 溶液，用自来水冲洗 3 次，加入 5% HCl 溶液，静置 5min。倒去 HCl 溶液，用自来水冲洗 3 次，加入 0.01% 酸性品红，在 90℃ 条件下染色 5min，添加 2～3 滴乳酸以滴落在根系上，并使根系脱色，放置于载玻片上。将载玻片拿到电子显微镜进行镜检。每组重复 3 次。

10.2.3.4　盐碱土指标

出苗生长 12 周后，将土壤从钵中取出，将钵土表面的杂质刮除。用铲刀沿着钵土的四周有序地将其表土刮除，将海滨锦葵的须根系清理干净，刮除至 1/3 心土时，将心土与须根分离开，用镊子夹出心土中残存须根系。随后将心土放入烘箱中，80℃ 烘干 10h，直至土壤完全干燥。用研钵将烘干心土研碎，接着用 2mm 孔径的筛子过筛，去除心土中的大粒杂质。将筛好的心土放入防潮的袋中密封，做好标记待用。

(1) 土壤 Na^+ 含量测定　将 0.1g 土样放入 PCE 消解罐中，依次添加硝酸、氢氟酸、高氯酸各 8mL、5mL、3mL，匀浆后密封，放入消解仪器内，进行消解。消解完成后，消化液透明，无杂质。待消化容器冷却后，将消化液转移至 50mL 聚四氯乙烯烧杯中，在电热板 170℃ 条件下将酸驱赶至接近干燥后，在其中加入 2mL 0.2％硝酸，摇匀定容后，移入 50mL 离心管。采用 Optima 2100DV 电感耦合等离子体原子发射光谱法测定钠离子总量。

(2) 土壤 pH 的测定 用电位法测定土壤 pH，取 10g 经 2mm 筛网处理的 A30 土样，加 25mL 蒸馏水，搅拌 1min 后，放置 0.5h 左右进行，将电极插入土样液中，待稳定记录其 pH。

(3) 酸性磷酸酶活性测定 土壤酸性磷酸酶（soil acid phosphatase，S－ACP）活性采用试剂盒（苏州，苏州科铭生物技术有限公司）测定。

称取 0.1g 干土样，加 50μL 甲苯，摇匀，室中静置 15min；加试剂一 0.4mL，放入 37℃ 恒温箱中催化 24h 后，立即加入 1mL 试剂二混匀，以停止酶促反应。然后在 25℃ 条件下离心 8 000g，离心 10min，取上清液检测。

取玻璃比色皿 1mL，在其中依次加入蒸馏水、试剂三、试剂四各 50μL、100μL、20μL 混匀，显色再次加入 830μL 蒸馏水，混匀，置 25℃ 下 0.5h，调整分光光度计于 660nm 波长下，测定吸光度，记录为 A 空白管。接着 A 标准管在其中加入标准溶液 50μL，试剂三、试剂四加量相同，用同样的方法进行处理。A 测定管在其中加入上清液 50μL 后，用同上的方法进行操作处理。

按照如下公式计算土壤酸性磷酸酶活性：

$$S-ACP\ [nmol/(d \cdot g)] = \frac{C\ 标准液 \times (A\ 测定管 - A\ 空白管)}{(A\ 标准管 - A\ 空白管)} \times V_{总} \div$$

$$W \div T = 725 \times \frac{(A\ 测定管 - A\ 空白管)}{(A\ 标准管 - A\ 空白管)} \div W$$

式中，C 为标准液体积；$V_{总}$ 为催化体系总体积；W 为土壤样品质量；T 为催化反应时间。

(4) 土壤脲酶活性测定 土壤脲酶（Solid‐Urease，S‐UE）活性采用试剂盒（苏州，苏州科铭生物技术有限公司）测定。

取 0.25g 干土样，加试剂一 125μL，对照管同样按此操作。然后摇匀，放置 15min，测定管加试剂二、试剂三各 625、1 250μL。对照管加蒸馏水和试剂三各 625、1 250μL。然后水浴培养 24h，7 500g 离心 10min。上清液稀释 10 倍后，取 0.1mL，加蒸馏水 0.9mL。将 400μL 稀释后的上清液加入测定管，用同一方法加入 80μL 试剂四和 60μL 试剂五于对照管，混匀，放置 20min。向测定管和对照管中加入蒸馏水 460μL，匀浆后，蒸馏水 578nm 调零，测其数值。

按照以下公式计算土壤脲酶活性：

$$S-UE 活力=[\mu g/(g \cdot d)]=\frac{(\triangle A-0.037\ 3)\times 10\times V_{反总}}{0.091\ 5}\div$$

$$W\div T=874\times(\triangle A-0.037\ 3)$$

式中，T 为反应时间；$V_{反总}$ 为反应体系总体积；W 为样本质量；$\triangle A$ 为吸光值。

10.2.4　相关的数据处理与分析

利用 Microsoft Excel 2010 软件对数据进行分析和制图，并用 SPSS21.0 在 $\alpha=0.05$ 下进行方差分析。

10.3　结果与分析

10.3.1　AM 菌剂对盐碱胁迫下海滨锦葵萌发与生长特性的影响

在本试验中，菌根菌对盐碱胁迫下海滨锦葵植株的株高、地径和干重都有不同程度的提高。

在图 10-1a 可以看出，在 A 类盐碱土中，NM 菌对海滨锦葵萌芽率影响最显著，其发芽率高于相应负对照 13.33%，低于正对照 39.97%；HB 菌对萌发率影响最小，仅高于相应负对照 8.99%。在 B 类盐碱条件下，AM 菌剂对发芽率影响不显著，其中加 NM 菌对海滨锦葵发芽率促进最大，仅比负对照高 3.31%。在 C 类盐碱土下，添加 NM 菌剂、混合添加菌剂对种子发芽率促进均比较明显，分别高于各自负对照 13.30%、53.40%。在 D 类盐碱土中，添加混合菌剂对萌芽率影响最大，高于负对照 53.40%；而 NM 菌影响最小，仅高于相应负对照 13.40%。

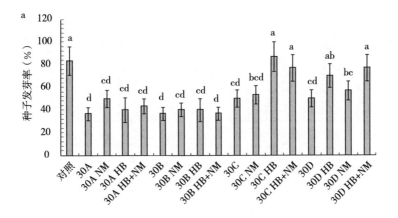

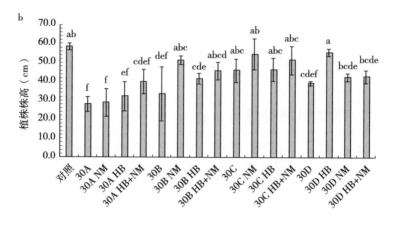

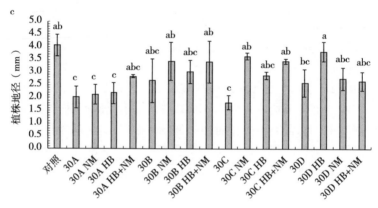

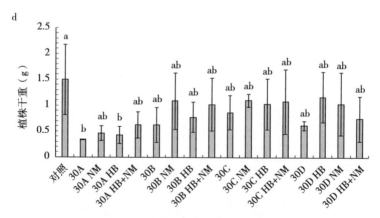

图 10-1　菌根菌剂对盐碱胁迫下海滨锦葵生长特性的影响

a. 发芽率　b. 株高　c. 地径　d. 干重

相同盐碱条件下，菌根菌剂对植株株高影响也比较明显。由图 10-1b 可以看出，在 A 类盐碱土中，混合添加菌剂对植株株高促进比较明显，高于相应负对照 42.85%；在 B 类盐碱土中，添加 NM 菌剂、混合添加菌剂对海滨锦葵株高促进均比较明显，分别高于相应负对照 53.14%、36.72%；在 C 类盐碱土中，添加 NM 菌剂、混合添加菌剂均促进了海滨锦葵株高，并分别高于相应负对照 18.77%、11.96%；在 D 类盐碱土中，HB 菌对海滨锦葵株高影响最显著，高于相应负对照 41.76%（$p<0.05$）。

在图 10-1c 中，A 类盐碱土中，混合添加菌剂对植株地径促进比较明显，高于相应负对照 40.00%；B 类盐碱土中，添加 NM 菌剂、混合添加菌剂均促进了海滨锦葵的地径，两者均高于相应负对照 20.58%；C 类盐碱土中，添加 NM 菌剂、混合添加菌剂均明显促进了地径，并分别高于相应负对照 100.00%、88.88%（$p<0.05$）；D 类盐碱土中，HB 菌对地径促进最明显，高于其相应负对照 46.15%。

由图 10-1d 可以看出，A 类盐碱土中，混合添加菌剂对促进干重效果好，高于其相应负对照 87.33%，低于相应正对照 135.37%（$p<0.05$）；B 类盐碱土中，添加 NM 菌剂、混合添加菌剂均对植株干重促进比较明显，分别高于其相应负对照 72.15%、64.59%（$p<0.05$），分别低于相应正对照 27.42%、31.54%；C 类盐碱土中，添加 NM 菌剂、混合添加菌剂也均对植株干重促进较明显，分别高于相应负对照 27.42%、24.41%，分别低于其相应正对照 26.58%、28.18%；D 类盐碱土中，添加 HB 菌剂对干重的促进效果最明显，高于其相应负对照 91.26%（$p<0.05$），低于正对照 20.41%。

10.3.2　AM 菌剂对盐碱胁迫下海滨锦葵钠离子特性的影响

10.3.2.1　对组织钠离子富集的影响

从图 10-2a 可以看出，菌根菌对根离子浓度影响比较明显。在 A 类盐碱土中，添加菌剂植株的钠离子浓度均高于负对照，其中添加 NM 菌剂最高，高于其对应负对照 44.64%（$p<0.05$）；在 B 类盐碱土中，添加混合菌剂抑制钠离子含量比较明显，低于其相应负对照 45.78%（$p<0.05$）；在 C 类盐碱土中，添加菌剂的钠离子含量均有所上升，但添加 NM 菌剂和混合菌剂的上升并不明显，分别高于其相应负对照 9.75%、13.51%；在 D 类盐碱土中，添加 HB 菌剂抑制了钠离子的含量，低于其相应负对照 3.22%。

从图 10-2b 可以看出，A 类盐碱土中，添加 NM 菌剂、HB 菌剂对植株抑制钠离子吸收比较明显，分别低于其相应负对照 29.44%、29.76%；B 类盐碱土中，添加 NM 菌剂、混合添加菌剂均明显抑制了钠离子的富集，分别

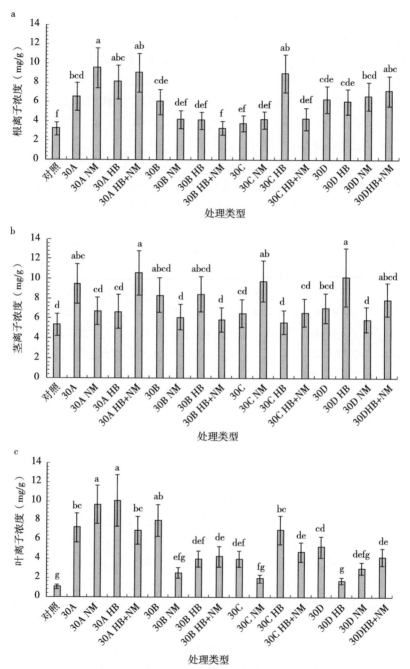

图 10-2　菌根菌剂对盐碱胁迫下海滨锦葵钠离子富集效应的影响

a. 叶离子浓度　b. 茎离子浓度　c. 根离子浓度

低于其相应负对照 26.77％、29.93％；C 类盐碱土中，添加 HB 菌剂明显抑制了钠离子含量，低于其相应负对照 13.84％；D 类盐碱土中，添加 NM 菌剂明显抑制了钠离子的富集，低于其相应负对照 16.33％，但差异均不显著（$P > 0.05$）。

从图 10-2c 可以看出，在 A 类盐碱土中，混合添加菌剂抑制钠离子吸收较明显，低于其相应负对照 4.70％；在 B 类盐碱土中，添加 NM 菌剂抑制钠离子吸收最明显，低于其相应负对照 65.74％（$p < 0.05$）；在 C 类盐碱土中，添加 NM 菌剂抑制钠离子吸收最明显，低于其负对照 51.33％（$p < 0.05$）；在 D 类盐碱土中，添加 HB 菌剂抑制钠离子吸收比较显著，低于其相应负对照 67.34％（$p < 0.05$）。

10.3.2.2　对组织钠离子转移的影响

从图 10-3a 可以看出，在 A 类盐碱土中，添加菌剂的均促进了叶/茎钠离子的转移系数，添加 HB 菌促进最明显，转移系数高于其对应负对照 45.16％（$p < 0.05$）；在 B 类盐碱土中，添加 NM 菌剂叶/茎钠离子的转移系数抑制最明显，低于其对应负对照 32.18％（$p < 0.05$）；在 C 类盐碱土中，添加混合菌剂的叶/茎钠离子的转移系数上升并不明显，高于其对应负对照 13.07％，差异不显著（$p > 0.05$）；D 类盐碱土中，添加 HB 菌剂抑制了叶/茎钠离子转移系数，低于其负对照 77.28％（$p < 0.05$），添加 NM 和混合菌剂变化不显著（$p > 0.05$）。

其次就是茎/根的转移系数，图 10-3b，在 A 类盐碱土中，添加 NM 菌抑制茎/根钠离子的转移系数比较明显，低于其对应负对照 48.28％（$p < 0.05$）；在 B 类盐碱土中，添加菌剂的处理均高于其负对照，其中添加 NM 的变化最小，仅高于负对照 5.75％；在 C 类盐碱土中，添加 HB 菌剂和混合菌剂均抑制了茎/根钠离子的转运，分别低于其负对照 64.33％、10.91％；在 D 类盐碱土中，添加 NM 菌剂和混合菌剂也均抑制了茎/根钠离子的转运，分别低于相应负对照 21.27％、2.66％，但差异不显著（$p > 0.05$）。

10.3.3　AM 菌剂对盐碱胁迫下海滨锦葵根系特性的影响

10.3.3.1　对根系活力的影响

本次试验中，AM 菌剂对盐碱胁迫下海滨锦葵的根系活力产生一定影响，但在各类盐碱土植株中存在差异，见图 10-4。在 A 类盐碱土中，AM 菌剂促进了海滨锦葵根系活力，其中混施菌剂影响最大，其根系活力高于负对照193.80％（$p < 0.05$），且高于正对照 6.90％；而单施 HB 与 NM 菌剂，其根系活力与负对照值差异不显著（$p > 0.05$）。

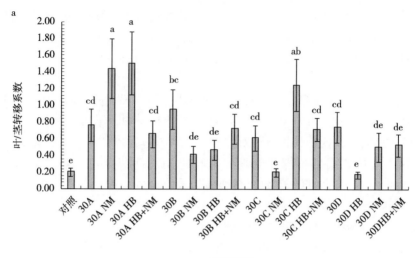

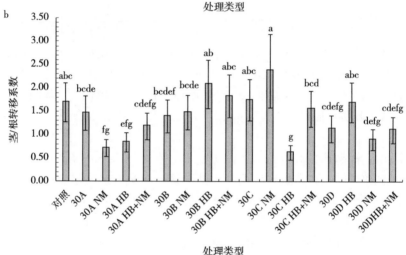

图 10-3　菌根菌剂对盐碱胁迫下海滨锦葵钠离子转移系数的影响

a. 茎/根转移系数　b. 叶/茎转移系数

在 B 类盐碱条件下，添加菌剂促进了海滨锦葵根系活力，其中 NM 菌剂对根系活力影响最大，其根系活力高于负对照 171.38%，差异显著（$p < 0.05$）；混合添加菌剂和单施 HB 菌剂对根系活力影响较小，与负对照差异不显著（$p > 0.05$）。

在 C 类盐碱条件下，AM 菌剂对海滨锦葵活力促进较小，甚至呈现抑制现象，单施 NM 菌剂植株根系活力最强，低于负对照 0.56%；而添加 HB 菌剂与混合菌剂植株根系活力较低，分别低于负对照 49.56%、39.72%，但差

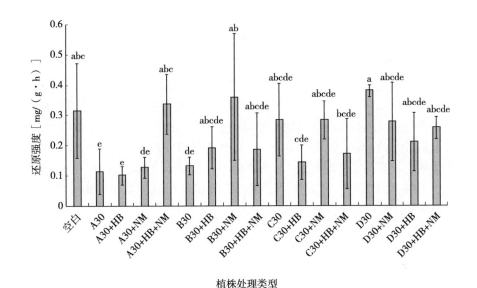

植株处理类型

图 10-4　菌根菌剂对盐碱胁迫下海滨锦葵根系活力的影响

异不显著（$p > 0.05$）。

　　与 C 类植株相似，向在 D 类盐碱土中，AM 菌剂对海滨锦葵根系活力促进较小，呈抑制现象，3 种菌剂植株的根系活力均低于负对照，其中单施 NM 菌剂植株的根系活力最低，低于负对照 44.35%，但差异不显著（$p > 0.05$）。

10.3.3.2　对根系发育的影响

　　针对根系表面积而言，AM 菌剂的影响存在差异，见图 10-5a。在 A、C 类盐碱土中，菌剂植株根系表面积受到抑制，其 HB 菌剂植株与混合菌剂植株的根表面积最小，分别低于负对照值 49.26%、58.47%，差异不显著（$p > 0.05$）；在 B 类盐碱胁迫下，菌剂大体促进根系表面积生长，其中混合菌剂植株的根表面积最大，高于负对照 36.80%，但差异不显著（$p > 0.05$）；在 D 类盐碱土中，不同 AM 菌剂的影响不同，其中 NM 菌剂植株的根表面积最大，高于负对照 27.16%，但差异不显著（$p > 0.05$）。

　　平均根系直径如图 10-5b 所示，在 A 类盐碱土中，HB 菌剂植株大体能够促进平均根系直径的增加，高于负对照 40.13%，但差异不显著（$p > 0.05$）；在 B 类盐碱胁迫下，菌剂植株对平均根系直径出现抑制，其 NM 菌剂植株对平均根系直径影响最大，低于负对照 13.57%，但差异不显著（$p > 0.05$）；在 C 类盐碱土中，混合菌剂植株促进了的平均根系直径生长，高于负对照 29.63%，但差异不显著（$p > 0.05$）；在 D 类盐碱土中，不同 AM 菌剂的影响不同，混合添加菌剂植株高于负对照 21.84%，但差异不显著（$p > 0.05$）。

土壤总根长如图 10-5c 所示，在 A、B、D 类盐碱土中，NM 菌剂植株促进了土壤总根长，高于负对照 24.30%、57.01%、52.99%，但差异不显著（$p > 0.05$）；在 C 类盐碱胁迫下，混合菌剂植株明显抑制土壤总根长，低于负对照 71.89%，差异显著（$p < 0.05$）。

总根体积如图 10-5d 所示，在 A、C 类盐碱土中，菌剂植株的总根体积受到抑制，其中 HB 菌剂植株与混合菌剂植株，低于负对照 32.25%、42.12%，但差异不显著（$p > 0.05$）；在 B 类盐碱胁迫下，混合菌剂植株土壤总根体积生长，高于负对照 24.44%，但差异不显著（$p > 0.05$）；在 D 类盐碱土中，不同 AM 菌剂的影响不同，混合菌剂植株明显抑制了总根体积，低于负对照 66.22%，差异显著（$p < 0.05$）。

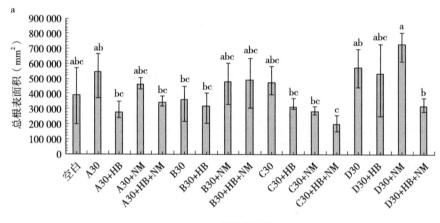

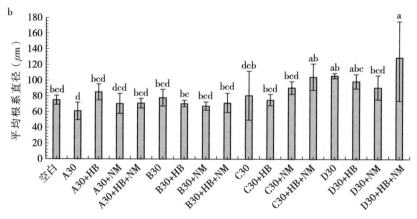

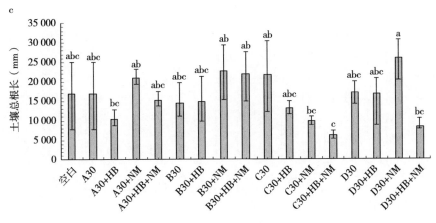

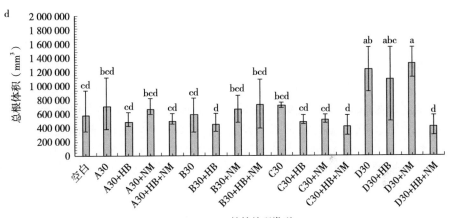

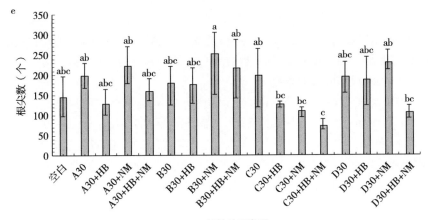

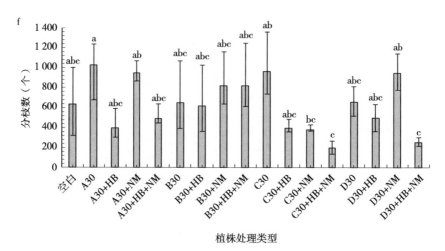

图 10-5　菌根菌剂对盐碱胁迫下海滨锦葵根系的影响
a. 总根表面积　b. 平均根系直径　c. 土壤总根长　d. 总根体积　e. 根尖数　f. 分枝数

根尖数如图 10-5e 所示，在 A 类盐碱胁迫下，HB 菌剂对根尖数抑制比较明显，低于负对照 35.53%，但差异不显著（$p > 0.05$）；在 B 类盐碱土中，NM 菌剂植株促进了根尖数的生长，高于负对照 39.44%，但差异不显著（$p > 0.05$）；C 类盐碱土与 A 类盐碱土一样，混合菌剂植株抑制了根尖数的生长，低于负对照 64.09%，但差异显著（$p < 0.05$）；在 D 类盐碱土中，混合菌剂植株也抑制了根尖数的生长，低于负对照 45.43%，但差异不显著（$p > 0.05$）。

分枝数如图 10-5f 所示，在 A、B 类盐碱土中，HB 菌剂植株抑制分枝数生长，低于负对照 62.05%，5.04%，其中 A 类盐碱土最明显，但差异不显著（$p > 0.05$）；在 C 类盐碱土中，混合菌剂植株抑制分枝数最明显，低于负对照 79.61%，差异显著（$p < 0.05$）；在 D 类盐碱胁迫下，混合菌剂植株也抑制了分枝数的生长，低于负对照 61.74%，但差异不显著（$p > 0.05$）。

10.3.3.3　对根系浸染的影响

如图 10-6 所示，在 A、D 类盐碱土中，NM 菌剂植株的浸染率最高，其浸染率高于负对照 37.50%、12.00%，而 HB 菌剂植株的浸染率较低，低于负对照 6.25%、24.00%，但差异不显著（$p > 0.05$）；在 B 类盐碱土中，HB 菌剂植株影响的浸染较少，浸染率低于负对照 37.50%，而混合菌剂植株的浸染率最为明显，其高于负对照 81.25%，但差异不显著（$p > 0.05$）；在 C 类盐碱胁迫下，以 NM 菌剂植株浸染最高，其高于负对照 125.00%，混合菌剂植株对根系浸染较高，高于负对照 33.33%，但差异不显著（$p > 0.05$）。

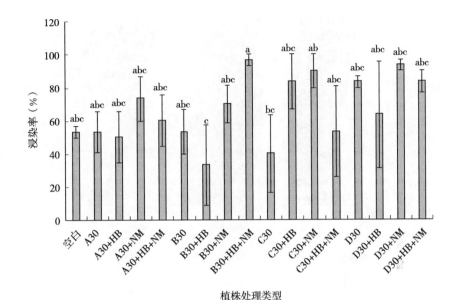

图 10 - 6 菌根菌剂对盐碱胁迫下海滨锦葵根系浸染率状况影响

如图 10 - 7 所示，电子显微镜下显示 AMF 浸染海滨锦葵根细胞的形态结构。通过观察得到，AM 真菌易定植幼嫩的根系中，菌丝体和泡囊位于细胞内部，囊泡通常为圆形或椭圆形，且囊泡较少。AM 真菌存在于细胞中，可以在表皮细胞中形成孢子，形状近球形。根系中菌丝形状为不规则，形态多样，多数蜷曲，在细胞中生长呈细丝。在本试验中，HB 菌剂单独添加到 A、B、C 型 3 种盐碱土中，海滨锦葵植株根系浸染率较低，孢子数量较少；NM 菌剂则表现较好，无论是单施或混施在 4 类盐碱土中，其海滨锦葵根系浸染较高，真菌孢子数量较多。

10.3.4 海滨锦葵种植对盐碱土特性的影响

10.3.4.1 对土壤 Na^+ 含量的影响

从图 10 - 8 中可以看出，在 30mmol/kg 浓度下，A 型盐碱土植株的 Na^+ 含量最高，高于对照值 13.02%，差异显著（$p < 0.05$）；B、C、D 型盐碱土植株 Na^+ 含量与对照相差不大，差异不显著（$p > 0.05$）。

在添加 HB 和 NM 混合菌剂后，通过种植海滨锦葵，盐碱土 Na^+ 含量明显呈下降趋势，其中 A、B、C 型盐碱土的 Na^+ 含量均分别低于各自负对照值 15.81%、9.51%、5.09%，其中 A、B 型盐碱土差异显著（$p < 0.05$）；C 型盐碱土差异不显著（$p > 0.05$）；D 型盐碱土 Na^+ 含量上升，高于负对照

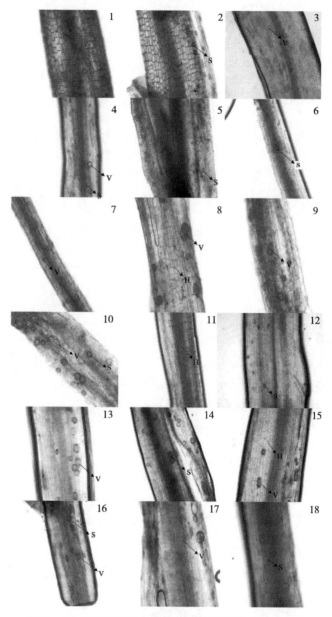

图 10 - 7　AMF 侵染海滨锦葵植物根细胞中的形态结构

1~9 为对照、A30、A30＋HB、A30＋NM、A30＋HB＋NM、B30、B30＋HB、B30＋NM、B30＋HB＋NM；10 - 18 为 C30、C30＋HB、C30＋NM、C30＋HB＋NM、D30、D30＋HB、D30＋NM（2 张）、D30＋HB＋NM；海滨锦葵根细胞中的泡囊（V）、孢子（S）、菌丝（H）

12.05%，差异显著（$p<0.05$）。

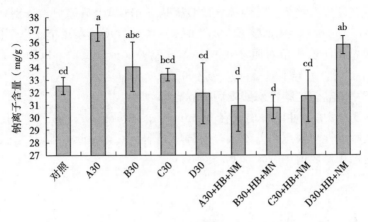

图 10-8 海滨锦葵生长对土壤 Na^+ 的影响

10.3.4.2 对盐碱土 pH 的影响

从图 10-9 中可以看出，在 30mmol/kg 浓度下，A 型盐碱土的土壤 pH 值与对照相差不大，但呈现上升趋势，差异显著（$p<0.05$）；而 B、C、D 三种盐碱土的 pH 均有所升高，均明显高于对照，分别高于对照值 4.36%、3.72%、7.04%，差异显著（$p<0.05$）。

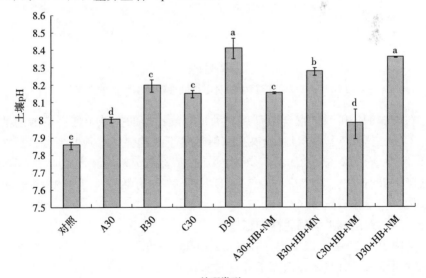

图 10-9 海滨锦葵生长对土壤 pH 的影响

在添加 HB 和 NM 混合菌剂后，种植海滨锦葵的盐碱土 pH 变化均不明显，但有轻度降低趋势。其中 A、B 型盐碱土 pH 呈上升趋势，分别高于负对照 1.91%、0.96%，差异显著（$p<0.05$）；C、D 型盐碱土 pH 呈下降趋势，其中 C 型盐碱土低于负对照 2.09%，差异显著（$p<0.05$），D 型盐碱土低于负对照 0.62%，差异不显著（$p>0.05$）。

10.3.4.3　对盐碱土酸性磷酸酶活性的影响

从图 10-10 中可以看出，在 30mmol/kg 浓度下，A、B、C 型盐碱土的酸性磷酸酶活性与对照相差不大，差异不显著（$p>0.05$），而 D 型盐碱土酶活性显著低于对照值 15.58%（$p<0.05$）。

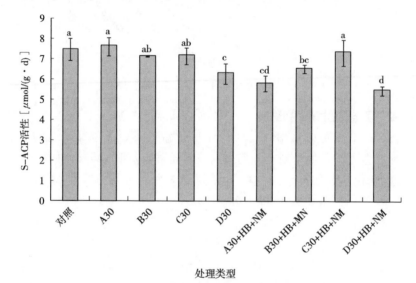

图 10-10　海滨锦葵生长对土壤酸性磷酸酶活性的影响

在添加 HB 和 NM 混合菌剂后，种植海滨锦葵的盐碱土酸性磷酸酶活性变化不一，其中 A、B、D 型盐碱土酶活性呈下降趋势，分别低于各自负对照值 23.72%、8.30%、12.92%，其中 A、D 型盐碱土差异显著（$p<0.05$），B 型盐碱土差异不显著（$p>0.05$）；C 型盐碱土酶活性上升，高于负对照 2.40%，但差异不显著（$p>0.05$）。

10.3.4.4　对盐碱土脲酶活性的影响

从图 10-11 中可以看出，在 30mmol/kg 浓度下，A、B、D 型盐碱土脲酶活性明显高于对照，分别高于各自对照值 40.68%、37.08%、28.29%，差异显著（$p<0.05$）；而 C 型盐碱土酶活性与对照相差不大，差异不显著（$p>0.05$）。

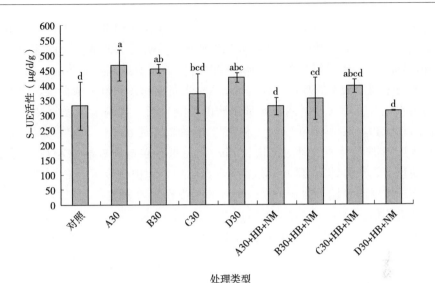

处理类型

图 10-11　海滨锦葵生长对土壤脲酶活性的影响

在添加 HB 和 NM 混合菌剂后，种植海滨锦葵的盐碱土脲酶活性变化不一，其中 A、B、D 型盐碱土酶活性呈下降趋势，分别低于各自负对照值 29.73%、22.24%、26.57%，差异均显著（$p<0.05$）；C 型盐碱土酶活性上升，高于负对照 6.52%，但差异不显著（$p>0.05$）。

10.4　讨论

10.4.1　不同盐碱条件下菌根菌剂对海滨锦葵生长的影响

试验结果表明，在不同类型盐碱胁迫下，AM 菌促进了海滨锦葵的生长，添加 HB+NM 混合菌剂促进效果最好。这应该是 AM 菌与植物形成共生体，通过根外菌丝来增加根部吸收的范围与吸收能力，让植物吸收更多的养分，缓解盐胁迫造成的生理干旱（高崇等，2013）。冯固等（2000）试验结果表明，菌丝帮助植物吸收水分和运输营养，改善植株内元素和水分状况，从而促进植株生长发育。由此可见，在盐碱胁迫下，AM 菌处理植株通过共生菌根扩大植株根系吸收体系，改善胁迫植株体内的营养与水分状态，进一步调整其生理代谢过程，促进了海滨锦葵植株的生长。

10.4.2　不同盐碱条件下菌根菌剂对海滨锦葵钠离子吸收与转移的影响

在不同盐碱胁迫下，少数 AM 菌处理，明显促进钠离子在海滨锦葵根部的富集。例如，在 A 型盐碱土植株，大部分 AM 菌处理有一定促进，但效应不太显著，甚至 B 型盐碱土植株 Na$^+$ 出现下降；同时降低钠离子向地上部分转移，导致茎、叶部 Na$^+$ 含量下降，控制过量钠离子对海滨锦葵的生物毒害，这可能与不同盐碱土的环境差异有关。AM 菌进入植物根部形成菌根，改变植物内碳水化合物等含量，调节根部细胞的渗透平衡，控制植株吸收过量 Na$^+$（韩冰，2011）。Al-karaki 等（2001）发现，在盐碱胁迫下，植物 Na$^+$ 含量随着盐浓度增加而增加，但菌剂植株 Na$^+$ 含量低于单一盐碱胁迫植株。例如，在盐胁迫下，芦笋幼苗接种 AM 菌剂，其菌剂处理植株少了 Na$^+$ 积累，降低了钠离子在体内运输，缓解了盐分对芦笋的损伤（曹岩坡等，2015），这与本试验结果相似。这表明，在盐碱胁迫下，AM 菌会控制植株吸收过量的 Na$^+$，减少钠离子在体内的累积，且这种抑制效应在高浓度盐条件下更加明显（Mohanmad 等，2003）。

10.4.3　菌根菌剂对盐碱胁迫下海滨锦葵根系生长发育的影响

根系活力是显示根系生物量的指标，能直接反映菌根菌剂对盐碱胁迫下植株改良的效果。在本试验中，在不同类型盐碱土加入菌根菌剂，对海滨锦葵植株根系活力影响存在差异，AMF 对 A、B 型盐碱土植株根系活力促进较明显，C 型盐碱土植株根系活力促进较小，D 型盐碱土植株根系活力则呈抑制趋势，这种差异应该与盐碱胁迫类型相关，碱性盐碱土可能对菌根菌发育生长更不利，进而影响到海滨锦葵根系的生理活性。

研究证明，AMF 通过共生菌根改善植株营养状态（韩冰，2011），促进根系的生长发育（黄京华等，2013）。例如，根表面积、土壤总根长、根尖数、总根体积和分枝数。在本试验中，从整体上来看，NM 菌根菌剂、混合菌根菌剂表现较好，较明显地促进了海滨锦葵的根系活力与根系发育，而 HB 菌剂表现相对较差，说明在盐碱条件下，NM 菌剂与海滨锦葵的亲和力要高于 HB 菌剂，对盐碱胁迫植株的生物毒害缓解效应较显著，在海滨锦葵修复盐碱土中具有很大的应用潜力，同时也为扩大海滨锦葵在盐碱土改良中的应用提供了技术支持。

10.4.4　菌根菌剂对盐碱胁迫下海滨锦葵根系浸染的影响

菌根浸染率是衡量 AM 真菌与寄主植物亲和力的重要指标（张峰峰等，2008）。在本试验中，NM 菌剂在对海滨锦葵根系的浸染率较高，HB 菌剂的浸染率较低。研究表明，NM 菌剂对海滨锦葵具有较高的亲和力；HB 菌剂的亲和力很低，除了自身亲和力特性外，可能是其孢子和菌丝生长更易受盐碱胁追抑制，从而降低了其对根系的浸染。

　　真菌与植物亲和力越高，则对植物生长促进作用越强，并能够优化根际环境，进而能够提高对不利环境的抗性。菌根菌浸染与根际环境密切相关，如有机质含量、矿质营养、土壤 pH 等（闫智臣等，2018），同时也能改善根际环境与根系质量，进而提高植株的适应性与抗逆能力（林伟通等，2018）。菌剂浸染率越高，对植株生长的促进效果越显著，则植株的抗逆性就越强（邹英宁等，2014）。在本试验中，NM 菌剂对海滨锦葵具有较高的亲和力与浸染率，单施 NM 菌剂或菌剂混施在海滨锦葵修复盐碱土中具有重要意义，可成为一项盐碱土开发的优化技术。

10.4.5　菌根菌结合海滨锦葵对盐碱土特性的影响

10.4.5.1　对盐碱土壤 Na$^+$含量变化影响

　　在本试验中，接种 AM 菌的海滨锦葵使得盐碱土中 Na$^+$含量呈降低趋势，与在海滨盐渍土中表现相类似（周建等，2011）。林学政等（2006）研究认为，种植耐盐生植物后土壤中 Na$^+$含量会下降，应该是盐生植物吸收一定量盐分，用作渗透调节，便于适应盐生土壤的低水势，从而降低了根部土壤的含盐量。在新疆盐渍土中，与 AM 菌剂共生的胡杨幼苗能显著降低根际盐碱土的盐离子浓度，并提高了土壤有机质含量，改善了土壤质量（吕杰等，2016）。因此，AM 菌剂与海滨锦葵形成共生菌根，增加根部菌丝网络面积，促进了海滨锦葵对 Na$^+$的吸收，然而促进效果在不同盐碱土环境中应存在差异，导致土壤中Na$^+$下降趋势不一，但整体提高了盐碱土壤质量与生态环境。

10.4.5.2　对盐碱土中土壤 pH 变化的影响

　　在黄河滩盐碱地种植耐盐植物，田菁、紫花苜蓿等能轻度降低土壤 pH，改善土壤质量，但改善程度存在差异（侯贺贺等，2014）。然而，在盐渍土种植耐盐牧草后，土壤的物理和化学性质发生明显变化，但 pH 轻度下降或没有显著变化，可能与盐渍化土壤本身的理化性质和缓冲能力相关（李志丹等，2004）。在本试验中，与 AM 菌共生的海滨锦葵植株对不同盐碱土 pH 的影响存在差异，可能原因是：①与盐碱地类型与土壤特性的差异有关；②与植物根系分泌物有关。在不同类型的盐碱土中，海滨锦葵根系可能因环境差异导致根系分泌物的种类与比例存在不同，从而形成不同的根际土壤微环境，可能对pH 产生了不同的影响，但其根本原因有待进一步研究。

10.4.5.3　对土壤酶活性变化的影响

　　酸性磷酸酶是很重要的水解酶，可以提高土壤中磷的有效性（Dodd 等，1987）。在本试验中，不同盐碱土的酸性磷酸酶活性略低于正常园土，应该是盐碱土生理特性较差。但通过海滨锦葵种植措施改善了盐碱土质量，与正常园土之间差异较小，导致其酸性磷酸酶活性与正常值相近。在添加 AM 菌剂条件下，酶活性进一步下降。这应该与丛枝菌根和根外菌丝有关，二者可加强盐碱土中无效磷的降解（Dodd 等，1987），同时促进植株吸收土壤中磷，可有效缓解盐碱土的磷素亏缺（宋勇春等，2001），从而不需要维持较高的酸性磷酸酶活性来保证有效磷的转化与释放，表明盐碱土质量已经得到较大改善。

土壤脲酶是一种酰胺酶，可将土壤当中的有机氮物质转化为有效氮形式（薛冬等，2005）。在本试验中，不同盐碱土的脲酶活性总体呈上升的趋势，高于正常园土的酶活性。与此类似，邸宏等（2014）研究发现，种植玉米促进了盐碱土中脲酶活性，其值高于正常农田土壤，可能是通过较高的脲酶活性转化有效氮，满足植株生长的需求。然而，在加入 HB 和 NM 混合菌剂后，海滨锦葵植株导致盐碱土脲酶活性均低于单一盐碱处理土壤，而接近于正常园土脲酶活性。可能是因为 AM 菌剂利于有机质分解，促进有效氮的累积，不需要较高的脲酶活性来维持有效氮的转化，表明盐碱土质量已经得到较大的改善。

第十一章

外源抗坏血酸对盐碱胁迫下
海滨锦葵特性的调控

11.1 引言

土壤盐碱化是世界性的环境问题，分布范围广，严重影响了植物生长和农作物的产量（Munns 和 Tester，2008）。中国是盐碱地大国，广泛分布于西北、东北以及沿海地区，成为威胁农业发展和生态环境的非生物胁迫因素之一（俞仁培和陈德明，1999）。$NaHCO_3$ 和 $NaCO_3$ 是盐碱土的主要组成成分，在此盐碱地生长的植物会受高 pH（pH＞9）、水势（低）、高浓度 Na^+ 的影响（陆婷等，2019）。同时，土壤盐分对植物形成直接伤害，抑制种子萌发，干扰植物代谢、光合作用等过程，进而影响植物的生长发育，甚至造成植物萎蔫、死亡或产量下降。

研究表明，种植耐盐碱植物对盐碱地的改良具有重要意义。随着经济的发展，人们越来越重视盐碱地的修复与利用，其中选用耐盐碱能力强的植物或利用外源手段调节植物耐盐性，以此来改善盐碱地生态功能与提高盐碱地经济产出已成为重要的农业发展方向（张磊等，2018）。星星草作为一种优良的牧草，耐盐性极强，能耐 1.0% NaCl 溶液浇灌，成为盐生草甸的建群种（张立宾等，2006）。白颖苔草耐盐阈值达到 263mmol/L，盐胁迫抗性强，在盐碱地生长具有明显的优势，具有较强的环境改善能力（张昆等，2017）。作为一种盐生经济植物，碱地肤被应用到土壤改良中，在低浓度盐碱地生长旺盛；而高盐碱条件下，碱地肤生长受到一定程度抑制（赵龙等，2018）。胡杨不仅可以吸收盐碱，而且还能从叶片分泌盐碱，在苏打盐土和硫酸盐土上均能正常的生长发育（安世花等，2018）。因此，胡杨成为了西北盐碱地造林的先锋树种。

抗坏血酸（Ascorbic Acid，AsA），又称维生素 C，是在植物体内普遍存在的非酶促抗氧化物质，可有效去除植物体内 O_2^-、$-OH$、H_2O_2 等活性氧（ROS），缓解氧化毒害（Noctor 和 Foyer，1998），提高植物的抗逆性。近年来，抗坏血酸在提高植物抗性方面有广泛的应用。在铝胁迫下，对水稻叶片喷施 2mmol/L 的抗坏血酸，可降低叶片内 H_2O_2 的含量，提高叶绿素含量，促进水稻胁迫植株的生长（周小华等，2015）。华春等（2004）研究发现，外源AsA 能有效缓解盐胁迫对水稻植株细胞造成的损伤，降低膜脂过氧化对细胞造成的伤害。与水稻相似，对铝毒害的大麦幼苗喷施 0.25mmol/L AsA，能显著提高植株体内抗氧化酶活性，有效缓解铝毒害对大麦的生长抑制（郭天荣，2012）。在盐碱胁迫下，外源抗坏血酸可提高黄芩幼苗萌发与适应能力，明显缓解了盐胁迫对黄芩幼苗损伤与抑制（江绪文等，2015）。张佩等（2008）对镉胁迫下油菜幼苗叶面喷施一定浓度的抗坏血酸，其干物质积累与抗氧化酶活性等升高，减轻了油菜幼苗的生物毒害。马彦霞等（2015）发现，外源抗坏血酸能有效缓解番茄幼苗的自毒作用，促进幼苗主根和上胚轴的生长，维持植株正常的生理功能。

在本研究中，主要探讨盐碱条件下对海滨锦葵幼苗喷施抗外源坏血酸，初步探索抗坏血酸对海滨锦葵盐碱损伤的缓解效果，为扩大海滨锦葵在盐碱土修复中的应用奠定基础，为其栽培技术体系开发提供理论依据。

11.2 试验材料和方法

11.2.1 试验材料

海滨锦葵种子由南京大学盐生植物实验室提供。

11.2.2 试验设计

称取普通园土，与 NaCl、Na_2SO_4、Na_2CO_3、$NaHCO_3$ 混合配置成 4 种 30mmol/kg 的盐碱土，即 NaCl，记为 A；NaCl、Na_2SO_4、Na_2CO_3、$NaHCO_3$＝4：8：1：1，记为 B；NaCl、Na_2SO_4、Na_2CO_3、$NaHCO_3$＝8：4：1：1，记为 C；Na_2CO_3、$NaHCO_3$＝1：1，记为 D。将配置好的土壤分别装入栽培钵（口径 12cm、高 11cm）中，每种类型 6 钵，一并放入塑料白盆中（长 54cm、宽 26cm、高 12cm），并做好标记。

选择饱满的海滨锦葵种子，用浓硫酸处理 30min；随后用清水快速冲洗，并用温水浸泡 24h；最后用湿沙催芽。待露白种子达到 1/3 时进行播种。每个栽培钵播种 5 粒，播后浇透水 1 次。幼苗出土 1 月后，对幼苗分别喷施 0.5、

1.5mmol/L 抗坏血酸，每周喷 1 次，连续喷施 9 次。以不喷施抗坏血酸为负对照，空白处理为正对照。

11.2.3　指标测定

11.2.3.1　植株生长指标的测定

待处理完成以后，从每个处理中选出具有代表性的植株，用游标卡尺（精确到千分位）和直尺（cm）分别测量植株的地径和株高。随后，将样株从栽培钵中移出，在水中缓慢清洗植株根部，尽量减少对根系的损伤。用吸水纸吸干清洗干净的植株的表面水分。随即用剪刀将植株根、茎、叶剪切分离，置入烘箱中，于 80℃条件下烘干至恒重。最后，将千分之一电子天平测定植物干组织质量。

11.2.3.2　Na$^+$ 特性指标测定

(1) 植物组织 Na$^+$ 浓度测定　取烘干植物组织 0.1~0.2g，放入研钵中充分研磨。将研磨组织置入消解罐中，并加入 7mL 浓硝酸、2mL 双氧水、2mL 高氯酸，放入微波消解仪（165℃，30min，5w）消解；消解完成后，将消解液转移至聚四氯乙酸烧杯，在 170℃电热板上赶酸，除去氯气；待消解液赶酸至黄豆大小，用 0.2% 的稀硝酸溶液定容至 25mL，于 50mL 离心管内保存。最后用 Optima 2100DV 电感耦合等离子发射光谱仪测定样品 Na$^+$ 含量。重复 3 次。

(2) 亚细胞组织 Na$^+$ 含量测定　取 0.4g 海滨锦葵新鲜植株在研钵中仔细研磨，尽量研磨至粉末状，然后加入 5mL 的匀浆液（成分：蔗糖 250mmol/L、Tris - HCl（pH7.5）50mmol/L 和 DTT 1mmol/L），摇荡混匀后转移至离心管中，在离心机 3 000r/min 离心 1min，沉淀部分为细胞壁成分。将上清液在离心机 14 500r/min 继续离心 45min，得到的沉淀为细胞器，上清液则为细胞质，上清液可直接用 0.2% 稀硝酸定容至 25mL，储存在 50mL 离心管中。

将通过离心机高速离心后的细胞壁和细胞器按照不同的处理进行编号，然后通过振荡等方法将其倒入消解罐中，并加入 8mL 浓硝酸、2mL 高氯酸和 2mL 双氧水，在这个过程中一定要注意做好防护措施，避免强酸对皮肤的腐蚀。混合均匀后将消解罐密封，放入微波消解仪中，设置最佳微波消解程序进行消解（165℃ 5W），整个消解过程持续 45min。消解液经过微波消解后呈现为无色透明状，无沉淀。待消解罐经过冷却降温后，将消解罐内的消解液转移至 50mL 的聚四氯乙烯烧杯中，然后在温度设置为 170℃的电热板上进行赶酸，除去氯气，将其赶酸至近干后，用 0.2% 稀硝酸定容至 25mL，并储存在 50mL 离心管中。最后，使用 Optima 2100 DV 电感耦合等离子体发射光谱仪进行离子全量分析，3 次重复。

(3) 钠离子转运系数的计算 植物组织钠离子转运系数由以下公式计算：

$$钠离子转运系数＝（上部位置 Na^+ 含量/下部位置 Na^+ 含量）$$

(4) 亚细胞组织 Na$^+$ 分布比例计算 在测定亚细胞组织的钠离子含量的基础上进行离子分布比例计算，3 次重复。测亚细胞组织的 Na$^+$ 浓度，然后计算，取平均值，分别得到细胞壁、细胞器、细胞质的 Na$^+$ 浓度。最后用以下公式计算 Na$^+$ 分布比例：

$$某亚细胞组织钠离子分布比例＝\frac{A_i}{A_1+A_2+A_3}\times100\%$$

其中，$i＝1\sim3$；A_1 为细胞壁 Na$^+$ 浓度；A_2 为细胞器 Na$^+$ 浓度；A_3 为细胞质 Na$^+$ 浓度。

11.2.3.3 植株生理指标测定

(1) 可溶性蛋白质含量 利用考马斯亮蓝方法测定可溶性蛋白质含量（张志良和翟伟菁，2003）。选择有代表性的海滨锦葵幼苗，用蒸馏水冲洗干净，晾干。分别均匀取各个处理新鲜的地上部分及地下部分植株，称取 0.3g 处理好的样品，边研磨边加蒸馏水直至磨成匀浆，蒸馏水为 5mL，将磨好的溶液装入离心管里，离心机离心 10min，转速 3 000r/min，取上层溶液备用。然后吸取上层清液 1.0mL，放入试管，然后加入 5mL 考马斯亮蓝试剂（称取 100mg 考马斯亮蓝 G‐250 于 50mL 90％乙醇溶解，再加 85％的磷酸，用蒸馏水定容至 1 000mL，贮于棕色磨口瓶中），然后摇晃使溶液混合均匀，2min 静置，然后在 595nm 的分光光度计下比色，测定海滨锦葵的吸光度。

通过标准曲线（称取 25mg 牛血清蛋白，其浓度为每毫升溶液有 100mg 的牛血清蛋白，加水使其溶解，然后定容至 100mL，吸取 40mL 上述溶液，然后用蒸馏水稀释至体积为 100mL，然后将标准液稀释成蛋白质含量为 0、20、40、60、80、100μg/mL，在 595nm 波长下比色测得分光光度值，并根据数据绘制成曲线，从而查得蛋白质含量，所有测量重复 3 次。

(2) 可溶性糖含量 利用蒽酮法测定可溶性糖含量（张志良和翟伟菁，2003）。选择有代表性的海滨锦葵幼苗，用蒸馏水冲洗干净，晾干。将各个处理分别放到 110℃烘箱烘烤 15min，之后将温度调至 70℃过夜，将植株分为地上和地下两部分后，分别将地上部分和地下部分均匀磨碎，分别密封保存备用。将磨碎的样品，称取 50mg 倒入离心管中，其容积为 10mL，再加入 80％酒精 4mL，在 80℃水中水浴 40min，并且边水浴，边搅拌。离心过后，收集上层溶液，其残液加 80％酒精 2mL，提取溶液，重复 2 次之后合并溶液。在溶液中加入活性炭 10mg，30min 水浴脱色，并且水温为 80℃。然后定容至离心管的最大容积过滤，取过滤液进行测定。取滤液 1mL 加入 5mL 蒽酮试剂

［100mg 蒽酮溶于 100mL 的稀硫酸（76mL 浓硫酸加 30mL 水）］混合，80℃的水浴 10min，取出，待冷却后，用分光光度计在 625nm 处测得 OD 值。

　　标准曲线绘制：将葡萄糖在烘箱中烘至恒重，温度为 80℃。然后称取葡萄糖 100mg，配制成体积为 500mL 溶液，即得标准液的含糖量为 200μg/mL，然后将标准液稀释为含糖量为 0、20、40、60、80、100、200μg/mL。在分光光度计值在 625nm 下比色，测得其 OD 值，然后根据数据绘制成标准的曲线图，根据标准曲线计算出海滨锦葵糖的含量。重复 3 次。

　　(3) 叶绿素与类胡萝卜素含量　结合丙酮、乙醇混合浸提法测定叶绿素类胡萝卜素含量。选择有代表性的海滨锦葵幼苗，均匀称取 0.3g 的新鲜叶片，并剪碎。将丙酮与乙醇按 2∶1 的浓度配置成 12mL 的溶液，将剪碎的叶片分别放入溶液中，置于黑暗条件下 12h 直至组织变白，将得到的溶液分别放入分光光度仪中测 440nm、644nm、662nm 处的分光光度值，将测得的结果带入公式算出叶绿素、类胡萝卜素含量（杨敏文，2002）。所有测量重复 3 次。

　　计算公式：

$$Ca=9.78×A662-0.99×A644$$
$$Cb=21.43×A644-4.65×A662$$
$$C(a+b)=5.13×A662+20.44×A644$$
$$类胡萝卜素=4.7×A440-0.27×C(a+b)$$

11.2.3.4　植株根系指标测定

　　(1) 根系活力测定　每个处理取出代表性植株，将植株根系洗净，切忌大水冲洗，以免伤及根系，尽量保持根系的完整性。蒸馏水洗净后，用纸巾吸去根系上多余的水分，待测。

　　首先称取植株根系样品 1g 左右，放入盛有 0.4％TTC 和 66mmol/L 磷酸缓冲液（pH7.0）的等量混合液 10mL 烧杯中淹没，置于恒温箱中，设置温度为 37℃，静置保温 3h；然后取出烧杯，随后加入 2mL 硫酸，终止反应。用镊子将根系取出，小心擦干水分，放入研钵中，与少量石英砂混合，然后在加入 3～5mL 乙酸乙酯，放在研钵中充分研磨，最后提取甲䐶。将红色的提取液移入 10mL 容量瓶中，再少量多次地用乙酸乙酯把残渣充分洗涤，带残渣一起移入离心管中，将离心机转数设为 4 300r/min，离心时间为 5min，最后取出最上一层溶液。将备好的溶液用分光光度计比色，调整波长为 485nm。再将空白实验作为参数，精确读出 OD 值，最后绘制标准曲线，即可求出 TTC 还原量。每一组重复 3 次。

　　TTC 还原强度计算公式：

　　TTC 还原强度［mg/(g·h)］＝TTC 还原量（g）/根重（g）×时间（h）

（2）根系发育指标测定 用 Epson Expression 11000XL 根系扫描仪（爱普生，北京立思辰数字有限公司）进行根系扫描观察。将海滨锦葵根系洗净去泥土，切忌伤根，保持根系完整性；随后剪下根系，用蒸馏水洗净；将根系平放入倒入蒸馏水的根盘中，水深至根系完全被水覆盖的状态，然后用玻璃棒轻轻拨开根系，使根系在根盘中呈分散状态，然后盖上背景板，打开扫描仪，开始扫描根系。扫描完成后，采用专业的根系分析软件（WinRHIZO Pro 2007）分析扫描图片，测定海滨锦葵根系发育指标：根系表面积、根系直径、根系体积、根尖数、分枝数、总根长。3 次重复。

11.2.4　数据统计与分析

用 Excel 2010 数据分析软件进行数据分析与制图；用 SPSS21.0 进行方差分析，在 $\alpha = 0.05$ 水平下进行 Duncan 多重比较。

11.3　结果分析

11.3.1　外源抗坏血酸对盐碱胁迫下海滨锦葵生长特性的影响

在试验中，对株高而言，喷施抗坏血酸对 A、B、C、D 4 种盐碱土植株有不同程度的影响（图 11 - 1a）。在 0.5mmol/L 处理中，喷施措施对 B、C 型盐碱土植株株高起促进作用，其中 C 型盐碱土植株增幅最大，高于正对照、负对照 11.58%、24.12%（$p < 0.05$）；喷施措施抑制 A、D 型盐碱土植株株高生长，D 盐碱土植株的抑制幅度最大，低于负对照 12.57%。在浓度为 1.5mmol/L 时，喷施措施对 A、B、C、D 4 类盐碱土植株株高大致起促进作用，其中 A 型盐碱土植株促进程度最明显，高于正对照、负对照 7.61%、7.53%，但差异不显著（$p > 0.05$）。

对地径而言，外源抗坏血酸对 A、B、C、D 4 种盐碱土植株影响不显著（$p > 0.05$）（图 11 - 1b）。0.5mmol/L 抗坏血酸对 C 型盐碱土植株直径促进最明显，高于正对照、负对照 18.86%、17.41%；喷施 1.5mmol/L 抗坏血酸时，B 型盐碱土植株地径的促进最大，分别高于正对照、负对照 19.37%、23.79%。两种处理浓度对 D 型盐碱土植株的地径生长均有抑制作用，0.5mmol/L 处理植株低于负对照 13.57%；1.5mmol/L 处理植株分别低于正对照、负对照 6.34%、14.38%。

在试验中，外源抗坏血酸对盐碱土植株干重起促进作用（3 - 1c）。在 0.5mmol/L 处理中，A 型盐碱土植株干重增加幅度最大，高于正对照、负对照 13.48%、27.00%；B 型盐碱土植株的抑制最显著，分别低于负对照

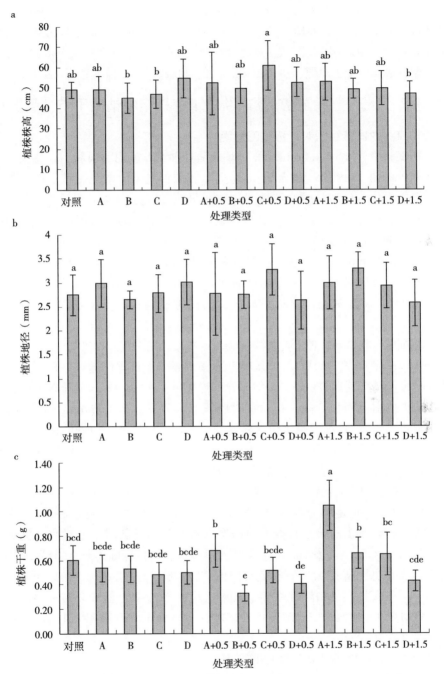

图 11-1　不同处理下海滨锦葵盐碱胁迫植株的株高（a）、地径（b）、干重（c）

37.31%（$p<0.05$）。AsA 浓度为 1.5mmol/L 时，对胁迫植株干重的促进程度要高于 0.5mmol/L 处理，其中 A 型盐碱土植株干重的增加幅度最大，分别大于正对照、负对照 74.21%、94.97%（$p<0.05$）；而 D 型盐碱土植株干重略呈抑制趋势，低于正对照、负对照 28.95%、14.77%，差异不显著（$p>0.05$）。

11.3.2 外源抗坏血酸对盐碱胁迫下植株组织钠离子特性的影响

11.3.2.1 对植株组织 Na^+ 浓度的影响

在试验中，0.5、1.5mmol/L 抗坏血酸处理对海滨锦葵根部 Na^+ 富集影响存在差异（图 11-2a）。0.5mmol/L 抗坏血酸促进 C、D 型盐碱土植株根部 Na^+ 富集，其中 C 型盐碱土植株促进作用最明显，分别高于正对照、负对照 108.60%、14.07%；抑制 A、B 型盐碱土植株根部钠离子富集，且对 B 型盐碱土植株的抑制较显著，分别低于正对照、负对照 75.13%、85.61%（$p<0.05$）。在 1.5mmol/L 处理中，喷施措施对海滨锦葵根系 Na^+ 富集大致呈现促进趋势，其中对 D 型盐碱土植株的促进作用最大，显著高于负对照 81.05%（$p<0.05$）；B 盐碱土植株根系离子富集的抑制最大，低于负对照 59.83%（$p<0.05$）。

在抗坏血酸喷施处理下，植株茎部 Na^+ 富集存在一定差异（图 11-2b）。在 0.5mmol/L AsA 处理中，A 型盐碱土植株茎部离子富集促进效果最明显，其离子浓度高于负对照 33.65%，但差异不显著（$p>0.05$）；B 型盐碱土植株茎 Na^+ 富集抑制最明显，低于相对负对照值 23.57%。在 1.5mmol/L 时，喷施措施促进 A、C、D 型盐碱土植株茎离子富集，A 型盐碱土植株的促进幅度最大，离子浓度显著高于负对照 68.06%（$p<0.05$）；B 型盐碱土植株茎 Na^+ 富集呈抑制趋势，离子浓度低于相应负对照值 16.64%。

在盐碱土壤中海滨锦葵叶的 Na^+ 浓度均高于正常处理植株。在 0.5mmol/L 处理中，抗坏血酸对海滨锦葵植株叶中 Na^+ 富集的影响存在一定差异（图 11-2c），其中对 B 型盐碱土植株促进最明显，显著高于正对照、负对照 468.64%、64.59%（$p<0.05$）；对 C、D 型盐碱土植株叶离子富集形成抑制，其中 D 型植株差异最大，低于负对照值 53.55%（$p<0.05$）。在 1.5mmol/L 处理中，AsA 抑制了植株叶部离子富集，其中 A 盐碱土植株影响最小，低于相应负对照 19.11%；C 盐碱土植株影响最大，低于负对照 42.51%，两者差异显著（$p<0.05$）。

11.3.2.2 对植株 Na^+ 转运系数的影响

在试验中，喷施抗坏血酸对海滨锦葵叶/茎离子转运系数的影响存在差异（图 11-3a）。0.5mmol/L AsA 促进 A、B 型盐碱土植株 Na^+ 叶/茎转运，其

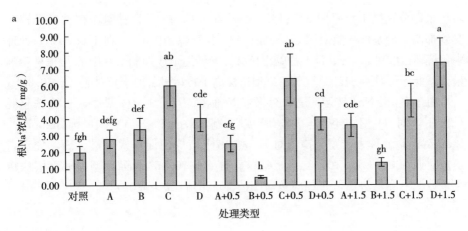

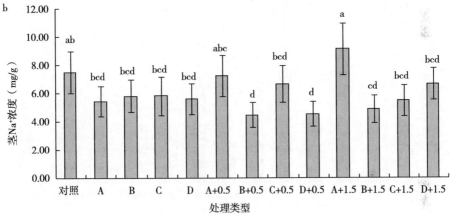

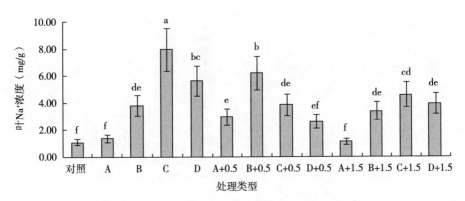

图 11-2 不同处理下海滨锦葵盐碱胁迫植株的根（a）、
茎（b）、叶（c）Na⁺浓度

转运系数分别高于负对照 61.34%、109.20%；而 C、D 盐碱土植株离子转运受到抑制，分别低于负对照 57.89%、42.34%（$p<0.05$）。在 1.5mmol/L 处理中，抗坏血酸对 A、C、D 型盐碱土植株离子转运形成抑制，其中 A 型植株影响最大，低于负对照 51.87%，C、D 型植株离子转运显著低于负对照（$p<0.05$）。

对于茎/根 Na^+ 转运而言，外源抗坏血酸对 A、B、C 型盐碱土植株起促进作用，对 D 型盐碱土植株形成抑制（图 11 - 3b）。在 0.5mmol/L、1.5mmol/L 处理中，喷施措施对 B 型盐碱土植株的促进效果最显著，分别高于负对照 380.97%、107.53%，差异显著（$p<0.05$）；而 D 型盐碱土植株转运系数呈下降趋势，低于相应负对照值 20.56%（$p>0.05$）。

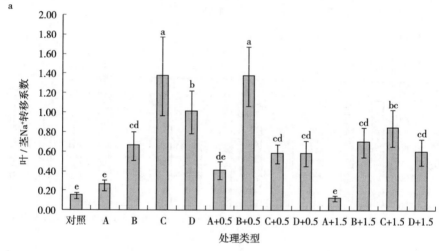

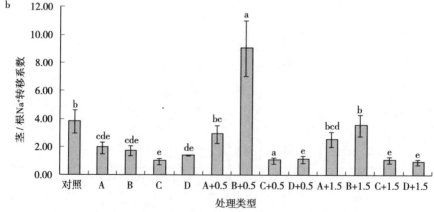

图 11 - 3　不同处理下海滨锦葵盐碱胁迫植株的 Na^+ 转运系数，
叶/茎（a）、茎/根（b）

11.3.2.3　对植株地上部分亚细胞组织钠离子含量的影响

从图 11-4a 可以看出，在盐碱胁迫下，A、D 两类盐土植株地上部分细胞壁钠离子含量下降，而 B、C 型盐碱土植株地上部分细胞壁钠离子含量均出现一定程度的上升，其中 C 类植株钠离子上升幅度最大，显著高于空白对照 128.76%（$p<0.05$）。在喷施浓度为 0.5mmol/L 的抗坏血酸后，A、B、D 型

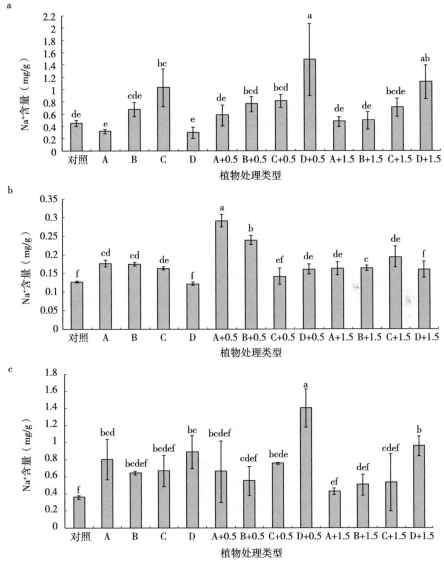

图 11-4　不同处理下海滨锦葵植株地上部分细胞壁（a）、细胞器（b）、
　　　　　细胞质（c）Na$^+$浓度

盐碱土植株地上部分细胞壁钠离子均受到促进，D型盐碱土植株钠离子受促进最为显著（$p<0.05$），高于负对照407.37%。而在喷施浓度为1.5mmol/L抗坏血酸后，A、D型盐碱土植株地上部分细胞壁钠离子均得到了促进，其中D型盐碱土植株钠离子受促进最为显著，高于负对照282.84%（$p<0.05$）；B、C类植株钠离子受到抑制，分别低于于负对照26.72%、31.17%（$p>0.05$）。

从图11-4b可以看出，在盐碱条件下，A、B、C三类盐碱土植株地上部分细胞器钠离子含量都出现显著的上升（$p<0.05$），其中A类盐碱土植株钠离子含量上升最大，显著高于空白对照39.51%（$p<0.05$）；D类植株钠离子含量虽然出现下降但幅度不大，仅低于空白对照3.94%。在喷施浓度为0.5mmol/L抗坏血酸后，A、B、D型盐碱土植株地上部分细胞器钠离子含量均有显著提升（$p<0.05$），A类盐碱土植株钠离子含量提升最为明显，高于负对照39.29%；只有C类植株钠离子出现下降，低于负对照13.25%。而在喷施浓度为1.5mmol/L抗坏血酸后，A、B型盐碱土植株钠离子都出现下降，分别低于负对照7.54%、6.06%；C、D类植株钠离子出现上升，分别高于负对照19.03%、31.69%，但都与各自负对照差异不显著（$p>0.05$）。

从图11-4c可以看出，在盐碱条件下，四类盐碱土植株地上部分细胞质钠离子含量相对于空白对照均出现了上升，其中D类盐碱土植株上升幅度最大，显著高于空白对照148.28%（$p<0.05$）。在喷施浓度为0.5mmol/L抗坏血酸后，A、B型盐碱土植株地上部分细胞质钠离子都被抑制，分别低于负对照17.59%、14.17%；C、D类盐碱土植株地上部分细胞质钠离子受到了不同程度的促进，其中D类植株钠离子显著高于负对照57.42%（$p<0.05$）。而在喷施浓度为1.5mmol/L抗坏血酸后，A、B、C型盐碱土植株地上部分细胞质钠离子都被抑制，A类植株钠离子受抑制最显著（$p<0.05$），低于负对照46.91%；D类植株钠离子出现上升，高于负对照7.49%。

11.3.2.4 对植株地上部分亚细胞组织钠离子分布比例的影响

在盐碱胁迫下，海滨锦葵地上部分植株细胞器钠离子分布比例比较稳定，而A、B、D类盐碱土植株地上部分细胞质的钠离子分布比例上升，其细胞壁Na^+分布比例则逐步下降，其中A、D变化最为显著，其细胞质Na^+分布比例分别达到了62.00%、68.26%；而C类植株亚细胞钠离子分布比例则比较稳定。喷施0.5mmol/L抗坏血酸后，与各自负对照相比，A、B、D类植株地上部分细胞质的钠离子分布比例下降，而细胞壁的钠离子分布比例出现上升，其中 A、D 变化最为显著，细胞质 Na$^+$ 分布比例分别达由 62.00%、68.26% 降低到 43.18%、46.05%；而 C 类植株亚细胞钠离子分布比例呈相反趋势变化。喷施 1.5mmol/L 抗坏血酸后，海滨锦葵亚细胞钠离子分布比例与低浓度 AsA 调控存在差异，与负对照相比，A、D 类植株细胞质的钠离子分布比例下降，细胞壁分布比例上升，细胞器 Na$^+$ 分布比例相对较稳定；B、C 类植株亚细胞钠离子分布比例比较稳定，变化幅度不大。

表 11-1 外源抗坏血酸调控盐碱胁迫下海滨锦葵
地上部分钠离子亚细胞分布比例

植物处理	细胞壁（%）	细胞器（%）	细胞质（%）
对照	48.05	13.59	38.36
A	24.29	13.71	62.00
B	45.17	11.75	43.08
C	55.30	8.79	35.91
D	22.38	9.35	68.26
A+0.5	37.73	19.09	43.18
B+0.5	48.93	15.51	35.56
C+0.5	47.50	8.28	44.22
D+0.5	48.65	5.30	46.05
A+1.5	44.63	15.36	40.01
B+1.5	42.47	14.17	43.36
C+1.5	49.33	13.56	37.10
D+1.5	50.00	7.19	42.81

11.3.2.5 对植株地下部分亚细胞组织钠离子含量的影响

从图 11-5a 可以看出，在盐碱胁迫下，D 类盐碱土植株地下部分细胞壁的钠离子含量呈下降趋势，其余三种类植株相应的钠离子含量均有上升，其中 B 类植株地下部分细胞壁的钠离子含量上升幅度最大，显著高于空白对照 34.21%（$p<0.05$）。喷施 0.5mmol/L 抗坏血酸后，B、C 型盐碱土植株地下部分细胞壁的钠离子浓度均出现下降，分别低于负对照 26.56%、30.51%；A 型盐碱土植株钠离子含量较为稳定，变化不大，D 类盐碱土处理植株钠离子含量上升，高于负对照 40.77%，均与各自负对照差异不显著（$p>0.05$）。喷施 1.5mmol/L 抗坏血酸后，A、B、C 型盐碱土植株地下部分细胞壁的钠离子含量均下降，分别低于负对照 39.21%、29.68% 和 35.59%；而 D 类植株相应

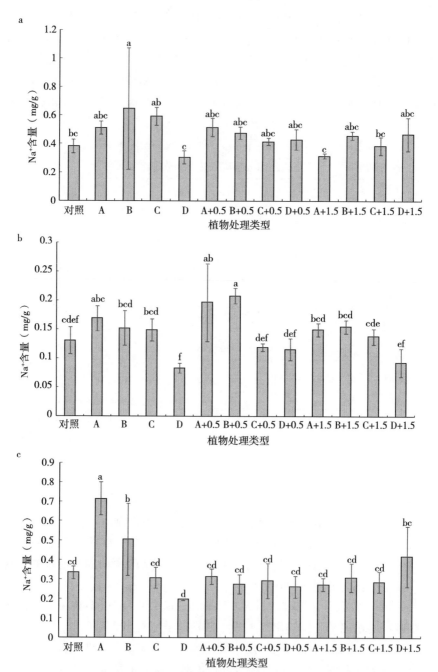

图 11-5 不同处理下海滨锦葵植株地下部分细胞壁（a）、细胞器（b）、
细胞质（c）Na⁺浓度

钠离子浓度呈上升趋势，高于负对照 53.33%，但与各自负对照均差异不显著（$p>0.05$）。

从图 11-5b 可以看出，在盐碱胁迫下，A、B、C 三类盐碱土植株地下部分细胞器钠离子浓度都出现了一定程度的上升，其中 A 类植株上升幅度最大，高于空白对照 23.07%；D 类植株钠离子含量下降，低于空白对照 38.46%，但与空白对照均差异不显著（$p>0.05$）。在喷施 0.5mmol/L 的抗坏血酸后，A、B、D 类盐碱土植株地下部分细胞器钠离子含量均出现上升，其中 B 类植株地下部分细胞器的钠离子含量显著高于负对照 36.98%（$p<0.05$）；只有 C 类植株钠离子浓度出现下降，低于负对照 19.93%。在喷施浓度为 1.5mmol/L 抗坏血酸后，A、C 型盐碱土植株地下部分细胞器钠离子浓度都出现下降，分别低于负对照 11.32%、7.51%；B、D 类植株钠离子含量出现上升，高于负对照 2.17%、10.53%，但与各自负对照均差异不显著（$p>0.05$）。

从图 11-5c 可以看出，在盐碱胁迫下，A、B 两类盐碱土植株地下部分细胞质钠离子含量相对于空白对照都出现显著上升（$p<0.05$），其中 A 类盐碱土植株上升最为显著，高于空白对照 114.11%；C、D 类植株钠离子浓度出现下降，分别低于空白对照 8.03%、41.51%。在喷施浓度为 0.5mmol/L 抗坏血酸后，A、B、C 型盐碱土植株地下部分细胞质钠离子富集都被抑制，B 类植株地下部分细胞质钠离子富集受抑制最为显著（$p<0.05$），低于负对照 45.44%；D 类植株钠离子浓度受促进并高于负对照 25.06%，但四种类型盐碱土植株地下部分细胞质钠离子含量都低于空白对照。在喷施浓度为 1.5mmol/L 抗坏血酸后，A、B、C 型盐碱土植株细胞质钠离子富集都受到抑制，其中 A 类处理植株钠离子浓度抑制最为显著（$p<0.05$），低于负对照 61.84%；D 类植株钠离子含量出现上升，显著高于负对照 53.21%（$p<0.05$）。

11.3.2.6　对植株地下部分亚细胞组织钠离子分布比例的影响

在盐碱胁迫下，海滨锦葵地下部分植株细胞器钠离子分布比例比较稳定，而 B、C、D 类盐碱土植株地下部分细胞壁的钠离子分布比例上升，其细胞质 Na^+ 分布比例则逐步下降，其中 C、D 变化最为显著，其细胞壁 Na^+ 分布比例分别达到了 56.52%、52.28%，而其细胞质 Na^+ 分布比例则下降到 29.27%、33.45%；而 A 类植株亚细胞钠离子分布比例呈相反趋势变化。喷施 0.5mmol/L 抗坏血酸后，与各自负对照相比，A、B、D 类盐碱土植株地下部分细胞质的钠离子分布比例出现了下降，而细胞壁的钠离子分布比例开始上升，其中 A、B 变化最为显著，细胞质 Na^+ 分布比例分别由 51.19%、38.73%降低到 30.55%、28.68%；而 C 类植株亚细胞钠离子分布比例则比较稳定。喷施 1.5mmol/L 抗坏血酸后，海滨锦葵亚细胞钠离子分布比例与低浓度的 AsA 调控存在差异，与负对照相比，C、D 类植株细胞质的钠离子分布比例上升，细胞壁分布比例下降，细胞器 Na$^+$ 分布比例相对较稳定；A 类植株细胞质的钠离子分布比例下降，而细胞壁分布比例上升；B 类植株亚细胞钠离子分布比例比较平稳，变化程度不大。

表 11-2　外源抗坏血酸调控盐碱胁迫下海滨锦葵
地下部分钠离子亚细胞分布比例

植物处理	细胞壁（%）	细胞器（%）	细胞质（%）
对照	45.13	15.42	39.45
A	36.73	12.08	51.19
B	49.61	11.66	38.73
C	56.52	14.22	29.27
D	52.28	14.27	33.45
A+0.5	50.26	19.19	30.55
B+0.5	49.63	21.69	28.68
C+0.5	50.28	14.44	35.28
D+0.5	53.31	14.36	32.33
A+1.5	42.71	20.29	37.00
B+1.5	49.69	16.83	33.48
C+1.5	47.63	17.05	35.31
D+1.5	47.79	9.53	42.69

11.3.3　外源 AsA 对盐碱胁迫下海滨锦葵的生理特性影响

11.3.3.1　对海滨锦葵可溶性蛋白质含量的影响

在本试验中，植株地上部分的可溶性蛋白质含量变化不太明显，与对照值差异均不显著（$p > 0.05$），其中 C 型盐碱土植株部分下降幅度最大，低于对照值 25.07%。喷施抗坏血酸后，盐碱土植株地上部分的蛋白含量呈上升趋势，并随浓度上升而增加（图 11-6a），其中 B 型植株的可溶性蛋白含量上升幅度最大，其蛋白含量分别高于负对照值 53.45%、67.24%，差异显著（$p < 0.05$）；A、C、D 型植株的可溶性蛋白含量均高于各自负对照值，但之间差异不显著（$p > 0.05$）。

就植株地下部分而言，盐碱环境对海滨锦葵的可溶性蛋白含量并无明显影

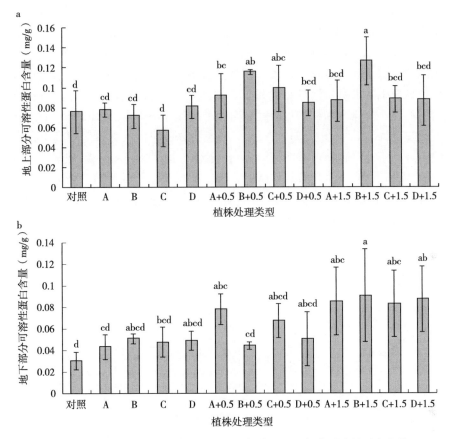

图 11-6　不同处理下海滨锦葵的地上部分和地下部分可溶性蛋白含量

a. 地上部分　b. 地下部分

响，A、B、C、D 型盐碱土植株可溶性蛋白含量均高于对照值，但与对照值差异不显著（$p > 0.05$）（图 11-6b）；喷施 0.5mmol/L 抗坏血酸，各类盐碱土植株可溶性蛋白含量呈上升趋势，其中 A、B、C 型植株可溶性蛋白含量高于负对照，仅 B 型盐碱土低于负对照值 13.56%，均差异不显著（$p > 0.05$）。喷施浓度达到 1.5mmol/L 时，各类盐碱土植株可溶性蛋白含量进一步上升，均高于负对照，其中 B 型植株上升幅度最显著（$p < 0.05$），差异值达到负对照的 83.40%。

11.3.3.2　对海滨锦葵可溶性糖含量影响

就植株地上部分可溶性糖含量而言，各类盐碱土植株可溶性糖的含量变化较明显，其中 A、B、C 型盐碱土植株可溶性糖含量低于对照值，只有 D 型植株可溶性糖含量略高于对照值 5.72%（$p > 0.05$）。喷施 0.5mmol/L 抗坏血酸，A、B、C 型植株可溶性糖含量明显升高，其中 B 型植株增加量最为明显，高于对照值 129.05% ($p<0.05$)（图 11 - 7a）。喷施浓度为 1.5mmol/L 时，各类植株可溶性糖含量高于各自负对照，分别为 235.28%、49.68%、39.76%、26.01%，但除 A 型植株外，其他均差异不显著（$p>0.05$）。

就地下部分而言，各类盐碱土植株的可溶性糖含量变化存在一定差异，C型植株显著下降，其可溶性糖含量低于对照值 32.4%（$p<0.05$）。随着抗坏血酸的喷施，盐碱土植株的可溶性糖含量总体呈上升趋势（图 11 - 7b）。外源坏血酸浓度为 0.5mmol/L 时，A、C、D 型植株的可溶性糖含量均高于各自负对照值，而 B 型植株下降明显，低于负对照值 24.85%，差异显著（$p<0.05$）；喷施 1.5mmol/L 抗坏血酸时，各类盐碱土植株的可溶性糖含量均高于负对照值，其中 C、D 型植株差异幅度最大，分别高于负对照 53.91%、50.06%，差异显著（$p<0.05$）。

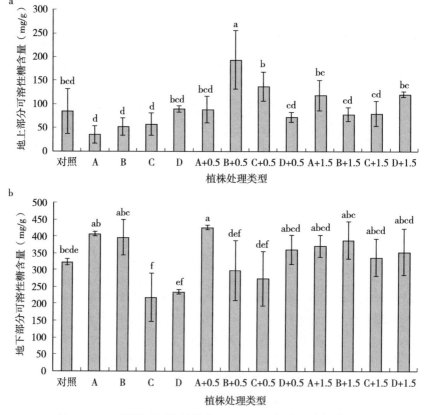

图 11 - 7　不同处理下海滨锦葵地上和地下部分可溶性糖含量

a. 地上部分　b. 地下部分

11.3.3.3　对海滨锦葵叶绿素与类胡萝卜素含量的影响

在盐碱胁迫下，各类植株的叶绿素 a 含量变化不明显，均低于对照值，但差异不显著（$p>0.05$）。喷施 0.5mmol/L AsA 后，各类盐碱土植株的叶绿素 a 含量较稳定（图 11 - 8a），仅 A 型植株的叶绿素 a 含量略低于负对照 4.39%，差异均不显著（$p>0.05$）。随着抗坏血酸浓度的增加，C 型盐碱土植株的叶绿素 a 含量显著低于负对照值 18.68%（$p<0.05$），其他类型植株叶绿素 a 含量则较稳定。

相对于叶绿素 a 而言，海滨锦葵植株的叶绿素 b 变化较大，在盐碱条件下，A、B 型植株显著低于对照植株（$p<0.05$）；C、D 型植株含量略微降低，但差异均不显著（$p>0.05$）。喷施外源抗坏血酸后，各类盐碱土植株的叶绿素 b 含量基本低于负对照值（图 11 - 8b），仅低浓度时 B 型植株和高浓度时 A 型植株高略微上升，分别高于各自负对照值 15.68%、7.87%，但均差异不显著（$p>0.05$）。

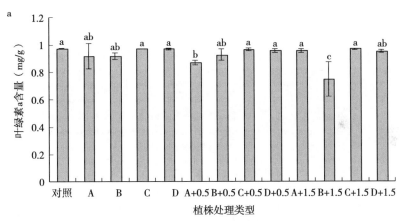

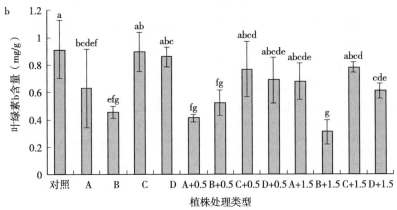

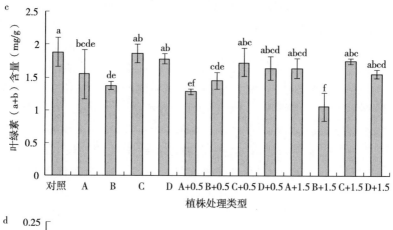

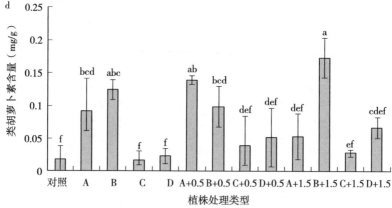

图 11-8 不同处理下海滨锦葵的叶绿素及类胡萝卜素含量

叶绿素 a（a）　叶绿素 b（b）　叶绿素 a+b（c）　类胡萝卜素（d）

就叶绿素总量变化而言，各类盐碱土植株均低于对照植株，其中 A 和 B 型的差异最显著（$p<0.05$）（图 11-8c）。喷施 0.5mmol/L 和 1.5mmol/L 抗坏血酸后，各类型植株的叶绿素总量基本低于负对照植株，仅低浓度时 B 型植株和高浓度时 A 型植株高略微上升，分别高于各自负对照值 5.72%、5.80%，但均差异不显著（$p>0.05$）

在本试验中，各类盐碱土植株类胡萝卜素含量基本呈上升趋势，只有 C 型植株略低于对照值 9.09%（图 11-8d）。喷施 0.5mmol/L 抗坏血酸后，A、C、D 型植株的类胡萝卜素含量进一步升高，只有 B 型植株含量低于负对照 20.37%，但差异均不显著（$p>0.05$）。喷施 1.5mmol/L 抗坏血酸后，A 型植株的类胡萝卜素含量低于负对照值 41.65%，而其他各类均高于各自负对照值，但差异均不显著（$p>0.05$）。

11.3.4　外源 AsA 对盐碱胁迫下海滨锦葵根系特征的影响

11.3.4.1　对植株根系生物量的影响

从图 11-9 中可以看出，在盐碱条件下，A、D 型盐碱土植株的根系生物量累积受到抑制，其中 D 型植株的抑制程度最大，低于正对照 20.52%；B、C 型植株生物量累积受到促进，其中 C 型植株的促进最大，高于正对照 33.09%，但与对照差异均不显著。喷施 AsA 后，A 型盐碱土植株生物量受到促进，在 0.5、1.5mmol/L 下分别高于负对照 74.92%（$p>0.05$）、159.08%（$p<0.05$）；B 型盐碱土植株受到抑制，分别低于负对照 20.22%、12.23%；C 型盐碱土植株受到抑制，分别低于负对照 25.68%、27.79%；D 型盐碱土植株受到促进，分别高于负对照 21.09%、21.18%（$p>0.05$）。

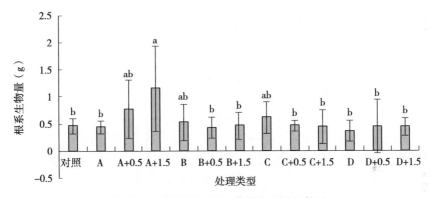

图 11-9　不同处理下海滨锦葵根系生物量

11.3.4.2　对植株根系活力的影响

从图 11-10 中可以看出，在盐碱胁迫下，A、B、C 型植株的根系活力受到了促进，其中 A 型植株促进幅度最大，显著高于正对照 139.82%（$p<0.05$）；而 D 型盐碱土植株受到了抑制，但与正对照差异不显著（$p>0.05$）。喷施 AsA 后，A 型盐碱土植株根系活力受到抑制，在 0.5、1.5mmol/L 时分别低于负对照 63.81%、48.80%；B 型植株根系活力受到受低浓度 AsA 促进，高于负对照 52.28%，而高浓度抗坏血酸导致海滨锦葵根系活力显著下降，低于负对照值 79.86%（$p<0.05$）；与 A 型植株相似，C 型盐碱土植株根系活力受外源 AsA 抑制，在 0.5、1.5mmol/L 时分别低于各自负对照 44.51%、33.20%，但差异不显著（$p>0.05$）；D 型植株根系活力受外源抗坏血酸的促进，在低、高浓度处理下，其活力值分别高于负对照 100.56%、99.56%，但差异不显著（$p>0.05$）。

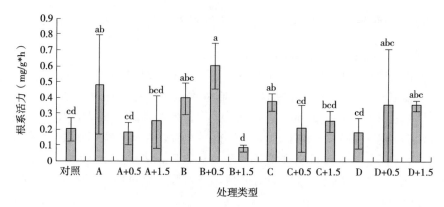

图 11-10 在不同处理下海滨锦葵盐碱胁迫下根系活力的变化

11.3.4.3 对植株根系发育的影响

从图 11-11a 看出，在盐碱胁迫下，A、B、C、D 型植株的根系表面积发育受到抑制，其中 B 型植株的抑制幅度最大，显著低于正对照 59.75%（$p<0.05$）。喷施 AsA 后，A 型盐碱土植株根系表面积逐步增加，在 0.5、1.5mmol/L 时分别高于负对照 12.43%、76.61%；B 型盐碱土植株受到促进，其中低浓度时高于负对照 199.70%，差异显著（$p<0.05$）；C 型盐碱土植株根系表面积发育受到促进，分别高于负对照 50.46%、55.88%；D 型盐碱土植株受到抑制，分别低于负对照 6.39%、26.16%，差异不显著（$p>0.05$）。

在盐碱胁迫下，A、B、C、D 型植株总根长受到抑制（图 11-11b），其中 B 型植株的抑制程度最大，显著低于正对照 68.47%（$p<0.05$）。喷施 0.5、1.5mmol/L AsA 后，A、B、C 型盐碱土植株总根长受到促进，其中 B、C 型植株喷施低、高浓度 AsA 后总根长分别高于各自负对照 235.46%、205.35%、101.76%、102.65%，差异均显著（$p<0.05$）；D 型植株根长受到低浓度 AsA 促进，高于负对照 12.68%，但受高浓度抗坏血酸抑制，低于负对照 37.03%，但差异不显著（$p>0.05$）。

从图 11-11c 可以看出，在盐碱胁迫下，A、B、C、D 型盐碱土植株根尖数受到抑制，其中 B 型盐碱土植株受到的抑制程度最大，显著低于正对照 63.00%（$p<0.05$）。喷施 0.5、1.5mmol/L AsA 后，A、B、C 型植株根尖数受到促进，其中 B 型植株根尖数的上升幅度最大，显著高于负对照 183.85%、150.70%，差异显著（$p<0.05$），而 A、C 型植株根尖数高于负对照，但差异不显著（$p>0.05$）；D 型植株根尖数量受到抑制，分别低于负对照 11.20%、38.22%。

在盐碱胁迫下，B、C、D 型盐碱土植株根系直径受到了促进（图 11-11d），

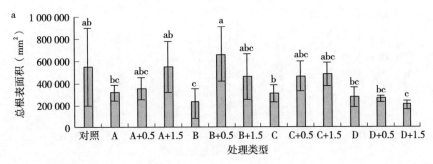

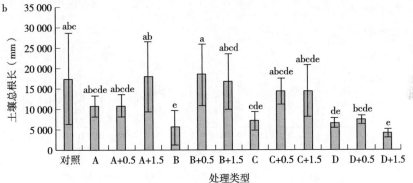

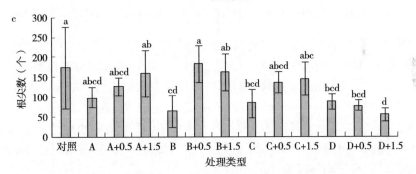

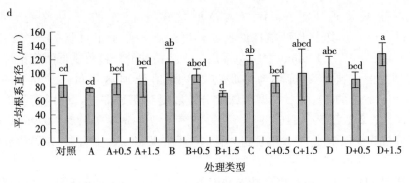

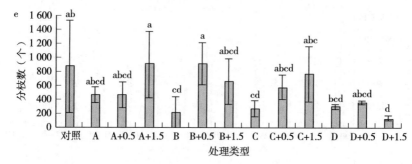

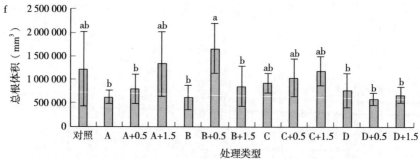

图 11 - 11　不同处理下海滨锦葵根系发育特性

a. 总根表面积　b. 土壤总根长　c. 根尖数　d. 平均根系直径　e. 分枝数　f. 总根体积

其中 B 型的促进幅度最大，显著高于正对照 41.39%（$p < 0.05$）；A 型植株根系直径受到抑制，低于正对照 6.13%。喷施 AsA 后，A 型植株根系直径受到促进，在 0.5、1.5mmol/L 时分别高于负对照 10.87%、13.57%；B、C 型盐碱土植株的根系直径受到抑制，分别低于负对照 16.19%、38.71%、27.38%、15.37%，差异均不显著（$p > 0.05$）；D 型植株的根系直径受低浓度 AsA 抑制，但受到高浓度 AsA 促进，差异值分别达到负对照的 14.99%、20.96%，但差异均不显著（$p > 0.05$）。

在盐碱胁迫下，A、B、C、D 型盐碱土植株的分枝数受到抑制（图 11 - 11e），其中 B 型植株的抑制幅度最大，低于正对照 74.52%（$p < 0.05$）。喷施 0.5、1.5mmol/L AsA 后，A 型植株的分枝数受低浓度抗坏血酸的抑制，但受高浓度抗坏血酸促进，差异值分别达到负对照的 0.91%、92.31%（$p < 0.05$）；B、C 型植株的分枝数受到明显促进，分别高于负对照 312.90%、201.30%、116.89%、189.28%，均差异显著（$p < 0.05$）；D 型植株分枝数受低浓度 AsA 的促进，同时受高浓度 AsA 的抑制，差异值分别达到各自负对照的 17.67%、54.68%。

从图 11 - 11f 可以看出，盐碱胁迫下 A、B、C、D 型植株的根系体积受到抑制，其中 B 型植株的抑制程度最大，显著低于正对照 49.72%（$p < 0.05$）。喷施 0.5、1.5mmol/L AsA 后，A、B、C 型植株的根系体积均受到促进，分别高于负对照 26.83%、113.03%、170.94%、39.99%、13.23%、28.91%；D 型植株的根系体积受到抑制，低于负对照 22.70%、13.91%，但差异不显著（$p > 0.05$）。

11.4　试验结论与讨论

11.4.1　外源抗坏血酸对盐碱胁迫下海滨锦葵生长特性的影响

在试验中，喷施抗坏血酸对盐碱胁迫下海滨锦葵生长抑制，尤其是对地径、干重的抑制具有缓解作用，这与燕麦（董秋丽等，2018）、黄芩（江绪文等，2015）的表现相似。外源抗坏血酸通常经过以下途径缓解逆境对植株的损伤：①提高植株体内可溶性糖等渗透调节物质含量，以此来缓解盐碱对植株形成的水分渗透胁迫（范美华等，2009），本结论在此次试验中得到验证；②增强酶促或非酶促抗氧化途径的效率，以此来有效清除胁迫形成的活性氧，减轻盐碱胁迫形成的氧化毒害（石永春等，2015）。研究发现，0.5mmol/L AsA 是提高盐胁迫下黄芩幼苗抗盐性的最适浓度（江绪文等，2015），20mg/L AsA 对海水胁迫下油菜生长抑制的缓解效果最佳（范美华等，2009）；但在本试验中，相对海滨锦葵盐碱胁迫植株而言，高浓度抗坏血酸（1.5mmol/L）相比低浓度（0.5mmol/L）更有效，应该与植物种间与生理特性差异相关，具体作用机理还有待进一步研究。

11.4.2　外源抗坏血酸对盐碱胁迫下海滨锦葵植株离子富集与转移的影响

在盐胁迫下，细胞内积累的活性氧能直接改变膜脂和膜蛋白的结构，进而影响膜的透性及对离子的吸收。喷施外源抗坏血酸可提高植株体内抗氧化酶活性，有效清除活性氧，保持细胞膜结构和功能的完整性（何文亮等，2004），在一定程度上保持植株对离子的吸收与转运，提高其盐碱耐受性。在试验中，外源抗坏血酸对不同类型盐碱土中海滨锦葵根、茎、叶 Na^+ 富集与转运的影响存在差异，有促进，部分存在抑制。这应该与盐碱土有关，其盐分种类及盐分配比存在差异，导致盐碱土间化学性质不同，从而对海滨锦葵形成的胁迫危害存在差异；同时，不同浓度的外源抗坏血酸清除海滨锦葵体内活性氧、保护细胞膜完整的能力不同，从而导致外源抗坏血酸对海滨锦葵盐碱胁迫植株的 Na^+ 富集与转运的调控效应存在差异性。

11.4.3 外源抗坏血酸对盐碱胁迫下海滨锦葵亚细胞钠离子分布的影响

在本次试验中，盐碱胁迫下海滨锦葵细胞 Na^+ 含量大体上升，主要集中于细胞壁与细胞质，且地上部分细胞质 Na^+ 分布比例呈上升趋势。这表明，在盐碱胁迫下，海滨锦葵细胞膜脂发生过氧化，破坏膜结构，使质膜透性增加，导致钠离子大量进入细胞，并富集到细胞质。喷施较高浓度抗坏血酸后，大部分植株细胞内亚细胞钠离子浓度逐步降低，且细胞壁的钠离子分布比例逐步上升，呈现出钠离子由细胞质逐步的向细胞壁进行转移的现象。应该是外源抗坏血酸缓解了盐碱胁迫对细胞膜的损伤，使膜结构保持较完整（常云霞等，2013），从而导致 Na^+ 不易通过质膜进入细胞。而且 Na^+ 趋向细胞壁中富集，使得细胞壁离子分布比例上升，通过细胞壁固持钠离子，使得 Na^+ 活性降低，进一步降低了高浓度 Na^+ 对细胞功能的盐害，这应该是海滨锦葵应对盐碱胁迫损伤的途径。

郭天荣（2012）研究发现，适宜浓度的抗坏血酸能有效缓解盐碱胁迫对植物细胞的脂质过氧化作用，而浓度过高或过低则缓解效应都会有所下降。在本试验中，喷施抗坏血酸后，地上部分细胞壁的 Na^+ 分布比例提高，且高浓度抗坏血酸（1.5mmol/L）条件下，其 Na^+ 分布比例高于低浓度（0.5mmol/L），体现出对叶片光合系统的保护作用相对较强。这从侧面也证实了 1.5mmol/L 抗坏血酸比较适合盐碱胁迫下海滨锦葵幼苗，与其对生长特性的调控效应相类似。同时，在本试验中，D 类型盐碱土植株对外源抗坏血酸的调控响应与其他类型植株存在一定差异。例如，其细胞离子浓度在抗坏血酸调控下而呈上升趋势，应该是与胁迫类型存在一定关系，其具体机理有待后续进一步研究。

11.4.4 外源抗坏血酸对盐碱胁迫下海滨锦葵生理特征的影响

11.4.4.1 对海滨锦葵蛋白质含量的影响

渗透压调节被认作植物抵御盐胁迫伤害的重要途径。其中植物可溶性蛋白是一种渗透压调节物质，其含量的增加可以降低细胞渗透势，束缚更多的水分，防止水分生理干旱，从而提高植株对盐碱耐受性（姚佳等，2015）。在本试验中，海滨锦葵胁迫植株的可溶性蛋白含量基本呈上升趋势，但地下部分上升较明显，这表明根系对盐碱胁迫反应比地上部分更灵敏，通过可溶性蛋白上升调节细胞渗透势，防止植株根系出现生理干旱；地上部分蛋白含量比较稳定，也体现出海滨锦葵具有较强的盐碱胁迫耐受性。

喷施外源抗坏血酸后，植株可溶性蛋白含量逐步增加，高浓度抗坏血酸的调节效果更强，且根部可溶性蛋白的上升更显著，对海滨锦葵胁迫植株起到了更好的调节与保护作用。这说明抗坏血酸在一定浓度下可以缓解盐碱胁迫对海滨锦葵的伤害，可保护质膜系统，提高可溶性蛋白含量，从而提高植物幼苗对逆境耐受能力（华智锐和李小玲，2019）。通过试验证明，对于海滨锦葵来说，1.5mmol/L抗坏血酸是一个有效的外源调控手段，增强海滨锦葵对盐碱的耐受性，在盐碱土壤改良中具有较大的应用价值。

11.4.4.2 对海滨锦葵可溶性糖含量的影响

可溶性糖为植物的合成过程和生命活动提供所需的能量，是调节植物细胞渗透势的有机物质，可溶性糖含量的增加可以提高植物的盐碱的抗逆性（江绪文等，2015）。盐碱胁迫会造成植物代谢出现紊乱，同时也会造成生理干旱，从而影响植物生长发育。本试验中，海滨锦葵在盐碱条件下可溶性糖含量降低；喷施抗坏血酸后，胁迫植株可溶性糖含量基本呈上升趋势，与小麦表现相似（华智锐和李小玲，2019）。喷施抗坏血酸提高可溶性糖含量，成为海滨锦葵植株应对盐碱胁迫的应激反应，从以下两个途径来增强其对胁迫耐受性：①增加可溶性糖含量，可以增加能量来源，为胁迫植株的生理过程提供所需的能量，保持整个正常植株的生理功能正常；②增加可溶性糖含量可以调节细胞，尤其是根系细胞内渗透压，保持根系细胞与土壤盐碱环境的渗透压保持平衡，防止水分流失，形成生理干旱，保持胁迫植株细胞的正常代谢。华智锐等（2019）发现，抗坏血酸质量浓度为0.15g/L时，其缓解小麦盐碱毒害的效果最佳。在本试验中，高、低浓度对海滨锦葵可溶性糖的调节效果相差不大，但调剂规律与可溶性蛋白相似。这也证明1.5mmol/L外源抗坏血酸调控对于海滨锦葵改良盐碱土壤的具有重要价值。

11.4.4.3 对叶绿素与类胡萝卜素含量的影响

叶绿素和类胡萝卜素均是植物光合作用的关键成分，其含量是衡量植物健康状态与抗逆性的重要标志。逆境胁迫会降低叶绿素合成酶的活性，阻碍叶绿素的合成（Rao和Rao，1981）；或加速叶绿体形态结构的受损和分解（Zhou等，2012），叶绿素含量降低，导致植株光合系统功能紊乱（杨淑萍等，2010）。本试验中，叶绿素a的含量比较稳定，表明海滨锦葵具很强的盐碱胁迫耐受能力；类胡萝卜素在盐碱环境含量呈上升趋势，增强了光合系统的光量子捕捉与传递能力，应该是海滨锦葵应对盐碱胁迫的应激措施。喷施外源抗坏血酸时，海滨锦葵叶绿素含量比较稳定，但类胡萝卜含量逐步增加，说明抗坏血酸具有缓解盐碱毒害的功能，提高了色素合成酶的活性，促进类胡萝卜素合成，保持了胁迫植株较高的捕光与光合传递效率，进而保持较高的光合效能，提高海滨锦葵对盐碱胁迫的耐受能力。

11.4.5　外源抗坏血酸对盐碱胁迫下海滨锦葵根系特征的影响

11.4.5.1　对海滨锦葵根系活力的影响

在本次试验中，抗坏血酸对盐碱胁迫下海滨锦葵的根系活力的调控存在差异，有的表现为抑制，部分表现为促进。例如，B、D类型盐碱土，可能与不同盐碱地土壤特性有关。不同浓度的抗坏血酸对盐碱胁迫下海滨锦葵的根系活力的影响没有显著性差别，但1.5mmol/L抗坏血酸的缓解效果相对高于0.5mmol/L。其中，外源抗坏血酸对海滨锦葵根系活力的抑制效应可能与使用方式有关。叶面喷施外源抗坏血酸，其直接为叶片所吸收，随之调控叶肉细胞的渗透调节物质，缓解盐碱胁迫形成的水分胁迫；增强酶促反应效率，去除活性氧，降低氧化毒害（范美华，2009；江绪文等，2015）。但植株组织部位存在空间差异，AsA对于根系受的盐碱损伤则可能反应不敏感，甚至出现负面效应。

11.4.5.2　对海滨锦葵根系发育的影响

根系是植物最早感受逆境胁迫的器官，在盐碱胁迫下植物最直接受害的部位就是根系（严青青等，2019）。本试验研究发现，抗坏血酸对盐碱胁迫下海滨锦葵根系发育起促进作用，能够有效缓解盐碱胁迫对海滨锦葵根系生长发育的抑制。向章敏等（2007）发现，6%抗坏血酸促进烟草根系生长发育，促进了植株光合效率，整体提高了烟草产量。在本试验中，外源抗坏血酸可以缓解盐碱胁迫下海滨锦葵根系胁迫损伤，提高了植株根系总根系面积、总根系长度、总根尖数等，促进了根系发育，A、D型植株根系生物量上升，与干旱环境下辣椒根系相似（张菊平等，2017）。因而，外源抗坏血酸可以作为海滨锦葵修复盐碱土的一个有效技术措施。

第十二章

其他外源物质对盐碱胁迫下
海滨锦葵的影响

12.1 引言

土壤盐碱化已成为全球范围内严峻的环境问题，并影响到农林业、畜牧业。在盐生境中，植物生长受到影响，体内养分吸收、利用与分配失衡，同时也增加了植物对必需营养元素的需求（Qiu 等，2014）。除了中性盐，碱性盐（Na_2CO_3、$NaHCO_3$）是内陆苏打盐碱土的主要成分（王志春等，2008），不仅影响植物生长，同时减少了细胞含水量（Shannon，1997），造成生理干旱。因此，植物耐盐碱性不仅仅体现在对高浓度 Na^+ 的适应性，更重要的是适应盐诱导产生的水分亏缺。同时，盐碱胁迫常导致植物体内活性氧（ROS）大量积累，直接对细胞形成生物毒害（Alhdad 等，2013）；影响植物的光合作用，使其速率降低（郭金博等，2019），影响胁迫植株的发育。

当前，人们越来越重视盐碱地的修复与利用，其中引种耐盐经济植物是最有效的利用途径。冯棣等（2014）研究发现，低浓度盐分促进棉花（*Anemone vitifolia Buch*）植株高度、叶面积和茎粗及成铃数，而高盐分则对棉花植株生长发育形成抑制。与棉花相似，盐胁迫下高粱（*Sorghum bicolor*）种子进行引发试验，其发芽率、幼苗生长明显受到高浓度盐分抑制，导致生物量降低（杨小环等，2011）。于是，各种外源物质被应用到盐碱胁迫植株上，例如，外源钾离子（葛江丽和姜闯道，2012）、水杨酸（SA）（Gunes 等，2005）、硫化氢等（H_2S）（孙晓莉等，2017），力图通过外源物质调控胁迫植株的生理生化反应途径，增强植株对盐碱胁迫的耐受性，缓解外部胁迫对植株的损伤。

水杨酸作为一种能够诱导植物对非生物逆境产生反应的信号分子，能调控胁迫植株生理生化功能（尚庆茂等，2007）。在盐胁迫下，外源水杨酸能够显著促进黄瓜幼苗生长与干物质积累，有效缓解盐毒害（尚庆茂等，2007）。王艳等（2005）发现，水杨酸能够改善盐胁迫下大豆幼苗根系生长，提高细胞内可溶性蛋白含量，缓解盐分形成的渗透危害，增强大豆幼苗对盐胁迫的耐受性。与大豆相似，水杨酸对非生物环境胁迫下的玉米（Gunes等，2005）、燕麦（邵长安等，2019）、小麦（魏秀俭和王珍，2010）等具有损伤缓解功能。

硫化氢是一种无机化合物，为无色气体。最早 H_2S 被认为是一种有害气体（徐慧芳等，2013），但其作用长期为人类的研究重点。然而，至 20 世纪 90 年代才研究证实，硫化氢作一种气体信号分子（Szabo，2007），对植物具有多种生理调控功能。H_2S 参与调控植物的生长发育过程，如种子萌发、根与叶的形成、气孔运动等（徐慧芳等，2013）。此外，H_2S 还参与调控植物对多种非生物胁迫环境的响应，如盐胁迫、缺氧胁迫、重金属胁迫等（李子玮等，2020），缓解胁迫逆境对植物的损伤，提高胁迫植株对逆境的耐受性与抵抗力。

本研究的目的就是观测外源钾离子、SA、H_2S 等外源物质对盐碱胁迫下海滨锦葵植株生长、钠离子吸收及其生理特性的影响，以了解外源物质对海滨锦葵盐碱胁迫植株的调控效果，找出最适的外源处理浓度，为海滨锦葵在盐碱土改良中的应用提供理论支持。

12.2 试验材料和方法

12.2.1 试验材料

海滨锦葵种子（由南京大学盐生植物实验室提供）。

12.2.2 试验设计

取普通园土和营养土按照 3∶1 配制而成，加入不同配比的盐分，模拟 4 类不同的盐碱土：A 类为单一 NaCl 处理，B 类为 NaCl、Na_2SO_4、Na_2CO_3、$NaHCO_3 = 8∶4∶1∶1$，C 类为 NaCl、Na_2SO_4、Na_2CO_3、$NaHCO_3 = 4∶8∶1∶1$，D 类为 Na_2CO_3、$NaHCO_3 = 1∶1$。

12.2.2.1 外源 K^+ 处理

在配置的盐碱土中加入 10mmol/kg 氯化钾，以正常园土为正对照，不添加氯化钾的盐碱土为负对照，浓度为 15、30mmol/kg。将配好土壤置入栽培钵（直径 12cm、高 11cm），将栽培钵放入白色塑料盆（高 12cm、长 54cm、宽 26cm），每盆 6 钵。

将海滨锦葵种子用浓硫酸浸泡 30min，并清水冲洗干净；将种子放入盆中，温水浸泡 24h，随后沙藏催芽；待 1/3 的种子露白时，选择均匀饱满的种子播种于栽培钵。播种土表层厚 0.5～1.0cm，每钵 5 粒种子。浇水，渗入栽培杯内的土壤中，直至土壤表面湿润。

12.2.2.2　外源 SA 处理

在 30mmol/kg 盐碱土中处理，种子处理方法与上同。对 A、B、C、D 型土壤植株叶面喷施 0.5、1.5mmol/L 水杨酸，一周喷洒一次植株，连续喷施 9 次，以不喷施水杨酸为负对照，空白为正对照。

12.2.2.3　外源 H_2S 处理

在 30mmol/kg 盐碱土中处理，种子处理方法与上同。在苗长出 3～4 片真叶后，对盐土进行叶面喷施 NaHS 溶液，浓度梯度分别为 0.05、0.1、0.5mmol/L，每周喷施一次，连续喷施 9 周，以普通园土（不添加盐分）植株为正对照，不喷施 NaHS 的盐碱土植株为负对照。

12.2.3　试验测定方法

12.2.3.1　海滨锦葵的生长指标

当海滨锦葵幼苗生长到 12 周后，选择代表性的植株，用游标卡尺和直尺测出幼苗的地径、粗度和苗高。将样株从栽培钵中移出，在水中轻轻冲洗植株根系，尽量减少根系损伤，并用纸巾吸去多余水。随后将幼苗剪切，放于培养皿中，置于烘箱中，80℃条件下烘干至恒重。最后在天平上（精确到 0.000 1g）称量干重，并放于封口袋中保存。重复 3 次。

12.2.3.2　离子含量测定

称取烘干组织 0.2g 左右放于研钵中磨碎，移入消解罐，并加入 8mL 浓硝酸、2mL 高氯酸和 2mL 双氧水，置于消解仪中（165℃ 5w）消解 45min，直至澄清、无杂质。降温后，将消解完全的溶液转移至聚四氯乙烯烧杯中，在电热板上 170℃赶酸，除去氯气。当赶酸至近干时，用 0.2%硝酸将消解液转移、定容至 25mL，用 50mL 离心管保存。最后用 Optima 2100 DV 电感耦合等离子体发射光谱仪进行离子全量分析。重复 3 次。

12.2.3.3　植株组织钠离子亚细胞分布

取 0.4g 新鲜植株放入研钵中，然后加入 5mL 的匀浆液（蔗糖 250mmol/L、Tris - HCl 50mmol/L（pH7.5）和 DTT1mmol/L）研磨。随后转移至离心管，3 000r/min 离心 1min，沉淀为细胞壁成分。取上清液继续进行离心，

14 500r/min 离心 45min，沉淀为细胞器，上清液为细胞质。将离心所得细胞壁和细胞器按照 1.3.2 方法进行消解。最后用 Optima 2100 DV 电感耦合等离子体发射光谱仪进行离子全量分析。重复 3 次。

12.2.3.4　钠离子转运系数的计算

钠离子转运是从植株地下部分往地上部分转移，其计算公式为：

$$钠离子转运系数 = (上部位置 Na^+ 含量)/(下部位置 Na^+ 含量)$$

12.2.4　数据统计与分析

利用 Microsoft Excel 2010 软件对数据进行分析和制图，并用 SPSS21.0 进行方差分析。当 $p < 0.05$，方差分析结果差异显著；当 $p > 0.05$ 时，方差分析结果差异不显著。

12.3　结果与分析

12.3.1　外源 K^+ 对海滨锦葵盐碱胁迫植株的影响

12.3.1.1　钾离子对海滨锦葵生长特性的影响

针对株高而言，15mmol/kg 盐分对株高起一定促进作用，而 30mmol/kg 则表现出一定抑制作用（图 12-1a）。15mmol/kg 盐碱土添加钾离子后，海滨锦葵株高生长大体受到限制，其中 A 类盐土植株下降最显著，分别低于负对照 14.14%，空白对照 14.08%（$p > 0.05$）。在 30mmol/kg 浓度时，添加钾离子后，A、B 型盐碱土植株株高受到限制比较明显，分别低于负对照 20.67%（$p < 0.05$）、18.5%；而在 C、D 型盐碱土中，植株株高受到一定促进，仅高于相应负对照 4.37% 和 4.80%，差异不显著（$p > 0.05$）。

在本试验中，两种盐分浓度对植株地径起到一定促进作用（图 12-1b），但差异不显著（$p > 0.05$）。15mmol/kg 盐碱土中添加钾离子后，植株地径生长受到一定限制，其中 D 类植株下降最显著，低于负对照 17.21%，高于空白植株 12.00%。在 30mmol/kg 浓度时，添加钾离子后，B、C 型植株地径受到限制，分别低于负对照 19.21%、4.00%；而在 A、D 型盐碱，植株地径受到促进，但仅高于相应负对照 2.00%、30.17%（$p > 0.05$）。

就干重而言，两种盐分浓度对植株干重有一定促进（图 12-1c）。15mmol/kg 的盐碱土中添加钾离子后，A、B、D 型植株的干重受到限制，其中 B 类植株下降最显著，低于负对照 52.76%，仅低于正对照 18.51%；在 C 型盐土中，植株干重受到促进，分别高于相应负对照和对照 51.31%、119.16%，差异不显著（$p > 0.05$）。在 30mmol/kg 盐碱土中添加钾离子后，

B、D 型植株的干重受到抑制，分别低于相应负对照 72.83%、0.23%；在 A、C 型盐碱土中，植株干重受到较明显促进，分别高于相应负对照 45.29% 和 137.92%，但差异不显著（$p > 0.05$）。

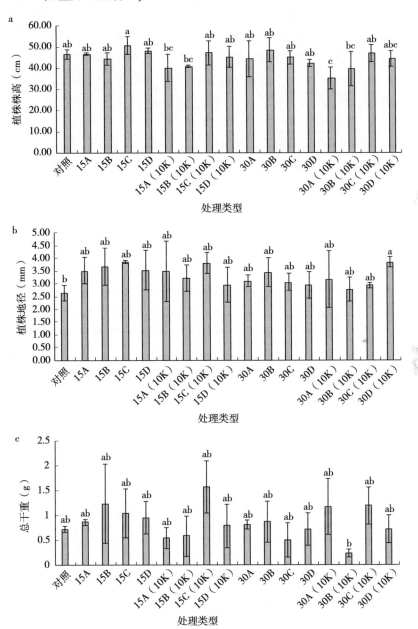

图 12-1　不同处理下海滨锦葵幼苗的株高（a）、地径（b）和干重（c）

12.3.1.2　钾离子对海滨锦葵钠离子吸收的影响

15mmol/kg 浓度盐碱土添加钾离子后，植株钠离子富集受到一定影响，C、D 类盐土植株根部离子富集受到一定促进，分别高于负对照 10.28%、38.88%；A、B 类盐土植株离子富集受到抑制，其离子含量分别低于负对照 40.40%、12.97%，差异均不显著（$p > 0.05$）。30mmol/kg 浓度时，添加钾离子促进了 A、B、D 型植株根部钠离子富集，其中 B 型植株钠离子上升幅度最大，显著高于负对照、空白对照值 99.32%、201.91%（$p < 0.05$）；C 型植株根部的钠离子含量下降，分别低于负对照、空白对照值的 56.83%、27.50%（$p > 0.05$）（图 12 - 2a）。

在本试验中，高、低浓度盐碱条件大致促进了海滨锦葵植株茎部的钠离子富集。15mmol/kg 盐碱土添加钾离子后，C、D 类植株茎部钠离子富集受到一定促进，其离子含量分别高于负对照 4.57%、49.23%（$P > 0.05$）；A、B 类盐土植株茎部离子含量下降下降，分别低于负对照 4.11%、8.21%。30mmol/kg 度时，添加钾离子后 A、B、C 型植株茎部的钠离子富集受到促进，其中 C 类植株上升幅度最大，高于负对照 56.31%，但差异不显著（$p > 0.05$）；D 型植株茎部的钠离子含量下降，低于负对照 31.68%（图 12 - 2b）。

在本试验中，高低浓度盐碱条件对植株叶部的钠离子起到一定的促进作用。15mmol/kg 浓度盐碱土添加钾离子后，各类植株的叶部钠离子含量呈上升趋势，其中 B 类植株上升幅度最大，显著高于负对照 167.29%（$p < 0.05$）。在 30mmol/kg 浓度时，外源钾离子促进了 A、B、D 型植株叶部的钠离子富集，其中 B 类植株钠离子上升幅度最大，高于负对照 113.15%，差异显著（$p < 0.05$）；C 型植株叶部钠离子下降，低于负对照 11.41%（$p > 0.05$）（图 12 - 2c）。

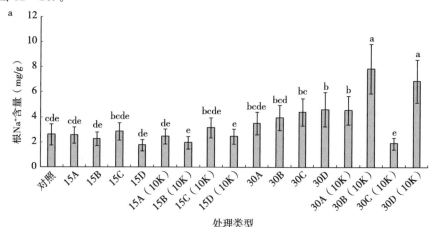

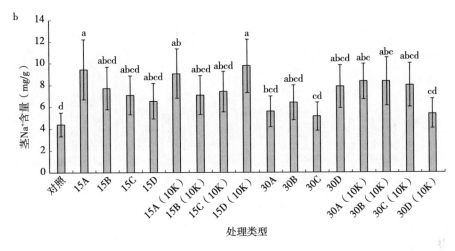

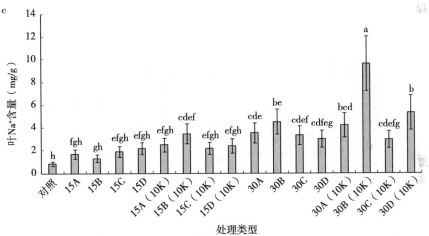

图 12-2　不同处理下海滨锦葵幼苗根（a）、茎（b）和叶（c）Na⁺浓度

12.3.1.3　钾离子对盐胁迫下钠离子的细胞分布特征

（1）地上部分钠离子亚细胞分布　对于细胞质而言，15mmol/kg 浓度盐碱土添加 K^+ 后，钠离子富集受到一定促进（图 12-3a），C 类植株细胞质的 Na^+ 含量上升幅度最大，显著高于负对照和空白对照 151.16%、201.56%（$p<0.05$）。在 30mmol/kg 盐碱土中，添加钾离子后，A、B、D 型植株细胞质的 Na^+ 富集受到促进，其中 A 类植株 Na^+ 上升最明显，高显著于负对照 203.71%（$p<0.05$）；C 型植株的钠离子下降，低于负对照 4.22%（$p>0.05$）。

在细胞器中，15mmol/kg 盐碱土添加钾离子后，A、B、C 型植株 Na^+ 富

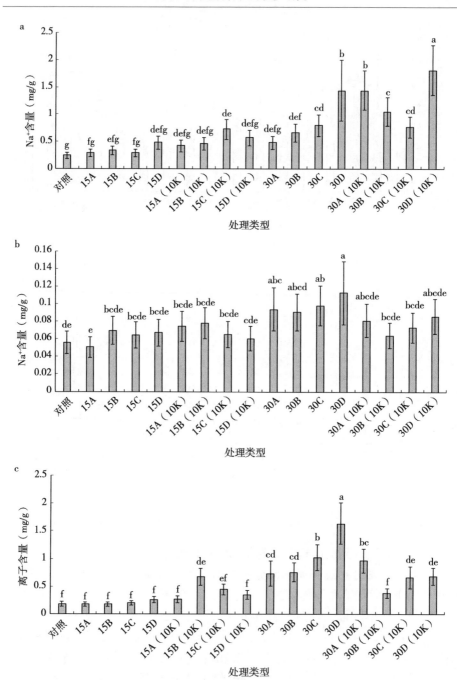

图 12 - 3　不同处理下海滨锦葵地上部分细胞质（a）、
细胞器（b）、细胞壁（c）Na⁺浓度

集得到促进，其中 A 类植株上升最明显，高于负对照 45.94%，但差异不显著（$p>0.05$）；D 型植株 Na^+ 离子含量下降，低于负对照下降了 10.12%，高于空白植株 8.13%。在 30mmol/kg 浓度时，添加 K^+ 后，植株细胞器部分的离子富集受到抑制，其中 B 类植株钠离子含量下降幅度最大，低于负对照29.31%（$p>0.05$）（图 12 - 3b）。

与单一的盐碱胁迫相比，15mmol/kg 盐碱土添加钾离子后，促进细胞壁部分 Na^+ 富集，其中 B 类植株钠离子含量上升幅度最大，分别高于负对照、空白对照 280.77%、271.61%，差异显著（$p<0.05$）。在 30mmol/kg 浓度时，添加 K^+ 后，抑制了 B、C、D 型植株细胞壁的离子富集，其中 B 类植株钠离子含量下降最明显，显著低于负对照 58.37%（$p<0.05$）；A 植株细胞壁部分的离子富集受到促进，高于负对照 31.29%（$p>0.05$）（图 12 - 3c）。

与单一盐碱胁迫相比，15mmol/kg 盐碱土添加钾离子后，海滨锦葵细胞中 Na^+ 分布较稳定，主要分布在细胞质，细胞壁次之，而细胞器分布比例最低；在 30mmol/kg 盐碱土中加入 K^+ 后，海滨锦葵细胞器的钠离子分布较稳定，而细胞壁分布比例降低，细胞质分布比例稳定上升（表 12 - 1）。

表 12 - 1　钾离子调控盐碱胁迫下海滨锦葵地上
部分钠离子亚细胞分布比例

处理	细胞质（%）	细胞器（%）	细胞壁（%）
对照	50.33	11.71	37.96
15A	55.49	9.83	34.68
15B	57.40	12.05	30.55
15C	52.18	11.74	36.08
15D	59.60	8.35	32.05
15A（10K）	55.06	9.74	35.20
15B（10K）	37.75	6.49	55.76
15C（10K）	58.53	5.27	36.20
15D（10K）	58.03	6.19	35.78
30A	36.38	7.19	56.43
30B	43.64	6.05	50.31
30C	41.42	5.09	53.49

（续）

处理	细胞质（%）	细胞器（%）	细胞壁（%）
30D	45.00	3.53	51.47
30A（10K）	57.91	3.26	38.83
30B（10K）	70.37	4.28	25.35
30C（10K）	50.79	4.86	44.35
30D（10K）	70.23	3.32	26.45

注：各离子亚细胞分布比例由3次重复平均值计算所得，后同。

（2）地下部分钠离子亚细胞分布　15mmol/kg 盐碱土添加钾离子后，A、C、D型植株根部细胞质的 Na^+ 富集受到抑制，其中 A 类植株离子含量下降最明显，低于负对照 30.41%，相比于空白植株下降 19.78%，均差异不显著（$p >$ 0.05）；B 类植株细胞质 Na^+ 含量增加，高于负对照 34.32%。与低浓度盐碱土相似，钾离子抑制 30mmol/kg A、C、D 型盐碱土植株中细胞质钠离子的富集，其中 A 类植株 Na^+ 的抑制效果最明显，分别低于负对照、空白对照 39.81%、23.97%；B 型盐碱植株的细胞质钠离子含量上升，高于负对照 16.69%（图 12 - 4a）。

15mmol/kg 盐碱土添加 K^+ 后，其促进了 A、B、C 型植株细胞器的钠离子富集，B 类植株离子含量上升最明显，显著高于负对照 151.24%（$p <$ 0.05）；D 类盐碱土植株 Na^+ 含量下降，低于负对照 33.14%。30mmol/kg 浓度时，添加钾离子后，对植株细胞器钠离子富集形成抑制，其中 C 类植株最明显，分别低于负对照、空白植株 50.94%、51.96%，差异显著（$p <$ 0.05）（图 12 - 4b）。

15mmol/kg 盐碱土添加钾离子后，对胁迫植株细胞壁 Na^+ 富集有一定促进效果，其中 B 类植株细胞壁 Na^+ 含量上升幅度最大，显著高于负对照 317.71%（$p <$ 0.05）。在 30mmol/kg 浓度时，盐碱土添加 K^+ 后，植株细胞壁钠离子富集受到抑制，其中 A 类植株细胞壁的钠离子下降最明显，低于负对照 29.33%，高于空白植株 68.47%，均差异不显著（$p >$ 0.05）（图 12 - 4c）。

在 15mmol/kg 盐碱土添加钾离子后，与单一的盐碱胁迫相比，细胞质钠离子分布比例明显下降，细胞壁钠分布比例逐步上升，而细胞器分布则较稳定。在 30mmol/kg 盐碱土添加钾离子后，钠离子在细胞中分布比较稳定，主要分布于细胞质，细胞壁次之，而细胞器比例最低（表 12 - 2）。

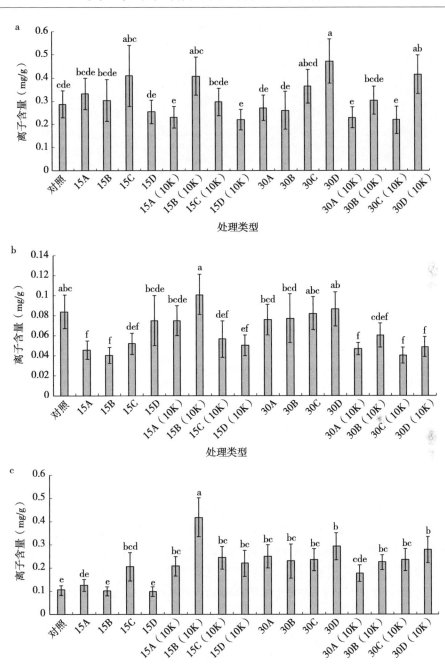

图 12-4　不同处理下海滨锦葵幼苗钠离子在地下部分细胞质（a）、
　　　　　细胞器（b）、细胞壁（c）分布情况

表 12 - 2　钾离子调控盐碱胁迫下海滨锦葵地下部分钠离子亚细胞分布比例

处理	细胞质（%）	细胞器（%）	细胞壁（%）
对照	60.46	17.64	21.90
15A	66.04	9.05	24.91
15B	68.44	9.07	22.49
15C	61.58	7.78	30.64
15D	59.33	17.61	23.06
15A（10K）	45.00	14.59	40.41
15B（10K）	44.04	10.92	45.04
15C（10K）	49.78	9.51	40.71
15D（10K）	44.98	10.26	44.76
30A	45.52	12.74	41.74
30B	45.92	13.61	40.47
30C	53.47	12.09	34.44
30D	55.55	10.17	34.28
30A（10K）	50.63	10.39	38.97
30B（10K）	51.72	10.27	38.01
30C（10K）	44.34	8.17	47.48
30D（10K）	56.05	6.58	37.37

12.3.2　外源 SA 对海滨锦葵盐碱胁迫植株的影响

12.3.2.1　不同浓度水杨酸条件下海滨锦葵的生长特性

在本试验中，SA 对海滨锦葵的株高、地径和干重有不同的影响。在盐碱胁迫下，A、B、C 型植株苗高受到抑制，但差异不显著（$p>0.05$）；D 型盐碱土植株株高生长受到促进，高于空白对照 12.70%（图 12 - 5a）。喷施 0.5mmol/L 水杨酸后，植株株高受到抑制，其中 D 型盐碱土植株下降幅度最明显，与负对照相比下降了 21.31%（$p>0.05$）。喷施 1.5mmol/L 的水杨酸后，A、B、D 型盐碱土植株株高生长受到抑制，抑制最明显的为 A 型盐碱土植株，相比负对照下降了 9.42%；而 C 型植株苗高受到促进，高于负对照 16.20%，均差异不显著（$p>0.05$）。

在盐碱胁迫下，B、C、D 植株地径受到抑制，其中 C 型植株下降最明显，比空白对照下降了 18.83%，差异不显著（$p>0.05$）；A 型植株地径受到促进，高于空白对照 8.70%，见图 12-5b。喷施 0.5mmol/L SA 后，胁迫植株地径整体受到抑制，其中 A 型植株最明显，显著低于负对照 24.54%（$p<0.05$）。喷施 1.5mmol/L 水杨酸后，A、B、D 型植株地径进一步受到抑制，抑制效果最明显的为 A 型植株，与负对照相比下降了 25.30%（$p<0.05$）；C 型盐碱土植株株高受到促进，相比负对照增长了 6.26%。

在盐碱胁迫下，A、B、C、D 型植株干重均受到了抑制，其中 D 型盐碱土植株最显著，显著低于空白对照 46.30%（$p<0.05$）。喷施 0.5mmol/L SA 后，海滨锦葵植株干重受到抑制，其中 C 型盐碱土植株最显著，与负对照相比下降了 42.71%（$p<0.05$）。喷施 1.5mmol/L 水杨酸后，A、C 型植株干重进一步受到抑制，其中 C 型植株下降幅度最大，显著低于负对照 60.73%（$p<0.05$）；B、D 型植株干重则受到促进，其中 B 型植株高于负对照 57.36%，效果最为显著（$p<0.05$）（图 12-5c）。

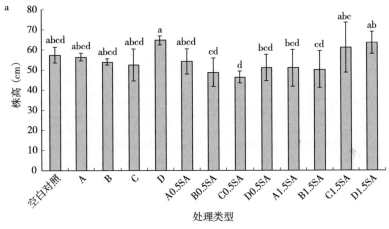

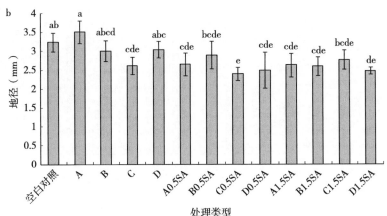

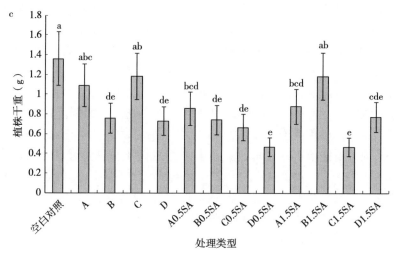

图 12 - 5　不同浓度水杨酸处理下海滨锦葵盐碱胁迫植株的株高（a）、
地径（b）、干重（c）

12.3.2.2　不同浓度水杨酸条件下海滨锦葵盐的 Na⁺ 富集

在本试验中，在盐碱胁迫下，A、B、C、D 型植株的根部 Na^+ 浓度整体呈上升趋势（图 12 - 6a），其中 D 型植株离子含量最高，高于空白对照 42.92%（$p > 0.05$）。喷施 0.5mmol/L SA 后，A、B、C、D 型植株 Na^+ 含量呈上升趋势，其中 B、D 型植株增加最明显，显著高于各自负对照 132.00%、45.96%（$p < 0.05$）。与低浓度水杨酸相似，喷施 1.5mmol/L SA 促进 A、B、C、D 型植株根部 Na^+ 富集，其中 B、C、D 型植株促进效果较显著，与负对照

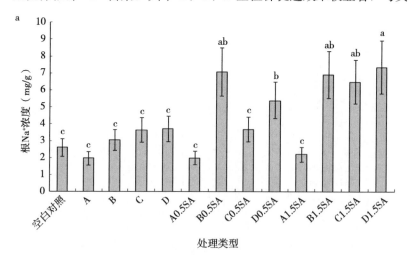

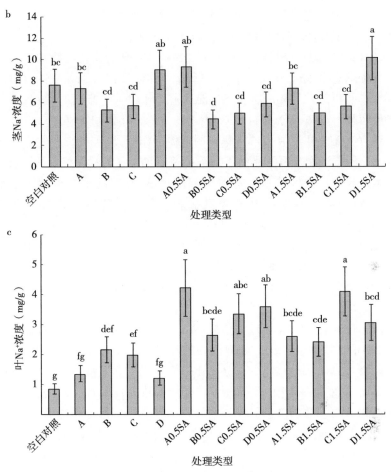

图 12-6　不同浓度水杨酸处理下海滨锦葵盐碱胁迫植株根（a）、
茎（b）、叶（c）Na$^+$浓度

相比分别显著上升 127.00%、79.11%、99.20%（$p<0.05$），表明水杨酸能显著促进了海滨锦葵根部 Na$^+$富集。

对茎部而言，在盐碱胁迫下，A、B、C 型植株 Na$^+$富集受到抑制（图 12-6b），其中 B 型植株抑制最显著，低于空白对照 30.87%；D 型植株 Na$^+$含量呈上升趋势，高于空白对照值 18.90%，均差异不显著（$p>0.05$）。喷施 0.5mmol/L SA 后，B、C、D 型植株茎钠离子呈下降趋势，其中 D 型植株下降幅度最大，显著低于负对照 35.76%（$p<0.05$）；A 型植株茎 Na$^+$呈上升趋势，高于负对照 27.52%。与低浓度 SA 相似，1.5mmol/L 水杨酸抑制 A、B、C 型植株茎部 Na$^+$富集，促进 D 型植株离子富集，但差异均不显著（$p>0.05$）。

在本试验中，在盐碱条件下，海滨锦葵植株叶部 Na^+ 富集呈上升趋势（图 12-6c），其中 B 型植株叶部离子含量上升幅度最大，显著高于空白对照 154.24%（$p < 0.05$）。喷施 0.5mmol/L SA 后，海滨锦葵叶部钠离子含量均上升，其中 A 型植株上升最明显，显著高于负对照 211.31%（$p < 0.05$）。与低浓度水杨酸相似，1.5mmol/L SA 促进植株叶部 Na^+ 富集，其中 C、D 型植株效果最明显，显著高于各自负对照 105.11%、151.42%（$p < 0.05$），表明水杨酸对海滨锦葵叶片中 Na^+ 富集有明显促进作用。

12.3.2.3　不同浓度水杨酸条件下海滨锦葵的钠离子转移特性

在本试验中，盐碱胁迫促进海滨锦葵植株叶/茎的钠离子转运系数提高（图 12-7a），其中 B 型植株效果最显著，其离子转运系数高于空白对照 133.04%（$p < 0.05$）。当喷施 0.5mmol/L 水杨酸后，A、B、C、D 型植株叶/茎离子转运系数呈上升趋势，其中 D 型植株效果最显著，高于负对照值 357.34%（$p < 0.05$）。与低浓度水杨酸相似，1.5mmol/L SA 也促进胁迫植株叶/茎的离子转运系数提高，其中 C 型植株效果最明显，显著高于负对照 105.17%（$p < 0.05$）。

在盐碱胁迫下，B、C、D 型植株 Na^+ 茎/根转运系数呈现为抑制趋势，其中 B、C 型植株效果最明显；A 型植株的茎/根离子转运系数表现为促进，高于空白对照 32.90%（$p > 0.05$）（图 12-7b）。在本试验中，0.5mmol/L SA 抑制 B、C、D 型盐碱土植株茎/根 Na^+ 转运系数，其中 B、D 型植株效果最显著，分别低于负对照 64.97%、57.00%（$p < 0.05$）；A 型植株的茎/根 Na^+ 转运系数表现为促进，高于对照值 14.97%。与低浓度水杨酸相似，1.5mmol/L SA 抑制海滨锦葵茎/根 Na^+ 转运系数，其中 B、D 型盐碱土植株最显著，分别低于负对照值 59.13%、41.90%（$p < 0.05$）。

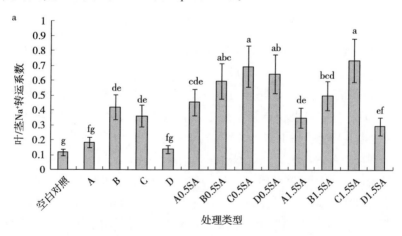

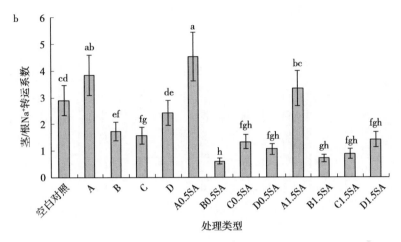

图 12-7 不同浓度水杨酸处理下海滨锦葵盐碱胁迫植株
Na$^+$ 转运系数，叶/茎（a）、茎/根（b）

12.3.3 外源 H$_2$S 对海滨锦葵盐碱胁迫植株的影响

12.3.3.1 外源 H$_2$S 对海滨锦葵生长特性的影响

由图 12-8a 可以看出，在盐碱胁迫下，A、B、C、D 型植株苗高受到抑制，但差异不显著（$p > 0.05$）。在 0.05mmol/L H$_2$S 下，A、B、C、D 型植株株高进一步受到抑制，其中 B、C 型植株的效果较明显，分别低于负对照 10.76%、12.5%，但与负对照差异不显著（$p > 0.05$）。喷施 0.1mmol/L H$_2$S 后，A、C、D 型植株株高受到抑制，其中 D 型植株作用较明显，低于负对照 11.9%；而 B 型植株株高受到促进，高于负对照 0.4%，但均与负对照差异不显著（$p > 0.05$）。喷施 0.5mmol/L 外源 H$_2$S 后，B、D 型植株株高则受到促进，分别高于负对照 19.92%、21.42%；A、C 型盐碱土植株受到抑制，低于负对照值 9.12%、5.3%，均与负对照差异不显著（$p > 0.05$）。

由图 12-8b 可以看出，在盐碱胁迫下，B、C、D 型植株的地径受到抑制，但差异不显著（$p > 0.05$）；A 型植株地径受到促进，仅高于正对照相 2.33%。喷施 0.05mmol/L H$_2$S 后，A、B、C、D 型植株的地径均受到促进，其中 D 型植株效果最明显，显著高于负对照 35.89%（$p < 0.05$）。在 0.1mmol/L H$_2$S 条件下，H$_2$S 促进 B、C、D 型植株的地径，其中 B 型植株效果最明显，显著高于负对照 46.53%（$p < 0.05$）；A 型植株地径受到抑制，低于负对照 9.00%。喷施 0.5mmol/L H$_2$S 后，A、C 型土植株地径受到抑制，分别低于负对照 3.9%、4.6%（$p > 0.05$）；B、D 型盐土植株地径受到促进，其中 B 型植株效果最佳，显著高于负对照 55.9%（$p < 0.05$）。

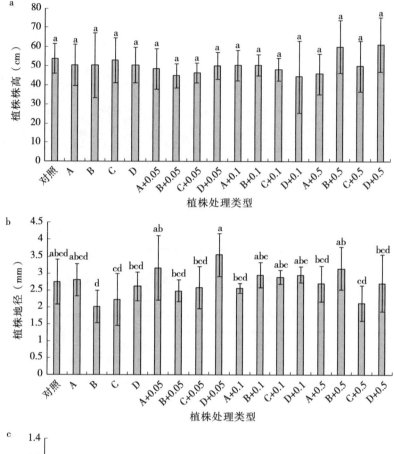

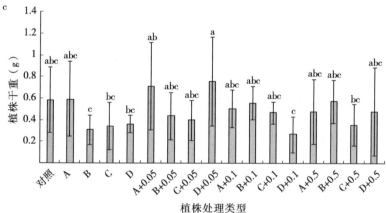

图 12-8　不同浓度 H_2S 处理下海滨锦葵盐碱胁迫植株的生长特性，
株高（a）、地径（b）、干重（c）

在盐碱胁迫下，B、C、D型植株干重均受到抑制，低于正常植株47.29%、41.24%、37.96%，而A型植株则受到促进（图12-8c）。喷施在0.05mmol/L的H_2S后，A、B、C、D型植株干重均呈上升趋势，其中D型植株效果最佳，显著高于负对照108.7%（$p<0.05$）。在0.1mmol/L的H_2S条件下，A、D型植株的干重受到抑制，低于负对照14.61%、26.44%；B、C型植株干重受到促进，高于负对照81.50%、36.66%，差异不显著（$p>0.05$）。在0.5mmol/L H_2S条件下，B、C、D型植株干重进一步生生，其中D型盐土效果最明显，显著高于负对照86.06%（$p<0.05$），而A型植株干重受到抑制，低于负对照18.89%。

12.3.3.2　外源H_2S对海滨锦葵钠离子富集特性的影响

由图12-9a可看出，在盐碱胁迫下，A、B、C、D型植株的根部Na^+含量整体上升，其中D型植株含量最高，显著高于正常植株207.87%（$p<0.05$）。喷施0.05mmol/L H_2S后，胁迫植株根部的钠离子富集受到抑制，其中C、D型盐土抑制效果最明显，分别低于负对照42.54%、34.39%，但差异不显著（$p>0.05$）。在0.1mmol/L H_2S条件下，各类型植株根部的Na^+富集均受到促进，其中D型植株离子含量上升最明显，显著高于负对照64.32%（$p<0.05$）。在0.5mmol/L H_2S条件下，A、B、C型植株根部的Na^+富集均受到促进，其中，A型植株表现最明显，高于负对照26.55%；D型植株受到抑制，低于负对照22.12%。

在盐碱胁迫下，A、B、C、D型植株茎部的钠离子富集受到明显的促进（图12-9b），分别高于正对照84.30%、64.48%、136.71%、134.88%（$p<0.05$）。在0.05mmol/L H_2S条件下，A、C、D型植株茎部的Na^+富集受到抑制，低于负对照23.22%、28.22%、17.60%；B型植株则呈上升趋势，高于负

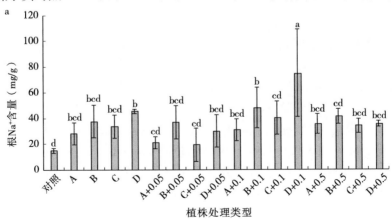

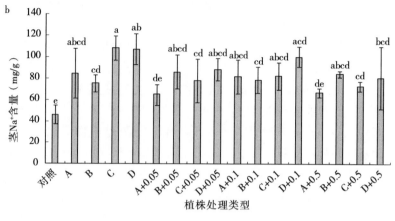

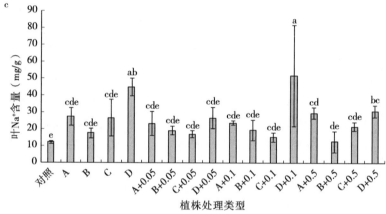

图 12-9 不同浓度 H_2S 处理下海滨锦葵盐碱胁迫植株根（a）、
茎（b）、叶（c）的 Na^+ 含量

对照 14.29%。与前者相似，0.1mmol/L H_2S 抑制 A、C、D 型植株茎部的钠离子富集，其中 C 型植株下降幅度最大，显著低于负对照 24.05%（$p<0.05$）；B 型植株受到促进，其离子含量高于负对照 4.44%。在 0.5mmol/L H_2S 条件下，A、C、D 型植株茎部的钠离子富集同样受到抑制，低于负对照 20.68%、32.57%、24.98%；B 型植株离子含量上升，高于负对照 11.86%（$p>0.05$）。

与根、茎部位表现相似，在盐碱胁迫下，A、B、C、D 型植株叶片的钠离子富集受到促进（图 12-9c），其中 D 型植株的离子含量最高，显著高于正对照 270.52%（$p<0.05$）。在 0.05mmol/L H_2S 条件下，A、C、D 型植株叶的 Na^+ 富集受到抑制，其中 D 型植株显著低于负对照 41.07%（$p<0.05$）；B 型植株呈上升趋势，高于负对照 9.08%。喷施 0.1mmol/L H_2S 后，其 A、C 型

植株叶的钠离子富集，离子含量分别低于负对照 12.77%、43.70%；B、D 型植株则受到了促进，高于负对照 10.42%、15.47%，均差异不显著（$p <$ 0.05）。随着外源 H_2S 浓度进一步增加，B、C、D 型植株叶部的 Na^+ 富集受到抑制，分别低于负对照 28.40%、19.34%、31.96%；A 型植株叶部的钠离子富集受到促进，高于负对照 8.61%，均与负对照差异不显著（$p > 0.05$）。

12.3.3.3　外源 H_2S 对植株 Na^+ 转运系数的影响

由图 12-10a 可以看出，在盐碱胁迫下，A、D 型植株的叶/茎钠离子转运系数受到促进，高于正对照 29.08%、56.26%；B、C 型植株则受到抑制，低于正对照 13.99%、5.37%，差异不显著（$p > 0.05$）。喷施 0.05mmol/L H_2S 后，B、C、D 型植株钠离子转运受到抑制，其中 D 型植株转运系数下降幅度最大，显著低于负对照 29.48%（$p < 0.05$）；A 型植株转运系数则受到促进，高于负对照 8.15%，差异不显著（$p > 0.05$）。在 0.1mmol/L H_2S 条件下，A、C 型植株的叶/茎钠离子转运系数受到抑制，而 B、D 型植株则受到促进，但均与各自负对照差异不显著（$p > 0.05$）。喷施 0.5mmol/L H_2S 后，A、C 型植株的离子转运系数受到促进，高于负对照 28.00%、15.38%；B、D 型植株则受到抑制，低于负对照 35.36%、2.4%。

在盐碱胁迫条件下，A、C 型植株茎/根离子转运受到促进，C、D 型植株则受到抑制，均与正常植株差异不显著（$p > 0.05$）（图 12-10b）。喷施 0.05mmol/L H_2S 后，B、C、D 型植株茎/根离子转运均受到促进，其中 C 型植株的系数上升幅度最大，显著高于负对照 158.63%（$p > 0.05$）；A 型植株离子转运系数低于负对照 7.58%。在 0.1mmol/L H_2S 条件下，A、B、C、D 型植株茎/根离子转运均受到抑制，其系数分别低于负对照 14.14%、18.93%、36.97%、30.00%。与前者相似，0.5mmol/L 的 H_2S 分别抑制 A、B、C、D 型植株的钠离子转运，且与各自负对照差异不显著（$p > 0.05$）。

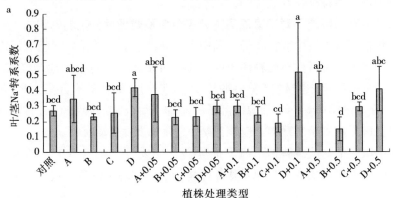

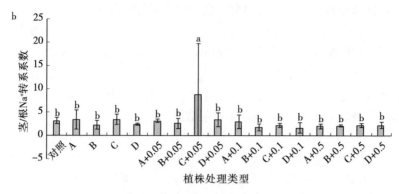

图 12-10　不同浓度 H_2S 处理下海滨锦葵盐碱胁迫植株的叶/茎（a）、
茎/根（b）Na^+ 转移系数

12.4　结论与讨论

12.4.1　外源 K^+ 对海滨锦葵盐碱胁迫植株的影响

12.4.1.1　外源钾离子对海滨锦葵生长的影响

　　在盐碱胁迫下，使得海滨锦葵株高降低，但在浓度较低时，植株干重会增加，这与碱蓬表现（2005）相似。K^+ 和 Na^+ 水合半径非常相近，细胞膜上钾离子运输蛋白无法把 Na^+、K^+ 离子完全区分开来，过多的 Na^+ 会抑制 K^+ 的吸收，导致植物组织中 K^+ 含量下降，促进 Na^+ 的吸收，导致 K^+/Na^+ 比例失衡，进而会加剧盐胁迫形成的植物体内营养元素紊乱，抑制了植物生长发育（Rubio 等，1995）。在本试验中，外源 K^+ 促进了海滨锦葵对钠离子富集，进而对细胞形成直接的生理毒害，同时形成营养元素紊乱，造成了高浓度盐碱胁迫下海滨锦葵植株生长受到抑制。

12.4.1.2　外源钾离子对海滨锦葵钠离子富集及亚细胞分布的影响

　　植物根部从土壤中吸收离子，其中 K^+ 和 Na^+ 水合半径非常相似，影响细胞膜上钾离子运输蛋白对两种离子的选择，过多 Na^+ 会竞争性地结合 K^+ 运输蛋白，导致植物组织中钠离子吸收上升，进而形成钠离子富集（Rubio 等，1995）。在本试验中，随着外源钾离子的添加，海滨锦葵根部 Na^+ 的含量逐步上升，促进了钠离子的富集，应该是与 K^+ 运输蛋白启动有关。

　　在本试验中，盐碱胁迫下海滨锦葵 Na^+ 主要分布细胞质中，其次是细胞壁、细胞器中含量最少。在加入外源钾离子后，钠离子分布模式发生了一定变化，在较高浓度盐碱胁迫下，海滨锦葵地上部分细胞质中钠离子分布比例上升，细胞壁离子分布比例下降，呈现出离子由细胞壁转向细胞质中保存的趋势，可能与液泡将细胞质中钠离子区隔化有关（杨春燕等，2015），减少离子对细胞器的直接损伤；在较低浓度下，海滨锦葵地下部分细胞质中钠离子分布比例逐步下降，细胞壁钠离子分布比例逐步上升，体现出钠离子由细胞质向细胞壁转移的趋势，可能与细胞壁果胶成分的负电荷相结合，形成细胞壁固持（郁有健等，2014），降低钠离子危害。

12.4.2　外源 SA 对海滨锦葵盐碱胁迫植株的影响

12.4.2.1　水杨酸对海滨锦葵幼苗生长与 Na$^+$ 吸收的影响

本试验表明，喷施水杨酸大体上对盐碱胁迫下海滨锦葵植株生长，尤其是干物质累呈抑制趋势。可能的原因是水杨酸使得海滨锦葵植株根和叶对 Na$^+$ 的富集能力增强，使钠离子大量聚集在植株根和叶部，而直接对植株产生了毒害，伤害了植株的叶绿体，从而影响了植株的光合作用（邱凤英等，2011）；同时水杨酸激活抗性相关代谢，干扰正常的物质代谢和能量代谢，并消耗一定量的生物能（Drazic 和 Mihailovic，2004），进而抑制了植株的生长。

不同浓度水杨酸对植株耐盐碱性和生长发育的影响存在差异（陈涛，2017）。魏秀俭等（2010）研究发现，1.0mmol/L 水杨酸对小麦幼苗的生长有抑制作用，而 0.75mmol/L 水杨酸对植株生长起促进作用。在本试验中，1.5mmol/L、0.5mmol/L 水杨酸对海滨锦葵生长均表现出抑制，促进钠离子富集，但前者对胁迫植株钠离子富集的促进作用更强，植株生长相对较弱。这与水杨酸对小麦生长调控效应相异，可能是因为植物种间差异与生理特性不同导致形成，但具体的原因还有待进一步探索。

12.4.2.2　水杨酸对海滨锦葵幼苗体内 Na$^+$ 转运的影响

植物吸收土壤中钠离子的主要是从根表进入根的内部，然后由根部向植物的地上部分转运。在本试验中，喷施水杨酸对植株根/土壤、茎/根的转运率影响不显著（$p>0.05$），对叶/茎的离子转运率影响显著（$p<0.05$），应该是因植株不同部位对水杨酸的敏感程度不同造成的（王磊等，2011）。王磊等（2011）对菊芋研究发现，植株不同部位对水杨酸的敏感程度不同，其中叶＞根＞茎。在本试验中，喷洒水杨酸之后，胁迫植株幼苗叶/茎 Na$^+$ 转运率高于负对照处理，表明水杨酸能够促进盐碱胁迫植株将钠离子富集在根部，同时也促进海滨锦葵将钠离子向上转移，从而增强了海滨锦葵的钠离子富集能力。现在关于水杨酸对盐碱胁迫下的海滨锦葵钠离子转运研究较少，其具体转运机制有待进一步研究。

12.4.3　外源 H_2S 对海滨锦葵盐碱胁迫植株的影响

12.4.3.1　外源 H_2S 对海滨锦葵生长指标的影响

在本试验中，外源 H_2S 对盐碱胁迫下海滨锦葵植株的生长抑制有不同程度的缓解效果，其中，对地茎与干重的改善效果相对较明显，这与其对水稻（谢平凡等，2017）、番茄（郑州元等，2017）、板栗（孙晓莉等，2017）的调控效应相似。植物生长发育易受盐碱胁迫的抑制，维持植物体 K^+/Na^+ 平衡对于适应高盐环境至关重要（李子玮等，2020）。朱会朋（2014）发现，H_2S 可降低胡杨（*Populus popularis*）质膜去极化，抑制 K^+ 外流，同时上调质膜 H^+ 泵，为 Na^+/H^+ 跨膜逆向转运提供质子浓度梯度，有效维持植物体在盐胁迫下的离子稳态。经研究发现，0.1mmol/L、0.05mmol/L H_2S 能分别显著提高水稻（谢平凡等，2017）、番茄（郑州元等，2017）植株对盐胁迫的抗性，改善植株的生长性状。在本试验中，0.05mmol/L NaHS 对盐碱胁迫下海滨锦葵植株生长的改善效果最为明显，可应用于海滨锦葵对盐碱土的改良，成为一个有效的外源调控技术措施。

12.4.3.2　外源 H_2S 对海滨锦葵钠离子富集效应及转移特性的影响

在本试验中，不同 NaHS 处理大体上抑制了海滨锦葵的离子富集，降低了钠离子浓度，尤其是叶部钠离子浓度，减轻了盐碱胁迫对海滨锦葵植株胁迫损伤；对钠离子转运影响较小，尤其是茎/根之间转移较稳定。Deng 等（2016）研究发现，外源 H_2S 通过调控 NSCCs 和 SOS1 通道来控制 Na^+ 吸收，以此降低小麦幼苗中 Na^+ 浓度。但是，本试验中外源 H_2S 对不同盐碱土条件下海滨锦葵钠离子富集与转移的调控效果存在一定差异，0.05mmol/L NaHS 浓度下，海滨锦葵钠离子浓度相对较低，这也是其生物量较高的主要原因。因此，在利用海滨锦葵改良盐碱土过程中，0.05mmol/L NaHS 可作为一个有效的外源调控途径，缓解盐碱胁迫对海滨锦葵形成的生物毒害。

第十三章

盐碱条件下海滨锦葵栽培
技术优化与筛选

13.1 引言

随着地形、气候、土地、水文地质、人类活动等因素的影响，土壤盐碱化现象越来越严重，对农业生产产生了非常不利的影响。尤其是我国地域广阔，气候多样，盐碱土的分布几乎遍布全国（张建锋，2008），导致农作物不能正常的生长发育，地下水的矿化度提高，生态系统功能逐步弱化。

针对盐碱土变化趋势，其生态修复势在必行。于是大量植物被应用于盐碱土修复研究与实践（丁海荣等，2010），例如，星星草（高红明等，2005）、田菁（王立艳等，2014）等。种植耐盐碱植物可从盐碱土壤中吸收大量盐分，积累在植物地上部分，从而降低土壤中的盐分含量，同时可防止地表水分蒸发，抑制聚碱返盐，以便达到脱盐，实施生态修复的效果。

本试验以海滨锦葵为研究对象，在盐碱胁迫下，对其植株添加菌根菌剂及叶面喷施抗坏血酸，通过测定处理植株的生长、离子富集等特性，从中筛选盐碱胁迫下最优化的海滨锦葵栽培技术。

13.2 试验材料与方法

13.2.1 试验材料

海滨锦葵种子（来源于南京大学盐生植物实验室），AM 菌剂为一幼套球囊霉（*Glomus etunicatum*，HB07A）、摩西球囊霉（*Glomus eburneun*，NM03D）（来源于北京市农林科学院）。

13.2.2　试验方法

13.2.2.1　试验设计

取普通园土配置成浓度为 30mmol/kg 的盐碱土壤。具体配方如下：A 型盐碱土为单一 NaCl；B 型土壤比例为 NaCl、Na_2SO_4、Na_2CO_3、$NaHCO_3$ = 4：8：1：1，记为 B；C 型土壤比例为 NaCl、Na_2SO_4、Na_2CO_3、$NaHCO_3$ = 8：4：1：1，记为 C；D 型土壤比例为 Na_2CO_3、$NaHCO_3$ = 1：1，记为 D。此外，每类型盐碱土各加 80gHB 菌剂和 80gNM 菌剂/kg 土壤，记为 A+菌剂、B+菌剂、C+菌剂、D+菌剂，以普通园土为对照。

选择籽粒饱满的海滨锦葵种子，浓硫酸处理 30min，然后用水清洗干净。随后用温水浸泡 24h，湿沙催芽，待 1/3 的种子露白，就开始播种。每栽培钵播种 5 粒种子，覆土厚度为 0.5～1.0cm。出苗 1 月后，对植株喷施 1.5mmol/L 抗坏血酸，每周 1 次，喷 9 次即停止。

13.2.2.2　植株生长指标测定

抗坏血酸喷施结束后，选择具有代表性的植株，分别用游标卡尺、米尺测量植株的地径和株高。将具有代表性的海滨锦葵植株从栽培钵中移出，用清水冲洗植株根系，用纸巾吸去多余的水，将海滨锦葵幼苗用剪刀剪切；然后根、茎、叶分别放在一起，并做好标记放入托盘内，放置于烘箱中，80℃烘 7h，至恒重。取出，然后用千分之一电子天平测量幼苗干重。重复 3 次。

13.2.2.3　钠离子含量测定

取烘干植物组织取 0.2g，研磨至粉末，放置于消解罐中，分别加入 7mL 浓硝酸、2mL 过氧化氢、2mL 高氯酸，放入消解仪（165℃、5w）中消解 45min，至样品中无沉淀。然后，将消解好的液体转移到烧杯中，放置于（170℃）电热板上进行赶酸，直至液体为黄豆粒大小。赶酸结束后，用 0.2% 的稀硝酸将烧杯中消解液转移至容量瓶，定容至 25mL，并保存于 50mL 离心管中。最后用 Optima2100DV 电感耦合等离子体发射光谱仪进行 Na 离子含量的全量分析。重复 3 次。

13.2.2.4　钠离子转运率计算

植物组织钠离子转移率计算公式为：

离子转运系数＝（上部位置离子含量）/（下部位置离子含量）

13.2.3　数据分析

用 Excel2014 数据分析软件进行制图，采用 SPSS21.0 进行差异显著性分析，在 α＝0.05 水平下进行 Duncan 多重比较。

13.3　结果和分析

13.3.1　不同处理措施对盐碱胁迫下海滨锦葵植株生长特性的影响

对于海滨锦葵株高而言，在 A、B、C、D 类型盐碱土中，喷施单一抗坏血酸植株均大于喷施抗坏血酸结合添加 AM 菌剂的双重处理植株（图 13-1a）。其中，在 A 类盐碱土中，两者差异最明显，单一处理植株株高高于双重处理 13.17%（$p>0.05$），双重处理低于对照 22.40%；在 B 类盐碱土中，两者差异较小，单一处理植株仅低于双重处理植株 7.35%，但低于对照 29.50%（$p>0.05$）。

与株高相比，海滨锦葵植株地径变化相异（图 13-1b）。在 A 型盐碱土中，双重处理植株地径与单一处理相差极小，差异值仅为 1.00%；在 B、C 型土壤中，双重处理对植株地径的促进大于单一处理，其地径分别高于单一喷施抗坏血酸植株 22.87%、109.57%（$p<0.05$），分别低于对照值 37.23%、34.51%；在 D 型土壤，双重处理植株地径低于单一处理植株 30.30%（$p>0.05$），低于对照 58.20%。

就干重而言，不同措施对植株干重影响不同（图 13-1c）。其中在 A、B 盐碱处理中，双重处理植株干重高于单一处理植株，分别高于单一处理植株 16.67%、190.00%（$p>0.05$），分别低于对照 44.00%、29.3%；在 C、D 盐碱处理中，双重处理植株地径低于单一处理，差异值分别为单一处理植株的 44.44%、36.36%，差异不显著（$p>0.05$）。

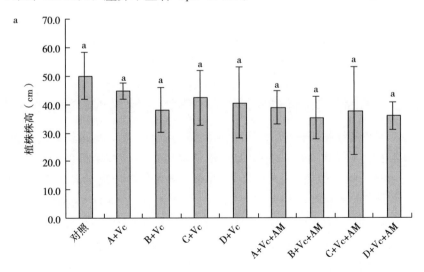

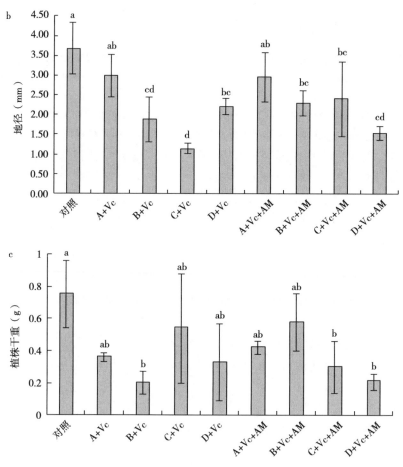

图 13-1 不同处理措施下海滨锦葵盐碱胁迫植株的
株高（a）、地径（b）、干重（c）

13.3.2 不同处理措施对盐碱胁迫下海滨锦葵 Na⁺ 富集的影响

对于海滨锦葵根离子富集而言，在 C 类型盐碱土中，双重处理植株根部离子富集高于单一抗坏血酸处理植株，差异值为单一处理植株的 19.3%（$p >$ 0.05）；在 A、B、D 类型盐碱处理中，双重处理对植株根离子富集表现为抑制，其中对 D 型盐碱土植株的抑制程度最大，对 A 型盐碱土植株的抑制程度最小，在 D 型盐碱土中，双重处理植株的根离子含量分别低于单一处理植株、对照植株 73.8%、57.6%（$p < 0.05$）；在 A 型盐碱土中，双重处理的植株根离子富集低于单一抗坏血酸处理 21.3%（$p > 0.05$），低于对照 57.6%（图 13-2a）。

就茎离子富集而言，在 A、B、D 型盐碱土中，双重处理植株对茎离子富集的促进大于单一处理植株（图 13-2b），其中 A 型植株效果最明显，其离子含量显著高于单一处理植株 265.4%（$p<0.05$）；在 C 型盐碱土中，双重处理对茎离子富集影响低于单一抗坏血酸处理，两者 Na^+ 浓度差异为单一植株的 22.6%，同时低于对照值 18.1%，差异均不显著（$p>0.05$）。

与茎和根部不同，叶 Na^+ 富集量变化较大（图 13-2c），在 A 类盐碱土中，双重处理植株的叶离子含量低于单一抗坏血酸处理植株 49.4%，但高于对照 512.2%，差异均显著（$p<0.05$）；在 B 盐碱土中，双重处理植株叶离子富集高于单一抗坏血酸处理植株 30.8%（$p>0.05$），但显著高于对照 311.7%（$p<0.05$）；在 C、D 型盐碱土中，双重处理植株与单一处理植株的钠离子含量相近，但双重处理植株显著高于对照 623.0%、467.8%（$p<0.05$）。

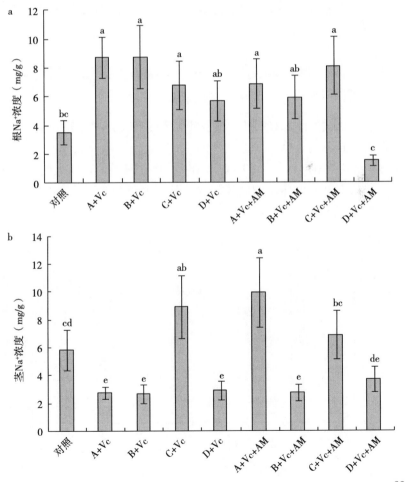

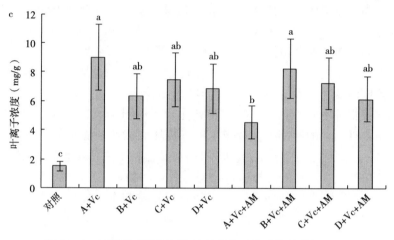

图 13-2　不同处理措施下海滨锦葵盐碱胁迫植株的根（a）、
茎（b）与叶（c）Na⁺ 浓度

13.3.3 不同处理措施对盐碱胁迫下海滨锦葵离子转运系数的影响

在 A、D 盐碱土中，双重处理植株叶离子转运系数低于单一抗坏血酸处理植株，两者差异分别为单一处理植株的 86.1%（$p<0.05$）、29.6%，分别高于对照 82.1%、561.4%（$p<0.05$）；在 B、C 盐碱土中，双重处理植株叶离子转运系数高于单一抗坏血酸处理植株，其中 B 型植株效果较明显，分别高于单一植株、对照植株的 27.4%、1 100.7%（$p<0.05$）（图 13-3a）。

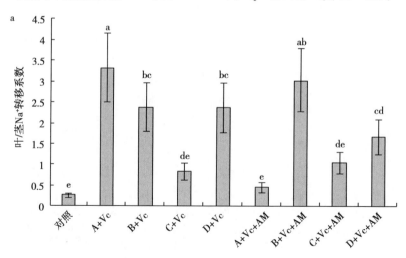

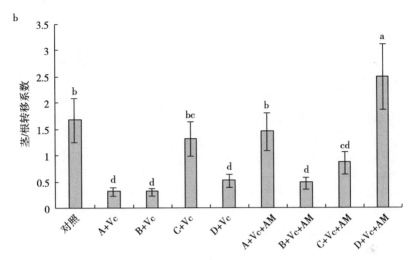

图 13-3 不同处理措施下海滨锦葵盐碱胁迫植株的叶/茎（a）、
茎/根（b）离子转运系数

与叶/茎离子转运系数不同，在 A、B、D 型盐碱土中，双重处理植株的茎/根离子转运系数高于单一抗坏血酸处理植株，其中在 B、D 类盐碱中，二者差异值最大，达到单一处理植株的 374.3%、384.9%，差异显著（$p <$ 0.05）；在 A 型盐碱土中，双重处理植株的离子转运系数高于单一处理植株50.9%（$p > 0.05$）；在 C 盐碱土中，双重处理植株茎/根离子转运系数低于单一处理植株 35.2%，差异不显著（$p > 0.05$）（图 13-3b）。

13.4 小结

（1）在本试验中，抗坏血酸＋菌剂复合处理有利于 A、B 类盐碱土植株生长，单一抗坏血酸处理利于 C、D 类盐碱土植株生长，为相应盐碱胁迫下海滨锦葵栽培的优化措施。

（2）本次试验中，抗坏血酸＋菌剂复合处理下，整体植株根部钠离子浓度略低；A、C、D 类植株茎部离子浓度较高；B 类植株叶部 Na^+ 浓度较高，其他类型相近。从茎/根转运系数来看，A、D 类复合处理植株显著高于单一抗坏血酸处理，其他差异不明显。这表明抗坏血酸＋菌剂复合处理措施可促进海滨锦葵对 Na^+ 的吸收，并向地上部分转移，可作为相应盐碱胁迫下海滨锦葵栽培的优化措施。

参考文献 REFERENCES ////////

安世花，王小利，段建军，等，2018. 土壤修复与改良利用的生物技术研究进展 [J]. 土壤科学，6（4）：100 - 107.

曹岩坡，代鹏，戴素英，等，2015. 丛植根菌（AMF）对盐胁迫下芦笋幼苗生长及体内 Na^+、K^+、Ca^{2+}、Mg^{2+} 含量和分布的影响 [J]. 生态学杂志，34（6）：1699 - 1704.

常云霞，徐克东，周琳，等，2013. 抗坏血酸对盐胁迫下小麦幼苗生长抑制的缓解效应 [J]. 麦类作物学报，33（1）：151 - 155.

陈涛，2017. 干旱胁迫下不同浓度水杨酸对酿酒葡萄光合能力及抗旱水平的影响 [D]. 呼和浩特：内蒙古农业大学.

党瑞红，王玲，高明辉，等，2007. 水分和盐分胁迫对海滨锦葵生长的效应 [J]. 山东师范大学学报：自然科学版，22（1）：122 - 124.

党瑞红，周俊山，范海，2008. 海滨锦葵的抗盐特性 [J]. 植物生理通讯（4）：625 - 638.

邸宏，周成生，曾兴，等，2014. 转 BADH 基因耐盐碱玉米对根际土壤酶活性的影响 [J]. 东北农业大学学报，45（4）：25 - 29.

丁俊男，迟德富，2014. 混合盐碱胁迫对桑树种子萌发和根系生长的影响 [J]. 中南林业科技大学学报，34（12）：78 - 82.

董秋丽，夏方山，丁荷星，等，2018. 外源抗坏血酸引发促进 Na_2SO_4 胁迫下燕麦幼苗的生长 [J]. 草业科学，35（3）：558 - 565.

顿新鹏，朱旭彤，2000. 小麦次生根皮层通气组织生产方式对小麦耐湿性的影响 [J]. 华中农业大学学报，19（4）：307 - 309.

范美华，张义鑫，石戈，等，2009. 外源抗坏血酸对油菜种子在海水胁迫下萌发生长的影响 [J]. 中国油料作物学报，31（1）：34 - 38.

冯棣，张俊鹏，孙池涛，等，2014. 不同生育阶段盐分胁迫对棉花生长和水分生理指标的影响 [J]. 生态学杂志，33（5）：1195 - 1196.

冯固，李晓林，李生秀，2000. 盐胁迫下丛枝菌根真菌对玉米水分和养分状况的影响 [J]. 应用生态学报，11（4）：595 - 598.

冯固，张福锁，2003. 丛枝菌根真菌对棉花耐盐性的影响研究 [J]. 中国生态农业学报，11（2）：21 - 24.

冯国郡，再吐尼古丽·库尔班，朱敏，2014. 盐碱地甜高粱光合特性及农艺性状变化的研究 [J]. 干旱地区农艺研究，32（3）：166 - 172.

冯建灿，毛训甲，胡秀丽，2005. 光氧化胁迫条件下叶绿体活性氧的产生、清除及防御 [J]. 西北植物学报，25（7）：1487 - 1498.

高崇，曾明，牛琳琳，等，2013. 盐胁迫下丛枝菌根真菌对植物影响的研究现状与发展趋势 [J]. 北方园艺 (10)：180-184.

高冠农，冯起，张小由，等，2018. 植物叶片光合作用的气孔与非气孔限制研究综述 [J]. 干旱区研究，35 (4)：929-937.

高红明，王建波，孙国荣，2005. 星星草耐盐碱生理机制再探讨 [J]. 西北植物学报，25 (8)：1589-1594.

高鹏，王国英，2001. 植物的涝害胁迫及其适应机制研究进展 [J]. 农业生物技术学报，9 (3)：55-61.

葛江丽，姜闯道，2012. 盐胁迫下钾离子对甜高粱碳同化和光系统 II 的影响 [J]. 东北农业大学学报，43 (12)：70-74.

郭金博，施钦，熊豫武，等，2019. 盐碱混合胁迫对'中山杉 406'生长及光合特性的影响 [J]. 南京林业大学学报：自然科学版，43 (1)：61-68.

郭树庆，耿安红，李亚芳，等，2018. 耐盐植物生态修复技术对盐碱地的改良研究 [J]. 乡村科技 (28)：117-118.

郭天荣，2012. 外源抗坏血酸对铝毒害大麦幼苗的缓解效应 [J]. 麦类作物学报，32 (5)：895-899.

郭予琦，田曾元，闫道良，等，2008. 盐生植物海滨锦葵幼苗盐胁迫下基因差异表达分析 [J]. 遗传，30 (7)：941-950.

郭予琦，田曾元，闫道良，等，2009. 海滨锦葵早期盐胁迫应答基因表达 [J]. 武汉大学学报：理学版，55 (3)：340-347.

郭予琦，田曾元，赵福庚，等，2007. 海滨锦葵的组织培养和植株再生 [J]. 植物生理学通讯，43 (2)：317-318.

韩冰，2011. 丛枝菌根真菌（AMF）对黄瓜植株盐胁迫伤害的缓解及其生理效应研究 [D]. 南京：南京农业大学.

郝建军，康宗利，于洋，2007. 植物生理学实验技术 [M]. 北京：化学工业出版社.

何文亮，黄承红，杨颖丽，等，2004. 盐胁迫过程中抗坏血酸对植物的保护功能 [J]. 西北植物学报，24 (12)：2196-2201.

侯贺贺，2014. 黄河三角洲盐碱地生物措施改良效果研究 [D]. 泰安：山东农业大学.

华春，王仁雷，刘友良，2004. 外源 ASA 对盐胁迫下水稻叶绿体活性氧清除系统的影响 [J]. 作物学报，30 (7)：692-696.

华智锐，李小玲，2019. 外源抗坏血酸对盐胁迫下商麦 1619 生长生理的影响 [J]. 江西农学学报，31 (9)：1-8.

黄京华，刘青，李晓辉，等，2013. 丛枝菌根真菌诱导玉米根系形态变化及其机理 [J]. 玉米科学，21 (3)：131-135，139.

季宏波，曾方玉，周丽君，2007. 海滨锦葵花粉及花粉管生长观察 [J]. 大连民族学院学报，38 (3)：93.

江绪文，李贺勤，王建华，等，2015. 盐胁迫下黄芩种子萌发及幼苗对外源抗坏血酸的生

理响应 [J]. 植物生理学报, 51 (2): 166 - 170.

姜楸垚, 张大维, 苑泽宁, 2015. 能源植物对非生物胁迫的生理生态响应机制研究进展 [J]. 生物学教学, 40 (7): 4 - 7.

金微微, 张会慧, 等, 2017. 盐碱互作胁迫对高丹草叶片叶绿素荧光参数的影响 [J]. 草业科学, 34 (10): 2090 - 2098.

靖元孝, 程惠, 彭建宗, 2001. 水翁 (*Cleistocalyx operculatus*) 幼苗对淹水的反应初报 [J]. 生态学报, 21 (5): 810 - 813.

李存桢, 刘小京, 杨艳敏, 等, 2005. 盐渍条件对盐地碱蓬种子萌发和幼苗生长的影响 [J], 中国农业科学通报, 21 (5): 209 - 212.

李键, 郭颖杰, 王景立, 2019. 东北苏打盐碱地改良技术的研究 [J]. 农业与技术, 39 (1): 21 - 24.

李学湛, 1999. 渍水胁迫对不同大豆品种叶片细胞超微结构的影响 [J]. 大豆科学, 17 (4): 377 - 380.

李阳生, 李绍清, 2000. 淹涝胁迫对水稻生育后期的生理特性和产量性状的影响 [J]. 武汉植物学研究, 18 (2): 117 - 122.

李阳生, 王建波, 2000. 淹水胁迫对水稻叶鞘和叶片中淀粉粒分布的影响 [J]. 武汉植物研究, 18 (6): 528 - 530.

李阳生, 王建波, 2001. 淹水胁迫下水稻根尖细胞中 Ca^{2+} 和 Ca^{2+} - ATP 酶的分布 [J]. 中国水稻科学, 15 (3): 347 - 350.

李玉昌, 李阳生, 李绍清, 1998. 淹涝胁迫对水稻生长发育危害与耐淹性机理研究的进展 [J]. 中国水稻科学, 12 (增刊): 70 - 76.

李志丹, 干友民, 泽柏, 等, 2004. 牧草改良盐渍化土壤理化性质研究进展 [J]. 草业科学 (6): 17 - 21.

李子玮, 陈思蒙, 王发展, 等, 2020. 硫化氢在植物中抵御非生物胁迫机制的研究进展 [J]. 中国农业科技导报, 22 (4): 24 - 32.

利容干, 王建波, 2002. 植物逆境细胞及生理学 [M]. 武汉: 武汉大学出版社.

林伟通, 郑明轩, 吴永彬, 等, 2018. 接种 AM 菌对短序润楠幼苗生长及光合的影响 [J]. 南方林业科学, 46 (4): 19 - 23.

林学政, 陈靠山, 何培青, 等, 2006. 种植盐地碱蓬改良滨海盐渍土对土壤微生物区系的影响 [J]. 生态学报, 26 (3): 801 - 807.

林莺, 李伟, 范海, 等, 2006. 海滨锦葵光合作用对盐胁迫的响应 [J]. 山东师范大学学报: 自然科学版, 21 (2): 118 - 120.

刘登望, 李林, 2007. 湿涝对幼苗期花生根系 ADH 活性与生长发育的影响及相互关系 [J]. 花生学报, 36 (4): 12 - 17.

刘润进, 陈应龙, 2007. 菌根学 [M]. 北京: 科学出版社.

刘野, 李群, 李贺, 等, 2010. 海滨锦葵茎尖组织培养再生体系的优化 [J]. 大连民族学院学报, 12 (1): 9 - 12.

刘奕，嫩于洋，方军，2018. 盐碱胁迫及植物耐盐碱分子机制研究 [J]. 土壤与作物，7 (2)：201-211.

柳洁，肖斌，王丽霞，等，2014. 丛枝菌根真菌对茶树耐盐性的影响 [J]. 西北农林科技大学学报：自然科学版，42 (3)：220-225.

陆婷，李英霜，康健，2019. 混合盐碱胁迫对橡胶草种子萌发的影响 [J]. 种子，38 (2)：12-15，19.

吕杰，吕光辉，马媛，2016. 新疆艾比湖流域胡杨幼苗根际 AM 真菌多样性特征 [J]. 林业科学，52 (4)：59-67.

马彦霞，张玉鑫，胡琳莉，等，2015. 外源抗坏血酸对番茄自毒作用的缓解效应 [J]. 农业环境科学学报，34 (7)：1247-1253.

马媛媛，刘子会，郭秀林，等，2007. 渗透胁迫下玉米幼叶细胞 Ca^{2+} 分布及超微结构变化 [J]. 河北农业大学学报，30 (5)：1-4.

潘超美，陈汝民，李玲，2002. 菌根真菌感染墨兰与建兰根状茎对呼吸速率和集中氧化酶的影响 [J]. 热带亚热带植物学报，10 (1)：46-50.

潘建伟，陈虹，顾青，等，2002. 环境胁迫诱导的植物胞程序性死亡 [J]. 遗传，24 (3)：385-388.

齐延巧，廖康，孙静芳，等，2017. NaCl 和 Na_2CO_3 胁迫对枸杞幼苗生长和光合特性的影响 [J]. 经济林研究，35 (3)：70-78，84.

祁雪，张丽莉，石瑛，等，2014. 盐碱胁迫对马铃薯生理和叶片超微结构的影响 [J]. 作物杂志 (4)：125-129.

秦嘉海，吕彪，赵芸晨，2004. 河西走廊盐土资源及耐盐牧草改土培肥效应的研究 [J]. 土壤，36 (1)：71-75.

邱凤英，廖宝文，肖复明，2011. 半红树植物杨叶肖槿幼苗耐盐性研究 [J]. 林业科学研究，24 (1)：51-55.

曲桂敏，李兴国，赵飞，1999. 水分胁迫对苹果叶片和新根显微结构的影响 [J]. 园艺学报，26 (3)：147-151.

任淑梅，潘丽晶，张妙彬，2016. 碱蓬对盐碱地的生态修复探索性研究 [J]. 农业科技通讯 (6)：69-72.

阮成江，2006. 海滨锦葵杂交后代的 RAPD 分析 [J]. 大连民族学院学报，30 (1)：13-16.

阮成江，钦佩，韩睿明，等，2005. AFLP 分子标记在鉴定海滨锦葵杂交后代上的应用 [J]. 南京林业大学学报：自然科学版，29 (1)：20-24.

尚庆茂，宋士清，张志刚，等，2007. 水杨酸增强黄瓜幼苗耐盐性的生理机制 [J]. 中国农业科学，40 (1)：147-152.

邵长安，闫志坚，白健慧，2019. 外源水杨酸对盐碱胁迫下燕麦抗氧化酶活性的影响 [J]. 北方农业学报，47 (1)：13-17.

申连英，毛永民，鹿金颖，等，2004. 丛枝菌根对酸枣实生苗耐盐性的影响 [J]. 土壤学报，41（3）：426-433.

沈季雪，蒋景龙，田云，等，2016. NaCl 胁迫对黄瓜幼苗生长及细胞膜透性的影响［J］. 贵州农业科学，44（8）：19-24.

沈亦平，马丽君，1989. 环状片层［J］. 细胞生物学杂志，11：5-9.

生利霞，冯立国，束怀瑞，2008. 低氧胁迫下钙对樱桃砧木根系抗氧化系统及线粒体功能的影响［J］. 中国农业科学，41（11）：3913-3919.

石永春，杨永银，薛瑞丽，等，2015. 植物中抗坏血酸的生物学功能研究进展［J］. 植物生理学报，51（1）：1-8.

宋勇春，2001. 菌根真菌磷酸酶活性对红三叶草生境中土壤有机磷亏缺的影响［J］. 生态学报，21（7）：1130-1135.

孙建国，张焕仕，宰学明，等，2015. 耐盐经济植物海滨锦葵综合利用研究进展［J］. 江苏农业科学，43（10）：440-442.

孙晓莉，田寿乐，沈广宁，等，2017. 外源 NaHS 对盐胁迫下板栗幼苗的缓解效应［J］. 山东农业科学，49（4）：51-54.

田小霞，毛培春，李杉杉，等，2017. 紫花苜蓿苗期耐盐指标筛选及耐盐性综合评价［J］. 草地学报，25（3）：545-553.

汪邓民，周冀衡，朱显灵，2000. 磷钙锌对烟草生长、抗逆性保护酶及渗透调节物的影响［J］. 土壤，32（1）：34-37.

汪洪，赵士诚，夏文建，等，2008. 不同浓度镉胁迫对玉米幼苗光合作用、脂质过氧化和抗氧化酶活性的影响［J］. 植物营养与肥料学报，14（1）：36-42.

汪茜，龙艳艳，李冬萍，等，2015. 5 种染色剂对生姜根系丛枝菌根（AM）真菌的染色效果比较［J］. 南方农业学报，46（8）：1425-1429.

王凤茹，张红，商振清，等，2001. 干旱逆境下小麦幼苗细胞叶绿体与钙离子的关系［J］. 河北农业大学学报，24（2）：21-24.

王光，钦佩，宰学明，2006. 叶面喷 Ca^{2+} 增加海滨锦葵幼苗对高温的适应能力［J］. 生态与农村环境学报，22（3）：41-44.

王红，简令成，张举仁，1994. 低温胁迫下水稻幼叶细胞内 Ca^{2+} 水平的变化［J］. 植物学报，36（8）：587-591.

王洪义，王智慧，杨凤军，等，2013. 浅密式暗管排盐技术改良苏打盐碱地效应研究［J］. 水土保持研究，20（3）：269-272.

王康，何林池，魏小云，等，2015. 海滨锦葵萌发期和苗期盐碱胁迫反应及其盐碱性鉴定指标筛选［J］. 基因组学与应用生物学，34（3）：640-644.

王康，何林池，魏小云，等，2015. 海滨锦葵新品系比较试验［J］. 中国园艺文摘，31（7）：22-23，222.

王磊，隆小华，孟宪法，等，2011. 水杨酸对 NaCl 胁迫下菊芋幼苗光合作用及离子吸收的影响［J］. 生态学杂志，30（9）：1901-1907.

王立艳，潘洁，肖辉，等，2014. 种植耐盐植物对滨海盐碱地土壤盐分的影响［J］. 华北农学报，29（5）：226-231.

王林，刘宁，王慧，等，2017. 盐碱胁迫下枸杞和柽柳的水力学特性和碳代谢 [J]. 植物科学学报，35（6）：865-873.

王佺珍，刘倩，高娅妮，等，2017. 植物对盐碱胁迫的响应机制研究进展 [J]. 生态学报，37（16）：5565-5577.

王三根，何立人，李正玮，1996. 淹水对大麦与小麦若干生理生化特性影响的比较研究 [J]. 作物学报，22（2）：228-232.

王卫星，李攻科，侯佳渝，等，2015. 天津滨海地区土壤剖面盐渍化特征及其影响因素 [J]. 物探与化探，39（1）：172-179.

王晓春，高婷，张俊丽，等，2018. 紫花苜蓿耐盐碱性鉴定及育种研究进展 [J]. 黑龙江畜牧兽医（19）：52-55.

王艳，杨晓杰，2005. 水杨酸对大豆幼苗盐伤害的缓解效应 [J]. 中国农学通报，21（8）：172-174.

王志春，杨福，陈渊，等，2008. 苏打盐碱胁迫下水稻体内的 Na^+，K^+ 响应 [J]. 生态环境，17（3）：1198-1203.

魏和平，利容千，王建波，2000. 淹水对玉米叶片细胞超微结构的影响 [J]. 植物学报，42（8）：811-817.

魏秀俭，王珍，2010. 外源水杨酸对水分胁迫下小麦幼苗根茎生长的影响 [J]. 江苏农业科学（1）：108-109.

吴晓东，向国胜，杨世杰，1998. 被子植物胚性细胞及嫁接愈伤组织中的环状片层 [J]. 电子显微学报，17（2）：119-124.

吴晓卫，付瑞敏，郭彦钊，等，2015. 耐盐碱微生物复合菌剂的选育、复配及其对盐碱地的改良效果 [J]. 江苏农业科学（6）：346-349.

向章敏，王永康，黄荣茂，等，2007.6% 抗坏血酸水剂对烟草的增产效果 [J]. 山地农业生物学报，26（6）：491-494.

谢平凡，邱冬冬，陈珍，2017. 外源硫化氢缓解水稻盐胁迫的作用机理 [J]. 贵州农业科学，45（3）：8-13.

徐慧芳，陈桢雨，孟丹，等，2013. 新型气体信号分子 H_2S 在植物生长发育中的作用研究进展 [J]. 中国农学通报，29（15）：5-9.

徐建兴，2003. 细胞色素 C 在线粒体中的抗氧化功能 [J]. 中国科学院院刊，18（4）：277-278.

徐锡增，唐罗忠，程淑婉，1999. 涝渍胁迫下杨树内源激素及其它生理反应. 南京林业大学学报，23（1）：1-5.

徐兴，李前荣，2004.NaCl 胁迫对枸杞叶片甜菜碱、叶绿素荧光及叶绿素含量的影响 [J]. 干旱地区农业研究，22（3）：109-114.

许珊，钱洁，宋馨，等，2008. 拟南芥愈伤组织细胞类 58K 蛋白定位及多泡体的分泌途径 [J]. 中国科学 C 辑：生命科学，38（9）：836-840.

薛冬，姚槐应，何振立，等，2005. 红壤酶活性与肥力的关系 [J]. 应用生态学报，16 (8)：1455 - 1458.

薛忠财，高辉远，柳洁，2011. 野生大豆和栽培大豆光合机构对 NaCl 胁迫的不同响应 [J]. 生态学报，31 (11)：3101 - 3109.

闫道良，余婷，徐菊芳，等，2013. 盐胁迫对海滨锦葵生长及 Na^+、K^+ 离子积累的影响 [J]. 生态环境学报，22 (1)：105 - 109.

闫智臣，李应德，程维佳，等，2018. 不同盐浓度下 AM 真菌和禾草内生真菌对多年生黑麦草生长的影响 [J]. 草原与草坪，38 (1)：63 - 70.

严青青，张巨松，徐海江，等，2019. 盐碱胁迫对海岛棉幼苗生物量分配和根系形态的影响 [J]. 生态学报，39 (20)：7632 - 7640.

杨春武，石德成，王德利，等，2007. 盐生植物碱地肤对盐碱胁迫的生理响应特点 [J]. 西北植物学报，27 (1)：79 - 84.

杨春雪，卓丽环，柳参奎，2008. 植物显微及超微结构变化与其抗逆性关系的研究进展 [J]. 分子植物育种，6 (2)：341 - 346.

杨春燕，张文，钟理，等，2015. 盐生植物对盐渍生境的适应生理 [J]. 农技服务，32 (9)：86 - 87.

杨凤娟，魏珉，苏秀荣，等，2009. 不同浓度 NO_3 胁迫下黄瓜幼苗根系分生区细胞内 Ca^{2+} 分布变化的差异 [J]. 园艺学报，36 (9)：1291 - 1298.

杨立飞，张玉华，缪旻珉，等，2006. 高温胁迫对黄瓜授粉后雌花中 Ca^{2+} 分布、ABA 及蛋白质合成的影响 [J]. 西北植物学报，26 (2)：234 - 240.

杨敏文，2002. 分光光度法测定叶片叶绿素 a、叶绿素 b 和类胡萝卜素含量 [J]. 化学教学 (8)：44 - 45.

杨淑萍，危常州，梁永超，2010. 盐胁迫对不同基因型海岛棉光合作用及荧光特性的影响 [J]. 中国农业科学，43 (8)：1585 - 1593.

杨小环，马金虎，郭数进，等，2011. 种子引发对盐胁迫下高粱种子萌发及幼苗的影响 [J]. 中国生态农业学报，31 (1)：325 - 331

姚佳，刘信宝，崔鑫，等，2015. 不同 NaCl 胁迫对苗期扁蓿豆渗透调节物质及光合生理的影响 [J]. 草叶学报，24 (5)：91 - 99.

俞仁培，陈德明，1999. 我国盐渍土资源及其开发利用 [J]. 土壤通报，30 (4)：15 - 16，34.

郁有健，沈秀萍，曹家树，2014. 植物细胞壁同聚半乳糖醛酸的代谢与功能 [J]. 中国细胞生物学学报，36 (1)：93 - 98.

宰学明，钦佩，吴国荣，等，2005. 外源钙对高温胁迫下花生幼苗叶绿体 Ca^{2+} - ATPase、Mg^{2+} - ATPase 活性及 Ca^{2+} 分布的影响 [J]. 中国油料作物学报，27 (4)：41 - 44.

宰学明，钦佩，吴国荣，等，2007. 高温胁迫对花生幼苗光合速率、叶绿素含量、叶绿体 Ca^{2+} - ATPase、Mg^{2+} - ATPase 及 Ca^{2+} 分布的影响. 植物研究，27 (4)：416 - 420.

张峰峰，赵玉洁，谢凤行，等，2008. AM 真菌提高植物耐盐性研究进展和展望 [J]. 天津农业科学,14(6):66-70.

张福锁,1993.环境胁迫与植物营养[M].北京:北京农业大学出版社.

张恒,2012.星星草(*Puccinellia tenuiflora*)叶绿体 Na_2CO_3 胁迫应答的生理学与定量蛋白质组学研究[D].哈尔滨:东北林业大学.

张建锋,2008.盐碱地的生态修复研究[J].水土保持研究,15(4):74-78.

张菊平,张会灵,任丽丽,等,2017.不同浓度维生素 C 对干旱胁迫下辣椒苗期根系生长的影响[J].北方园艺(21):13-17.

张昆,李明娜,曹世豪,等,2017.白颖苔草对不同浓度 NaCl 胁迫的响应及其耐盐阈值[J].草业科学,34(3):479-487.

张磊,侯云鹏,王立春,2018.盐碱胁迫对植物的影响及提高植物耐盐碱性的方法[J].东北农业科学,43(4):11-16.

张立宾,刘玉新,张明兴,2006.星星草的耐盐能力及其对滨海盐渍土的改良效果研究[J].山东农业科学(4):40-42.

张佩,2008.外源抗坏血酸对镉和酸雨伤害下油菜幼苗生长的影响极其作用机理[D].南京:南京农业大学.

张潭,唐达,李思思,等,2017.盐碱胁迫对枸杞幼苗生物量积累和光合作用的影响[J].西北植物学报,37(12):2474-2482.

张亚楠,王玲玲,吕燕,等,2011.盐生小藜对碱性土壤的修复作用研究[J].资源开发与市场,27(1):64-66.

张艳,林莺,刘永慧,2007.NaCl 对海滨锦葵活性氧清除能力的影响[J].山东师范大学学报:自然科学版,22(4):111-119.

张志良,瞿伟菁,2003.植物生理学实验指导[M].第3版.北京:高等教育出版社.

赵春旭,2011.水杨酸对高羊茅坪草抗旱性的影响[D].兰州:兰州大学.

赵可夫,2003.植物对水涝胁迫的适应[J].生物学通报,38(12):11-14.

赵龙,2018.盐生植物碱地肤耐盐生理及分子机制研究[D].长春:东北师范大学.

赵世杰,许长成,邹琦,1994.植物组织中丙二醛测定方法的改进[J].植物生理学通讯,30(3):207-210.

赵霞,叶琳,2017.盐碱胁迫对紫花苜蓿生长、品质及光合特性的影响[J].江苏农业科学,45(21):176-180.

郑州元,林海荣,崔辉梅,2017.外源硫化氢对加工番茄种子耐盐性及抗氧化酶的影响[J].干旱地区农业研究,35(5):236-241.

钟时伟,2018.胁迫条件下植物光合作用机理研究进展[J].园艺与种苗(6):59-62.

钟雪花,杨万年,吕应堂,2002.淹水胁迫下对烟草、油菜某些生理指标的比较研究[J].武汉植物学研究,20(5):395-398.

周桂生,陆建飞,封超年,等,2009.海滨锦葵生长发育、产量和产量构成对盐分胁迫的响应[J].中国油料作物学报,31(2):202-206.

周建,李刚,钦佩,等,2011.种植条件下海滨盐土理化性状与生物学特征[J].应用生态学报，22 (4): 964-970.

周建，杨立峰，郝峰鸽，等，2009. 低温胁迫对广玉兰幼苗光合及叶绿素荧光特性的影响 [J]. 西北植物学报，29 (1): 136-142.

周小华，谷照虎，徐慧妮，等，2015. 外源抗坏血酸 AsA 对铝胁迫下水稻光合特性的影响 [J]. 扬州大学学报: 农业与生命科学版，36 (3): 73-78.

朱会朋，2013. 盐胁迫下硫化氢调控杨树根系的离子流 [J]. 植物生理学报，49 (6): 561-567.

朱建强，张文英，潘传柏，2000. 几种作物对涝渍胁迫的敏感性试验研究 [J]. 灌溉排水，19 (3): 42-46.

邹英宁，吴强盛，李艳，等，2014. 丛枝菌根真菌对枳根系形态和蔗糖、葡萄糖含量的影响 [J]. 应用生态学报，25 (4): 1125-1129.

Abad C, Karen LM, Irving AM, 2000. Fate of oxygen losses from *Typha domingensis* (Typhaceae) and *Cladium jamaicense* (Cyperaceae) and consequences for root metabolism [J]. American Journal of Botany (87): 1081-1090.

Ahmed S, Nawata E, Sakuratani T, 2003. Effects of waterlogging at vegetative and reproductive growth stages on photosynthesis, leaf water potential and yield in mungbean [J]. Plant Production Science (5): 117-123.

Alhdad GM, Seal CE, Mohammed J, et al., 2013. The effect of combined salinity and waterlogging on the halophyte *Suaeda maritima*: The role of antioxidants [J]. Environmental and Experimental Botany (87): 120-125.

Allen MF, 1982. Influence of vesicular-Arbuscular mycorrhizae on water movement through Bouteloua gracilis Lag ex Steud [J]. New Phytologist (91): 191-196.

Al-karaki GN, Hammad R, Rusan M, 2001. Response of two tomato cultivars differing in salt tolerance to inoculation with mycorrhizal fungi under salt stress [J]. Mycorrhiza (11): 43-47.

Armstrong W, Drew MC, 2002. Root growth and metabolism under oxygen deficiency. In: Waisel Y, Eshel A, Kafkafi A (eds). Plant roots [M]. 3rd ed. New York: Marcel Dekker Inc: 729-761.

Asada K, Takahashi M, 1987. Production and scavenging of active oxygen in photosynthesis. In: Kyle DJ (eds). Photoinhibition [M]. Netherlands: Elsevier: 227-287.

Asha S, Rao KN, 2001. Effect of waterlogging on the levels of abscisic acid in seed and leachates of peanut [J]. Indian Journal of Plant Physiology (6): 87-89.

Azuma T, Hirano T, Deki Y, et al., 1995. Involvement of the decrease in levels of abscisic acid in the internodal elongation of submerged floating rice [J]. Journal of Plant Physiology (146): 323-328.

Azuma T, Mihara F, Uchida N, et al., 1990. Plant hormonal regulation of internodal elongation of floating rice stem sections [J]. Japanese Journal of Tropical Agriculture (34):

271 - 275.

Bansal P, Sharma P, Goyal V. , 2002. Impact of lead and cadmium on enzyme of citric acid cycle in germinating pea seeds [J]. Biologia Plantrum (45): 125 - 127.

Barhoumi Z, Djebali W, 2007. Salt impact on photosynthesis and leaf ultrastructure of *Aelu-ropus littoralis* [J]. Journal of Plant Research, 120: 529 - 537.

Beckman TG, Perry RL, Flore JA, 1992. Short - term flooding affects gas exchange charac-teristics of containerized sour cherry tress [J]. Horticulture science (27): 1297 - 1301.

Bergmeger H, 1983. Methods of enzymatic analysis [M]. Verlag Chemse: Weinhein Perss: 118 - 125.

Bhusal RC, Onguso JM, Hossain ABMS, et al. , 2003. Effect of short term flooding on fruit growth fruit quality and flowering of "Miyauchi" iyo (*citrus iyo* hort. ex tanaka) tangor tress [J]. Bulletin Experiment Farm Eaculty Agronomy, Ehime University (25): 1 - 7.

Bishnoi NR, Krishnamoorthy HN, 1995. The effect of waterlogging and gibberellic acid on growth and yield of peanut (*Arachis Hypogaea* L.) [J]. Indian Journal of Plant Physiol-ogy (38): 45 - 47.

Bjorkman O, Demming B, 1987. Photon yield of O_2 evolution and chlorophyll fluorescence characteristics at 77K among vascular plants of diverse origins [J]. Planta, 170 (4): 489 - 504.

Blanke MM, Cooke DT, 2004. Effects of flooding and drought on stomatal activity, transpi-ration, photosynthesis, water potential and water channel activity in strawberry stolons and leaves [J]. Plant Growth Regulation (42): 153 - 160.

Blits KC, Cook DA, Gallagher JL, 1993. Salt tolerance in cell suspension cultures of the halophyte *Kosteletzkya virginica* [J]. Journal of Experimental Botany (44): 681 - 686.

Blits KC, Gallagher JL, 1990a. Effect of NaCl on lipid content of plasma membranes isolated from roots and cell suspension cultures of the dicot halophyte *Kosteletzkya virginica* (L.) Presl [J]. Plant Cell Reports (9): 156 - 159.

Blits KC, Gallagher JL, 1990b. Salinity tolerance of *Kosteletzkya virginica*. I. Shoot growth, lipid content, ion and water relations [J]. Plant, Cell and Environment (13): 409 - 418.

Blits KC, Gallagher JL, 1990c. Salinity tolerance of *Kosteletzkya virginica*. II. Root growth, ion and water relations [J]. Plant, Cell and Environment (13): 419 - 425.

Bowler C, Slooten L, Vandenbranden S, et al. , 1991. Manganese superoxide dismutase can reduce cellular damage mediated by oxygen radicals in transgenic plant [J]. The EMBO Journal (10): 1723 - 1732.

Bradford KJ, Hsiao TC, 1982. Stomatal behavior and water relations of waterlogged tomato plants [J]. Plant Physiology, 70: 1508 - 1513.

Bradford MM, 1976. A rapid and sensitive method for the quantitation of microgram quantities of protein utilizing the principle of protein – dye binding [J]. Analytical Biochemistry (72): 248 – 254.

Brennan T, Frenkel C, 1977. Involvement of hydrogen peroxide in the regulation of senescence in pear [J]. Plant Physiology (59): 411 – 416.

Buchanan BB, Gruissem W, Jones RL, 2000. Biochemistry and molecular biology of plants [M]. Rockville: American Society of Plant Physiologists: 1179 – 1180.

Bush DS, 1995. Calcium regulation in plant cells and its role in signaling [J]. Annual Review of Plant Physiology and Plant Molecular Biology (46): 95 – 122.

Bush DS, 1993. Regulation of cytosolic calcium in plants [J]. Plant Physiology, 103: 7 – 13.

Castonguay Y, Nadeau P, Simard RR, 1993. Effects of flooding on carbohydrate and ABA levels in roots and shoots of alfalfa [J]. Plant, Cell & Environment (16): 69 – 702.

Chance B, Maehly A, 1955. Assay of catalases and peroxidase methods [J]. Methods in Enzymology (2): 764 – 775.

Chang WWP, Huang L, Shen M, et al., 2000. Patterns of protein synthesis and tolerance of anoxia in root tips of maize seedlings acclimated to a low – oxygen environment, and identification of proteins by mass spectrometry [J]. Plant Physiology (122): 295 – 318.

Chen HJ, Robert GQ, Robert RB, 2005. Effect of soil flooding on photosynthesis carbohydrate partitioning and nutrient uptake in the invasive exotic *Lepidium latifolium* [J]. Aquatic Botany (82): 250 – 268.

Clifton R, Lister R, Parker KL, et al., 2005. Stress – induced co – expression of alternative respiratory chain components in *Arabidopsis thaliana* [J]. Plant Molecular Biology, 58: 193 – 202.

Close DC, Davison NJ, 2003. Long – term waterlogging: nutrient, gas exchange photochemical and pigment characteristics of Eucalyptus mittens saplings [J]. Russian Journal of Plant Physiology (50): 843 – 847.

Colmer TD, 2003. Aerenchyma and an inducible barrier to radial oxygen loss facilitate root aeration in upland, paddy and deep – water rice (*Oryza sativa* L.) [J]. Annals of Botany (91): 301 – 309.

Cook DA, Decker DM, Gallagher DJ, 1989. Regeneration of *kosteletzkya virginica* (L.) Presl. (Seashore mallow) from callus cultures [J]. Plant Cell, Tissue and Organ Culture (17): 111 – 119.

Creissen G, Firmin J, Fryer M, et al., 1999. Elevated glutathione biosynthetic capacity in the chloroplasts of transgenic tobacco plants paradoxically causes increased oxidative stress [J]. Plant Cell (11): 1277 – 1292.

Davies DD, 1980. Anaerobic metabolism and production of organic acids. In: Davies DD (ed). The biochemistry of plants [M]. New York: Academic Press: 581 – 611.

Davies WJ, Zhang J, 1991. Root signals and the regulation of growth and development of plants in drying soil [J]. Annual Review of Plant Physiology and Plant Molecular Biology, 42: 55 - 76.

Deng YQ, Bao J, Yuan F, et. al. , 2016. Exogenous hydrogen sulfide alleviates salt stress in wheat seedlings by decreasing Na^+ content [J]. Plant Growth Regulation, 79: 391 - 399.

Dennis ES, Dolferus R, Ellism M, et al. , 2000. Molecular strategies for improving water-logging tolerance in plants [J]. Journal of Experimental Botany, 51: 89 - 97.

Dodd JC, Burton CC, Burns RG, et al. , 1987. Phosphatase activity associated with the roots and the rhizosphere of plants infected with vesicular - arbuscular mycorrhizal fungi [J]. New Phytologist, 107: 163 - 172.

Drazic G, Mihailovic N, 2004. Modification of cadmium toxicity in soybean seedlings by salicylic acid [J]. Plant Science, 168 (2): 511 - 517.

Drew MC, 1990. Sensing soil oxygen [J]. Plant, Cell & Environment, 13: 681 - 693.

Eleftheriou EP, Tsekos I, 1991. Fluoride effects on leaf cell ultrastructure of olive trees growing in the vicinity of the Aluminium Factory of Greece [J]. Trees, 5: 83 - 89.

Else MA, Croker SJ, Davies WJ, et al. , 1996. Stomatal closure in flooded tomato plants involves abscisic acid and a chemically unidentified anti - transpirant in xylem sap [J]. Plant Physiology, 112: 239 - 264.

Else MA, Davies WJ, Malone M, et al. , 1995. A negative hydraulic message from oxygen - deficient roots of tomato plants? Influence of soil flooding on leaf water potential; leaf expansion and the synchrony of stomatal conductance and root hydraulic conductivity [J]. Plant Physiology, 109: 1017 - 1024.

Escamilla JA, Comerford NB, 1995. Phosphorus and potassium depletion by roots of field - grown slash pine: aerobic and hypoxic conditions [J]. Forest Ecology and Management, 110: 25 - 33.

Estabrook RW, 1967. Mitochondrial respiratory control and the polarographic measurement of ADP/O ratios [J]. Methods in Enzymology, 10: 41 - 47.

Flagella Z, Trono D, Pompa M, et al. , 2006. Seawater stress applied at germination affects mitochondrial function in durum wheat (Triticum durum) early seedlings [J]. Functional Plant Biology, 33: 357 - 366.

Fox TC, Kennedy RA, 1991. Mitochondrial enzymes in aerobically and anaerobiclly germinated seedling of Echinochloa and rice [J]. Planta, 184: 510 - 514.

Foyer C, Lelandais M, Kunert JJ, 1994. Photooxidative stress in plants [J]. Plant Physiology (92): 696 - 717.

Freeling M, Bennett DC. 1985. Maize Adh1 [J]. Annual Review of Genetics, 19: 297 - 323.

Galvan - Ampudia CS, Testerink C, 2011. Salt stress signals shape the plant root [J]. Current Opinion in Plant Biology（14）：296 - 302.

Germain V，Raymond P，Ricard B，1997. Differential expression of two lactate dehydrogen-ase genes in response to oxygen deficit［J］. Plant Molecular Biology（35）：711 - 721.

Gibbs J，Greenway H，2003. Mechanisms of anoxia tolerance in plants. I. Growth，survival and anaerobic catabolism［J］. Functional Plant Biology（30）：1 - 47.

Gong M，Li YJ，Dai X，1997. Involvement of calcium and calmodulin in the acquisition of heat shock induced thermotolerance in maize seedlings［J］. Journal of Plant Physiology（150）：615 - 621.

Goodwin TW，Mercer EI，1983. Introduction to plant biochemistry［M］. Oxford：Perga-mon Press：18 - 54.

Gunes A，Inal A，Alpaslan M，et al.，2005. Salicylic acid induced changes on some physio-logical parameters symptomatic for oxidative stress and mineral nutrition in maize（*Zea mays* L.）grown under salinity［J］. Journal of Plant Physiology，164（6）：728 - 736.

Guo XL，Liu ZH，and Li YC，2005. Function of Ca/CaM on transduction of stress signal in maize［J］. Plant Physiology and Biochemistry，31（8）：1001 - 1006.

Guo YQ，Tian ZY，Yan DL，et al.，2009a. Effects of nitric oxide on salt stress tolerance in *Kosteletzkya virginica*［J］. Life Science Journal（6）：67 - 75.

Guo YQ，Tian ZY，Qin GY，et al.，2009b. Gene expression of halophyte *Kosteletzkya vir-ginica* seedlings under salt stress at early stage［J］. Genetica（137）：189 - 199.

Hadži - Tašković Šukalović V，Vuletić M，2001. Heterogeneity of maize root mitochondria from plants grown in the presence of ammonium［J］. Biologia Plantarum（44）：101 - 104.

Harris VC，Esqueda M，Gutiérrez A，et al.，2018. Physiological response of *Cucurbita pe-po* var. pepo mycorrhized by Sonoran desert native arbuscular fungi to drought and salinity stresses［J］. Brazilian Journal of Microbiology，49（1）：45 - 53.

Hasson E，Poljakoff - Mayber A，1995. Callus culture from hypocotyls of *Kosteletzkya vir-ginica*（L.）seedlings - Its growth，salt tolerance and response to abscisic acid［J］. Plant Cell，Tissue and Organ Culture（43）：279 - 285.

He ZX，Ruan CJ，Qin P，et al.，2003. *Kosteletzkya virginica*，a halophytic species with potential for agroecotechnology in Jiangsu Province，China［J］. Ecological Engineering（21）：271 - 276.

Hepler PK，2005. Calcium：A central regulator of plant growth and development［J］. Plant Cell（17）：2142 - 2155.

Hirai M，Ueno I，1977. Development of citrus fruits：fruit development and enzymatic chan-ges in juice vesicle tissue［J］. Plant Cell and Physiology（18）：791 - 799.

Hoffman NE，Bent AF，Hanson AD，1986. Induction of lactate dehydrogenase isozymes by oxygen deficit in barley root tissue［J］. Plant Physiology，82（3）：658 - 663.

Huang B，1997. Mechanisms of plant resistance to waterlogging. In：Basra A S，Basra R K (eds). Mechanisms of environmental stress resistance in plants [M]. Netherlands: Harwood Academic Publishers: 50 – 81.

Huole G, Belleau A, 2000. The effects of drought and waterlogging conditions on the Performance of an endemic annual plant, *Aster laurentianus* [J]. Canadian Journal of Botany (78): 40 – 46.

Huq E, Hossain MA, Wen F, et al. , 1999. Molecular characterization of pdc2 and mapping of three pdc *genes* from rice [J]. Theoretical and Applied Genetics (98): 815 – 824.

Ichas F, Mazat JP, 1998. From calcium signaling to cell death: two conformation for the mitochondrial permeability transition pore. Switching form low – to – high – conductance state [J]. Biochimca et Biophysica Acta (1366): 33 – 50.

Islma MA, Macdonald SE, 2004. Eco – physiological adaptations of black spruce (*picea mariana*) and tamarack (*Larix laricina*) seedlings to flooding [J]. Trees (18): 35 – 42.

Jackson MB, Armstrong W, 1999. Formation of arenchyma and the process of plant ventilation in relation to soil flooding and submergence [J]. Plant Biology (1): 274 – 287.

Jin H, Plah P, Park JY, et al. , 2006. Comparative EST profiles of leaf and root of *Leymus chinensis*, a xerophilous grass adapted to high pH sodic soil [J]. Plant Science, 170 (6): 1081 – 1086.

Kennedy RA, Fox TC, Siedow JN, 1987. Activity of isolated mitochondria and mitochondrial enzymes from aerobically and anaerobically germinated barnyard grass (*Echinochloa crusgalli*) seedlings [J]. Plant Physiology (85): 474 – 480.

Kauss H, 1987. Some aspects of calcium – dependent regulation in plant metabolism [J]. Annual Review of Plant Physiology (38): 47 – 72.

Kawase M, 1981. Anatomical and morphological adaptation of plants to waterlogging [J]. Hort Science (16): 30 – 34.

Kende H, Knaap E van der, Cho HyungTaeg, et al. , 1998. Deep water rice: a model plant to study stem elongation [J]. Plant Physiology (118): 1105 – 1110.

Kessler F, Vidi PA, 2007. Plastoglobule lipid bodies: their functions in chloroplasts and their potential for applications [J]. Advances in Biochemical Engineering Biotechnology (107): 153 – 172.

Kirk JTO, 1968. Studies on the dependence of chlorophyll synthesis on protein synthesis in Euglena gracilis, together with a nomogram for determination of chlorophyll concentration [J]. Planta (78): 200 – 207.

Knight MR, Campbell AK, 1991. Transgenic plant aepuorin reports the effects of touch and cold shock and elicitors on cytoplasmic calcium [J]. Nature (352): 524 – 530.

Krishnamoorthy HN, 1992. The effect of waterlogging and gibberellic acid on leaf gas exchange in peanut (*Arachis Hypogaea* L.) [J]. Indian Journal of Plant Physiology (139): 503 – 505.

Larcher W, 2003. Physiological Plant Ecology [M]. 4th ed. Berlin: Springer: 34.

Lawlor DW, Cornic G, 2002. Photosynthetic carbon assimilation and associated metabolism in relation to water deficits in higher plants [J]. Plant, Cell & Environment (25): 275 - 294.

Li XP, Ong BL, 1997. Ultrastructural changes in gametophytes of *Acrostichum aureum* L. cultured in different sodium chloride concentrations [J]. Biologia plantarum (39): 607 - 614.

Li X, Gallagher JL, 1996. Expression of foreign genes, GUS and hygromycin resistance, in the halophyte *Kosteletzkya virginica* in response to bombardment with Particle Inflow Gun [J]. Journal of Experimental Botany (47): 1437 - 1447.

Nemeria N, Yan Y, Zhen Z, 2001. Inhibition of the Escherichia coli pyruvate dehydrogenase complex E1 subunit and it tyrosine 177 variants by thiamin 2 - thiazolone and thiamin 2 - thiothiazolone diphoshphates. The Journal of Biological Chemistry, 276: 45969 - 45978.

Nora YY, Tam FY, Wong YS, et al. , 2003. Growth and physiological responses of two mangrove species (*Bruguiera gymnorrhiza* and *Kandelia candel*) to waterlogging [J]. Environmental and Experimental Botany (49): 209 - 221.

Marschner H, 1995. Mineral nutrition of higher plants [M]. 2nd ed. London: Academic Press: 889.

Mckevlin MR, Hook DD, Mckee JWH, 1995. Growth and nutrient use efficiency of water tupelo seedling in flooded and well - drained soil [J]. Tree Physiology (15): 753 - 758.

Meloni DA, Oliva MO, Martinez CA, et al. , 2003. Photosynthesis and activity of superoxide dismutase, peroxidase and glutathione reductase in cotton under salt stress [J]. Environmental and Experimental Botany (49): 69 - 76.

Mielke JP, Frank PD, 1992. Effects of flooding on root and shoot production of bald cypress in large experimental enclosure [J]. Ecology (73): 1182 - 1193.

Mielke MS, Almeida AF, Gomes F, et al. , 2003. Leaf gas exchange, chlorophyll fluorescence and growth responses of *Genipa amaricana* seedlings to soil flooding [J]. Environmental and Experimental Botany (50): 221 - 231.

Mohanmad MJ, Malkawi HI, Shibli R, 2003. Effects of arbuscular mycorrihizal fungi and phosphorus fertilization on growth and nutrient uptake of barley grown on soils with different levels of salts [J]. Journal of Plant Nutrition (26): 125 - 127.

Munns R, Tester M, 2008. Mechanisms of salinity tolerance [J]. Plant Biology, 59 (1): 651 - 681.

Mustroph A, Albrecht G, 2003. Tolerance of crop plants to oxygen deficiency stress: fermentative activity and photosynthetic capacity of entire seedlings under hypoxia and anoxia [J]. Physiologia Plantarum, 117 (4): 508 - 520.

Nilsen ET, Orcutt DM, 1996. The physiology of plants under stress [M]. New York:

John Wiley & Sons: 362 – 400.

Noctor G, Foyer CH, 1998. Ascorbate and glutathione: keeping active oxygen under control [J]. Annual Review of Plant Physiology and Plant Molecular Biology (49): 249 – 279.

Osonubi O, Osundina MA, 1987. Stomatal responses of woody seedlings to flooding in relation to nutrient status in leaves [J]. Journal of Experimental Botany (38): 1166 – 1173.

Palomäiki V, Holopainen JK, Holopainen T, 1994. Effects of drought and waterlogging on ultrastructure of Scots pine and Norway spruce needles [J]. Trees (9): 98 – 105.

Panedy S, Tiwari SB, Upadhyayaya KC, et al. , 2000. Calcium signaling: Linking environmental signals to cellular functions [J]. Critical Reviews in Plant Sciences, 19 (4): 291 – 318.

Parolin P, 2000. Phenology and CO_2 – assimilation of trees in central Amazonian floodplains [J]. Journal of Tropical Ecology (16): 465 – 473.

Parolin P, 2001. Morphological and physiological adjustments to waterlogging and drought in seedlings of Amazonian floodplain trees [J]. Oecologia (128): 326 – 335.

Patel S, Caplan J, Dinesh – Kumar SP, 2006. Autophagy in the control of programmed cell death [J]. Current Opinion in Plant Biology (9): 391 – 396.

Perumalla CJ, Peterson CA, Enstone DE, 1990. A survey of angiosperm species to detect hypodermal *Casparian* bands I. Roots with a uniserate hypodermis and epidermis [J]. Botanical Journal of the Linnean Society (103): 93 – 112.

Peeters AJM, Cox MCH, Benschop JJ, et al. , 2002. Submergence research using *Rumex palustris* as a mode: looking back and going forward [J]. Journal of Experimental Botany (53): 391 – 398.

Peters JL, Castillo FJ, Heath RH, 1989. Alteration of extracellular enzymes in pinto bean leaves upon exposure to air pollution, ozone and sulfur dioxide [J]. Plant Physiology (89): 159 – 164.

Peterson CA, Perumalla CJ, 1990. A survey of angiosperm species to detect hypodermal *Casparian* bands Ⅱ. Roots with a multiserat hypodermis or epidermis [J]. Botanical Journal of the Linnean Society (103): 113 – 125.

Pettit F H, Hamilton L, Munk P, et al. , 1973. α – Keto acid dehydrogenase complexes: xix. subunit structure of the *Escherichia coli* α – ketoglutarate dehydrogenase complex [J]. The Journal of Biological Chemistry (248): 5282 – 5290.

Pezeshki SR, 2001. Wetland plant responses to soil flooding [J]. Environmental and Experimental Botany (46): 99 – 312.

Pezeshki SR, Pardue JH, Delaune RD, 1993. The influence of soil oxygen deficiency on alcohol dehydrogenase activity, root porosity, ethylene production, and photosynthesis in Spartina patens [J]. Environmental and Experimental Botany (33): 565 – 573.

Polijakoff – Mayber A, Somers GF, Werker E, et al. , 1992. Seeds of *Kosteletzkya virgini-*

ca (Malvaveae) their structure, germination and salt tolerance. I. Seed structure and germination [J]. American Journal Botany (79): 249 – 256.

Polijakoff – Mayber A, Somers GF, Werker E, et al. , 1994. Seeds of *Kosteletzkya virginica* (Malvaveae) their structure, germination and salt tolerance. II. Germination and Salt tolerance [J]. American Journal Botany (81): 54 – 59.

Polyakova L, Vartapetian BB, 2003. Exogenous nitrate as a terminal acceptor of electrons in rice (*Oryza sativa*) coleoptiles and wheat (*Triticum aestivum*) roots under strict anoxia [J]. Russian Journal of Plant Physiology (50): 808 – 812.

Poot P, Lambers H, 2003. Growth response to waterlogging and drainage of woody *Hakea* (Proteaceae) seedlings originating from contrasting habitates in south – western Australia [J]. Plant and Soil (253): 57 – 70.

Poovaiah BW, Reddy AN, 1987. Calcium messenger system: Role of protein phosphorylation and inositol phospholipids [J]. Physiologia Plantarum (69): 569 – 577.

Porterfield DM, Musgravem E, 1998. The tropic response of plant roots to oxygen: oxytropism in *Pisum sativum* L. [J]. Planta (206): 1 – 6.

Preisaner J, Vantoait T, Huynh L, et al. , 2001. Structure and activity of a soybean Adh promoter in transgenic hairy roots [J]. Plant Cell Report (20): 763 – 769.

Qiu ZB, Guo JL, Zhu AJ, et al. , 2014. Exogenous jasmonic acid can enhance tolerance of wheat seedlings to salt stress [J]. Ecotoxicology and Environmental Safety (104): 202 – 208.

Rao GG, Rao GR, 1981. Pigment composition and chlorophyllase activity in pigeon pea (*Cajanus indicus* Spreng) and Gingelley (*Sesamum indicum* L) under NaCl salinity [J]. Indian Journal of Experimental Biology (19) 768 – 770.

Reid DM, Crozier A, Harvey Barbara MR, 1969. The effects of flooding on the export of gibberellins from the root to the shoot [J]. Planta (89): 376 – 379.

Ribas – Carbo M, Taylor NL, Giles L, et al. , 2005. Effects of water stress on respiration in soybean leaves [J]. Plant Physiology (139): 466 – 473.

Richter C, Schweizer M, 1997. Oxidative stress in mitochondria, in: Scandalios J G (ed). Oxidative stress and the molecular biology of antioxidant defense, Monograph Series (vol 34) [C]. New York: Cold Spring Harbor Laboratory Press: 169 – 200.

Rijnders JGHM, Yang YY, Kamiya Y, et al. , 1997. Ethylene enhances glibberellin levels and petiole sensitivity in flooding – tolerant *Rumex palustris* but not in flooding – intolerant *R. acetosa* [J]. Planta (203): 20 – 25.

Rijnders JGHM, Barendse GWM, Blom CWPM, et al. , 1996. The contrasting role of auxin in submergence – induced petiole elongation in two species from frequently flooded wetlands [J]. Physiologia Plantarum (96): 467 – 473.

Ruan CJ, Li H, Mopper S, 2009a. *Kosteletzkya virginica* displays mixed mating in response to the pollinator environment despite strong inbreeding depression [J]. Plant Ecology (203): 183 – 193.

Ruan CJ, Li H, Guo YQ, et al., 2008. *Kosteletzkya virginica*, an agroecoengineering halophytic species for alternative agricultural production in China's east coast: Ecological adaptation and benefits, seed yield, oil content, fatty acid and biodiesel properties [J]. Ecological Engineering (32): 320 – 328.

Ruan CJ, Mopper S, Teixeira da Silva JA, et al., 2009b. Context – dependent style curvature in *Kosteletzkya virginica* (Malvaceae) offers reproductive assurance under unpredictablepollinator environments [J]. Plant System Evolution (277): 207 – 215.

Ruan CJ, Qin P, Han RM, 2005a. Strategies of delayed self – pollination in *Kosteletzkya virginica* [J]. Chinese Science Bulletin, 50 (1): 94 – 96.

Ruan CJ, Qin P, He ZXM, et al., 2005b. Concentrations of major and minor mineral elements in different organs of *Kosteletzkya virginica* and saline soils [J]. Journal of Plant Nutrition (28): 1191 – 1200.

Ruan CJ, Zheng X, Teixeira da Silva JA, et al., 2009c. Callus induction and plant regeneration from embryonic axes of *Kosteletzkya virginica* [J]. Scientia Horticulturae (120): 150 – 155.

Rubio G, Oesterheld M, Alvarez CR, et al., 1997. Mechanisms for the increase in phosphorus uptake of waterlogged plants: Soil phosphorus availability, root morphology and uptake kinetics [J]. Oecologia (112): 150 – 155.

Rubio F, Gassmann W, Schroeder JI, 1995. Sodium – driven potassium uptake by the plant potassium transporter HKT1 and mutations conferring salt tolerance [J]. Science (270): 1660 – 1663.

Rumpho ME, Kennedy RA, 1983. Anaerobiosis in *Echinochloa crus – galli* (barnyard grass) seedlings: Intermediary metabolism and ethanol tolerance [J]. Plant Physiology (72): 44 – 49.

Sachsm M, David HTU, 1986. Alteration of gene expression during environmental stressing plants [J]. Annual Review of Plant Physiology (37): 363 – 376.

Sakio H, 2002. Survival and growth of planted trees in relation to the debris movement on gravel deposit of a check dam (in Japanese with English summary) [J]. Journal of Japanese Forestry Society (84): 26 – 32.

Salisbury FB, Ross CW, 1992. Plant Physiology [M]. California: Wadsworth Publishing Company: 682.

Sanders D, Pelloux J, Brownlee C, et al., 2002. Calcium at the crossroads of signaling [J]. Plant Cell, 14 (Suppl.): 401 – 417.

Schaedle M, Bassham JA, 1977. Chloroplast glutathione reductase [J]. Plant Physiology (59): 1011 – 1012.

Schmull M，Thomas FM，2000. Morphological and physiological reactions of young deciduous tress (*Quercus robur* L.，*Q. petraea* [Matt] Liebl.，*Fagus sylvatica* L.) to water-logging [J]. Plant and Soil (225): 227 - 242.

Scholander PF，Perez MO，1968. Sap tension in waterlogged trees and bushes of the Amazon [J]. Plant Physiology (43): 1870 - 1873.

Seago JL，Peterson CA，Enstone DE，2000. Cortical development in roots of the aquatic plant *Pontederia cordata* (Pontederiaceae) [J]. American Journal of Botany (87): 1116 - 1127.

Segui SJM，Staehelin LA，2005. Cell cycle - dependent changes in Golgi stacks，vacuoles，clathrin - coated vesicles and multivesicular bodies in meristematic cells of Arabidopsis thaliana: A quantitative and spatial analysis [J]. Planta (223): 223 - 236.

Seong RC，Kim JG，Nelson CJ，1999. Dry matter accumulation and leaf mineral contents as affected by excessive soil water in soybean [J]. Korean Journal of Crops Science (44): 129 - 133.

Sere PA，1969. Malate dehydrogenase. In: Colowick SP，Kaplan NO. Methods in enzymology [M]. New York: Academic Press Inc.: 3 - 11.

Sergeil M，Hans K，1996. Submergence enhances expression of a gene encoding 1 - aminorycy clopropane - 1 - carboxylat oxidase in deepwater rice [J]. Plant Cell Physiology (37): 531 - 537.

Serraj R，Vasquez - Diaz H，Hernandez G，2001. Genotypic difference in the short - term response of nitrogenase activity (C_2H_2 reduction) to salinity and oxygen in the common bean [J]. Agronomie (109): 1017 - 1024.

Setter T，Laureles E，1996. The beneficial effect f reduced elongation growth on submergence tolerance of rice [J]. Journal of Experimental Botany (47): 1551 - 1559.

Sgherri CLM，Pinzio C，Navari - Izzo F，1993. Chemical changes and O_2 production in thylakoid membranes under water stress [J]. Physiology Plant (87): 211 - 216.

Shannon MC，1997. Adaptation of plants to salinity [J]. Advances in Agronomy (60): 75 - 120.

Silva - Cardenas RI，Ricard B，Saglio P，et al.，2003. Hemoglobin and hypoxic acclimation in maize root tips [J]. Russian Journal of Plant Physiology，50 (6): 821 - 826.

Slocum R，Roux SJ，1982. An improved method for the subcellular localization of calcium using a modification of the antimonate precipitation technique [J]. Journal of Histochemistry and Cytochemistry (30): 617 - 629.

Smith PA，Kupkanchakul K，Emes MJ，1987. Changes in fluorescence and photosynthesis during submergence of deepwater rice [C]. Manila: Proceedling of the 1987 international Rice Research Institute: 327 - 335.

Smethurst CF，Garnett T，Shabala S，2005. Nutritional and chlorophyll fluorescence responses of lucerne (*Medicago sativa*) to waterlogging and subsequent recovery [J]. Plant and Soil (270): 31 – 45.

Smethurst CF, Shabala S, 2003. Screening methods for waterlogging tolerance in lucerne: Comparative analysis of waterlogging effects on chlorophyll fluorescence, photosynthesis, biomass and chlorophyll content [J]. Functional Plant Biology (30): 335 – 343.

Sohal RS, Weindruch R, 1996. Oxidative stress, caloric restriction and aging [J]. Science (273): 59 – 63.

Sorrell BK, 1999. Effect of external oxygen demand on radial oxygen loss by Juncus roots in titanium citrate solutions [J]. Plant, Cell & Environment (22): 1587 – 1593.

Stoynova E, Petrov P, Semerdjieva S, 1997. Some effects of chlorsulfuron on the ultrastructure of root and leaf cells in pea plants [J]. Journal of Plant Growth Regulation (16): 1 – 5.

Stoyanova DP, Tchakalova FS, 1997. Cadmium – induced ultrastructural changes in chloroplasts of the leaves and stems parenchyma in *myrophyllun spicatum* L [J]. Photosynthetica (34): 241 – 248.

Sutinen S, Skärby L, Wallin G, et al. , 1992. Long – term exposure of Norway spruce, *Picea abies* (L.) Karst. , to ozone in open – top chambers [J]. New Phytologist (121): 395 – 401.

Szabo C, 2007. Hydrogen sulphide and its therapeutic potential [J]. Nature Reviews Drug Discovery, 6 (11): 917 – 935.

Tiwari S, Lata C, Chauhan PS, et al. , 2017. A functional genomic perspective on drought signalling and its crosstalk with phytohormone – mediated signalling pathways in Plants [J]. Current Genomics, 18 (6): 469 – 482.

Teakle NL, Real D, Colmer TD, 2006. Growth and ion relations in response to combined salinity and waterlogging in the perennial forage legumes *Lotus corniculatus* and *Lotus tenuis* [J]. Plant and Soil (289): 369 – 383.

Terazawa K, Maruyama Y, Morikawa Y, 1992. Photosynthetic and stomatal responses of *Larix kaempferi* seedlings to short – term waterlogging [J]. Ecological Research (7): 193 – 197.

Umeda M, Uchimiya H, 1994. Differential transcript levels of genes associated with glycolysis and alcohol fermentation in rice plants (*Oryza sativa* L.) under submergence stress [J]. Plant Physiology (106): 1015 – 1022.

Ushimsru T, Shibaaska M, Tsuji H, 1992. Changes in levels of heme a protoheme and protochlorophy II (ide) in submerged rice seeding afer exposure to air [J]. Plant Cell Physiology, 33 (6): 771 – 778.

Van Der Moezet PG, Watson LE, Bell DT, 1989. Gas exchange responses of two Eucalyptus species to salinity and waterlogging [J]. Tree Physiology (5): 251 – 257.

Vassileva V, Simova – Stoilova L, Demirevska K, et al. , 2009. Variety – specific response of wheat (*Triticum aestivum L.*) leaf mitochondria to drought stress [J]. Journal of Plant Research (122): 445 - 454.

Venus JC, Causton DR, 1979. Plant growth analysis: a reexamination of the methods of calculation of relative growth rate and net assimilation rates without using fitted functions [J]. Annals of Botany (43): 633 - 638.

Vignolio O, Fernandez O, Maceira N, 1999. Flooding tolerance in five populations of *Lotus glaber* Mill. (*Syn. Lotustenuis* Waldst. Et. Kit.) [J]. Australian Journal of Agricultural Research (50): 555 - 559.

Visser EJW, Bögemann GM, 2003. Measurement of porosity in very small samples of plant tissue [J]. Plant and Soil (253): 81 - 90.

Visser EJW, Bögemann GM, Blom CWPM, et al., 1996. Ethylene accumulation in waterlogged Rumex plants promotes formation of adventitious roots [J]. Journal of Experimental Botany (47): 403 - 410.

Visser EJW, Voesenek LACJ, Vartapetian BB, et al., 2003. Flooding and plant growth [J]. Annals of Botany - London (91): 107 - 109.

Wang JB, 2000. Ultrastructural distribution of Ca^{2+} under aluminum stress [J]. Bull Environ Contamin Toxicol (65): 222 - 227.

Wang C, Gao CQ, Wang LQ, et al., 2014. Comprehensive transcriptional profiling of $NaHCO_3$ - stressed *Tamarix hispida* roots reveals networks of responsive genes [J]. Plant Molecular Biology (84): 145 - 157.

Warwick NWM, Brock MA, 2003. Plant reproduction in temporary wetlands: the effects of seasonal timing, depth and duration of flooding [J]. Aquatic Botany (77): 153 - 167.

Waters I, Morell S, Greenway H, et al., 1991. Effect of anoxia on wheat seedlings. II Influence of O_2 supply Prior to anoxia on tolerance to anoxia, alcoholic fermentation, and sugar levels [J]. Journal of Experimental Botany (42): 1437 - 1447.

White PJ, Broadley MR, 2003. Calcium in plants [J]. Annals of Botany, 92: 487 - 511.

Wulff A, Käirenlampi L, 1996. Effects of long - term open - air exposure to fluoride, nitrogen compounds and SO_2 on visible symptoms, pollutant accumulation and ultrastructure of Scots pine and Norway spruce seedlings [J]. Trees (10): 157 - 171.

Yordanova RY, Christov KN, Popova LP, 2004. Anti - oxidative enzymes in barely plants subjected to soil flooding. Environmental and Experimental Botany (51): 93 - 101.

Zhang GP, Tanakamaru K, Abe J, et al., 2007. Influence of waterlogging on some anti - oxidative enzymatic activities of two barley genotypes differing in anoxia tolerance [J]. Acta of Physiologia Plantarum (29): 171 - 176.

Zhang Y, Marcillat O, Giulivi C, et al., 1990. The oxidative inactivation of mitochondrial electron transport chain components and ATPase [J]. The Journal of Biological Chemistry (265): 16330 - 16336.

Zheng H，Wang X，Chen L，et al. ，2018. Enhanced growth of halophyte plants in biochar-amended coastal soil：roles of nutrient availability and rhizosphere microbial modulation [J]. Plant，Cell & Environment，41 (3)：517-532.

Zhou J，Jiang ZP，Ma J，et al. ，2017. The effects of lead stress on photosynthetic function and chloroplast ultrastructure of *Robinia pseudoacacia* seedlings [J]. Environtal Science and Pollution Research (24)：10718-10726.

Zhou J，Wan SW，Li G，et al. ，2011. Ultrastructure changes of seedlings of *Kosteletzkya virginica* under waterlogging conditions [J]. Biologia Plantarum (55)：493-498.

Zhu JK，2002. Salt and drought stress signal transduction in plants [J]. Annual Review of Plant Biology (53)：247-273.